华北克拉通南缘中元古代早期沉积-构造演化

Early Mesoproterozoic Depositional-Tectonic Evolution in the Southern Margin of the North China Craton

孟　瑶◎著

海洋出版社

2022年·北京

图书在版编目（CIP）数据

华北克拉通南缘中元古代早期沉积-构造演化/孟瑶著.--北京：海洋出版社，2022.7
ISBN 978-7-5210-0970-5

Ⅰ.①华… Ⅱ.①孟… Ⅲ.①华北地台-沉积构造-构造演化-研究-中元古代 Ⅳ.①P548.2

中国版本图书馆 CIP 数据核字（2022）第 118563 号

策划编辑：任 玲
责任编辑：程净净
责任印制：安 淼
海洋出版社 出版发行
http：//www.oceanpress.com.cn
北京市海淀区大慧寺路 8 号 邮编：100081
鸿博昊天科技有限公司印刷 新华书店北京发行所经销
2022 年 7 月第 1 版 2022 年 12 月北京第 1 次印刷
开本：787mm×1092mm 1/16 印张：15
字数：330 千字 定价：128.00 元
发行部：010-62100090 总编室：010-62100034

前　言

华北克拉通南缘广泛分布的熊耳群火山岩及其伴生沉积被认为与哥伦比亚（Columbia）超大陆的裂解有关。中元古代早期沉积兵马沟组由砾岩-含砾砂岩-粗砂岩-细砂岩-粉砂岩-泥质岩组成，在华北克拉通南缘的济源、伊川、渑池、鲁山和舞钢等地局限出露，是熊耳群火山岩之上最早的一套碎屑沉积，记录了华北克拉通南缘中元古代早期重要的构造演化信息。过去通常将这套沉积视作五佛山群或汝阳群下部的河流相沉积，并未对其沉积年龄、物源特征和沉积演化开展系统的研究工作。

伊川万安山剖面兵马沟组（嵩箕小区）不整合于太古宇登封群片麻岩之上，其上被中-新元古界五佛山群不整合覆盖，自下而上发育扇三角洲平原—扇三角洲前缘—前扇三角洲 3 个沉积亚相，顶部前扇三角洲亚相遭受剥蚀，是一套近源、快速的沉积物。砾岩中的砾石成分表明，该地区的兵马沟组具有同时来自熊耳群火山岩及下伏华北克拉通结晶基底的混合物源区特征。兵马沟组底部及顶部的碎屑锆石年龄显示 2 700 Ma 和 2 500 Ma 的主峰值及2 100 Ma的次峰值，物源主要来自华北克拉通结晶基底。兵马沟组之上五佛山群底部马鞍山组的碎屑锆石年龄显示 1 850 Ma 的主峰值及 2 500 Ma 的次峰值。兵马沟组至五佛山群碎屑锆石年龄峰值的变化，显示了物源区的改变。地球化学特征表明，兵马沟组以长英质物源为主，与上覆中-新元古代五佛山群的源区具有不同属性及构造背景。该地区兵马沟组的沉积相特征、区域性不整合以及碎屑锆石年龄显示源区曾发生构造抬升。

济源小沟背剖面兵马沟组（渑池-确山小区）不整合覆盖于熊耳群火山岩之上，与上覆中元古界汝阳群平行不整合接触，自下而上发育冲积扇相沉积，是一套近源、快速的沉积物。砾岩中的砾石成分及砂岩地球化学特征显示，该地区的兵马沟组沉积岩物源主要来自熊耳群火山岩，同时有来自华北克拉通结晶基底物质供给。

渑池段村剖面兵马沟组（渑池-确山小区）不整合覆盖在熊耳群火山岩之上，与上覆中元古界汝阳群平行不整合接触，是一套扇三角洲前缘沉积。

兵马沟组底部和顶部的碎屑锆石年龄显示 1 850 Ma、2 400 Ma 及 2 500 Ma 的主峰值，表明同时有来自古元古代及新太古代地质体的物源供给，物源主要来自华北克拉通结晶基底。该组的砂岩具有较高的成分成熟度和结构成熟度。泥质岩具有岛弧物源区特征，砂岩以稳定构造背景的物源为主，同时具有岛弧背景的物源区特征。

鲁山草庙沟剖面兵马沟组（渑池–确山小区）与下伏太华群片麻岩断层接触，与上覆中元古界汝阳群平行不整合接触；舞钢铁古坑剖面兵马沟组（渑池–确山小区）不整合覆盖于太华群片麻岩之上，与上覆中元古界汝阳群角度不整合接触。两地出露的兵马沟组目前仅能识别出部分沉积旋回，均显示出河流相沉积特征。砾石成分表明，两地兵马沟组的物源主要来自熊耳群及太华群。

沉积学研究表明，华北克拉通南缘分布的中元古界兵马沟组总体为一套冲积扇–扇三角洲相沉积，地层厚度自济源–伊川–渑池–鲁山–舞钢方向迅速减薄。兵马沟组的沉积物特征在所观察的 5 个剖面地区的差异，与其所处区域位置有关，靠近山麓地区的沉积盆地内显示出粗粒沉积物为主的特征，靠近沉积中心区的盆地内显示出细粒沉积物为主的特征。碎屑锆石年龄与砾石成分特征显示出伊川兵马沟组沉积期间，源区的熊耳群和变质基底依次发生深剥蚀作用。结合地球化学特征可知，济源、伊川、渑池、鲁山和舞钢 5 个研究剖面的兵马沟组具有明显不同的物源区及物源方向：济源和伊川兵马沟组的物源区来自其盆地外东北侧源区（现在方位）的就近剥蚀；鲁山和舞钢兵马沟组的物源区来自其盆缘周围源区；渑池兵马沟组的物源区除来自就近的熊耳群分布区的剥蚀，在晚期还主要来自中条山方向的基底再旋回区域。

华北克拉通南缘中元古代早期兵马沟组沉积期沉积盆地充填可划分为 4 个沉积序列：序列Ⅰ对应济源兵马沟组下部及伊川兵马沟组底部由巨厚层混杂砾石组成的粗粒沉积；序列Ⅱ对应济源兵马沟组中上部、伊川兵马沟组下部、鲁山及舞钢兵马沟组中发育的河流相沉积；序列Ⅲ对应伊川兵马沟组中部及渑池兵马沟组中发育的扇三角洲前缘沉积；序列Ⅳ对应伊川兵马沟组顶部遭受剥蚀的扇三角洲亚相，显示出在兵马沟组沉积期后，华北克拉通南缘曾发生构造抬升。序列Ⅰ～Ⅳ显示了华北克拉通南缘中元古代早期兵马沟组沉积期的盆地沉积过程，在兵马沟组沉积结束后，兵马沟组沉积序列与其上覆沉积序列之间存在沉积间断，之后伴随华北克拉通南缘海侵，沉积盆地内发育中–新元古代五佛山群及汝阳群的滨–浅海相砂岩及白云岩所代表的上覆沉积序列。

华北克拉通南缘分布的兵马沟组，其沉积相特征、物源特征、盆地充填与中元古代早期的沉积–构造演化相对应。中元古代早期兵马沟组沉积期盆地为裂陷盆地。在兵马沟组沉积期，沉积盆地周围的熊耳群火山岩及华北克拉通的结晶基底为其提供物源，在不同区域位置兵马沟组接受不同的物源组分汇聚，起到克拉通盆地沉降初期的填平作用。当兵马沟组沉积盆地周边的近源物源区被初步夷平后，兵马沟组沉积期结束。沉积记录中碎屑锆石年龄的差异表明，兵马沟组与上覆地层之间存在较长时间的沉积间断。伴随华北克拉通南缘的大规模海侵，盆地内开始接受其上覆的中–新元古代五佛山群、汝阳群及官道口群的沉积。兵马沟组及其上覆五佛山群、汝阳群沉积构成了一个衰亡裂谷的充填层序。

华北克拉通南缘分布的兵马沟组与上覆五佛山群或汝阳群之间存在区域性不整合，两者在沉积环境及物源区特征上存在差异。结合该组碎屑锆石年龄特征，判断兵马沟组形成于中元古代早期，应作为长城系底部熊耳群之上的一个独立的地层单元，不应归入五佛山群或汝阳群。

本研究工作的开展与完成得到了河南理工大学研究生院院长张国成教授、河南理工大学资源环境学院副院长郑德顺教授的指导和帮助。样品测试分别在河北省区域地质调查研究所实验室（廊坊）、武汉上谱分析科技有限公司等单位完成。感谢孙风波博士、刘思聪博士、王鹏晓硕士、王振江硕士、李雨硕士、王昕硕士等参与了本研究的野外调研及学术研讨工作。限于作者的专业知识水平，书中难免有疏漏及错误之处，敬请批评指正。

孟　瑶

2020 年 9 月

目　录

1 绪论

1.1 研究依据及意义

古-中元古代哥伦比亚（Columbia）超大陆在 2 100~1 800 Ma 期间聚合，之后处于碰撞后伸展构造体制，其拼合、增生和裂解的过程及其地质记录是近年来全球前寒武纪研究的热点问题之一（陆松年等，2002；Condie，2002；Rogers and Santosh，2002；Zhao et al.，2002a，2003，2004a；Hou et al.，2008；Reddy and Evans，2009；Zhang et al.，2011；Liu et al.，2014）。

华北克拉通作为地球上最古老的陆块之一，在这个过程中经历了复杂的大地构造演化，记录了 Columbia 超大陆的聚合和裂解（图 1-1A）（Liu et al.，1992，2008；翟明国和卞爱国，2000；Kusky and Li，2003；Rogers and Santosh，2003；Zhao et al.，2005；Kusky et al.，2007a，2007b；Santosh et al.，2009；Zhao et al.，2009a；翟明国，2010，2011，2013；Zhai and Santosh，2011；Yang et al.，2014b；李三忠等，2015，2016；Zhai et al.，2016）。众多学者认为，华北克拉通东部陆块与西部陆块在 1 850 Ma 沿中部造山带最终碰撞拼合形成统一的结晶基底（图 1-1B）（Zhao et al.，2001，2005，2008，2010；Guo et al.，2002，2005；Wilde et al.，2002，2005；Wu et al.，2005；Liu et al.，2006，2011a，2011b，2012b，2012c；Trap et al.，2007；Zhang et al.，2007；Zhao and Zhai，2013；Yang et al.，2014a，2016；Lu et al.，2015；Yang and Santosh，2015a，2015b）。一直以来，华北克拉通是否在古元古代-中元古代（1 800~1 300 Ma）Columbia 超大陆存在期间经历了与俯冲作用相关的向外增生饱受争议，在华北克拉通南缘广泛分布的熊耳群火山岩以及伴生的沉积被认为与 Columbia 超大陆的裂解有关（Rogers and Santosh，2002；Zhao et al.，2002a，2002b，2004a，2009a；He et al.，2008）。熊耳群火山岩之上不整合覆盖了广泛分布的五佛山群、汝阳群及官道口群等中-新元古代沉积盖层，岩石类型主要为碎屑岩及碳酸盐岩（关保德等，1988；河南省地质矿产局，1989）。前人分别从同位素年代学、地球化学等角度对华北克拉通南缘熊耳群火山岩、其上覆沉积盖层以及华北克拉通中部基性岩墙群开展了大量研究，以研究华北克拉通南缘中元古代大地构造演化过程（孙枢等，1981；杨忆，1990；陈衍景和富士谷，1992；陈衍景等，1992；Zhao et al.，2001，2002c，2004b，2007，2008，2009a，2009b；Peng et al.，

2005，2008；赵太平等，2007，2012；He et al.，2008，2009，2010；胡国辉等，2012a，2012b，2013；Hu et al.，2014；Li et al.，2011，2013，2016；刘文斌等，2015；Liu et al.，2015；Li and Shi，2016；Zhai et al.，2016)。由于华北克拉通南缘不同地层分区之间的演化对比研究尚不够深入，造成中元古代华北克拉通南缘的物源-沉积体系以及大地构造背景也存在诸多争议，限制了华北克拉通南缘和北缘中元古界沉积-构造的对比。中元古代早期沉积的兵马沟组（小沟背组）在华北克拉通南缘分布局限，是熊耳群与上覆中-新元古代稳定盖层之间的第一套碎屑沉积，记录了华北克拉通中元古代早期重要的构造演化信息。通过分析豫西地区中元古代早期地层的沉积环境、盆地充填模式、物源区特征及其构造演化，对揭示华北克拉通中元古代早期构造演化具有重要意义，进而为 Columbia 超大陆的重建提供新证据。

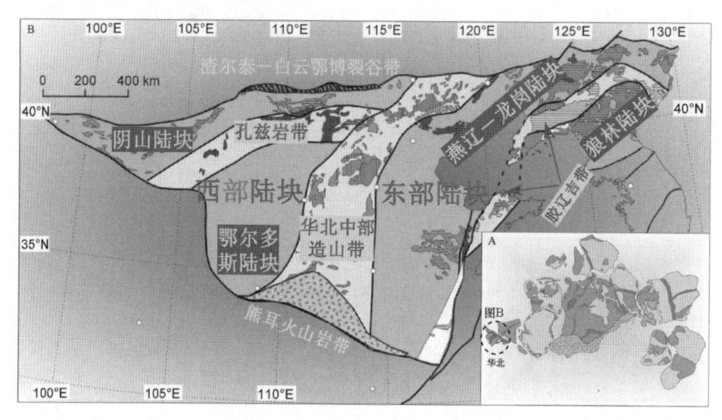

图 1-1 华北克拉通构造单元及其在 Columbia 超大陆中的位置示意（Zhao et al.，1998，1999，2000，2001，2002）

A. Columbia 超大陆陆块位置；B. 华北克拉通构造单元

1.2 国内外研究现状

1.2.1 华北克拉通前寒武纪构造演化

华北克拉通具有 38 亿年复杂的多阶段演化历史，是世界上最古老的陆块之一，经历三期重要的地质事件：2 700 Ma 主要生长期，2 500 Ma 克拉通化期和 2 000~1 800 Ma 克拉通的最终形成期（程裕淇和张寿广，1982；沈其韩等，1992；赵宗溥，1993；程裕淇，1994；白瑾等，1996；Song et al.，1996；翟明国和卞爱国，2000；Zhao et al.，2001，2003a，2005；Kusky and Li，2003；Zhai and Liu，2003；Zhai et al.，2005；Kusky et al.，2007a，2007b；Wilde et al.，2008；Zhai and Santosh，2011；Zheng et al.，2013；Zhai，2014；Wan et al.，2015)。华北克拉通南以秦岭-大别山造山带为界、北以中亚造

山带为界、东以苏鲁超高压带为界，由多个微陆块拼合而成（图 1-2），但其结晶基底的构造单元划分以及最终拼贴时间一直存在争论（Zhao et al.，2001；Zhai and Bian，2000；Zhai and Liu，2003；Kusky and Li，2003；Kröner et al.，2005a；Zhao et al.，2009a；Santosh，2010；Zhai et al.，2010；Zhai and Santoshi，2011；Zhao and Zhai，2013）。目前多数学者认为，华北东部陆块和西部陆块在太古宙独立演化，在 1 850 Ma 左右沿中部造山带发生碰撞拼合形成华北克拉通统一的结晶基底，之后形成的拗拉槽和边缘裂谷盆地及基性岩墙群侵入、裂谷型火山作用以及非造山岩浆活动记录的 1 800~1 600 Ma的伸展、裂解事件（Zhao et al.，1998，2001，2005，2007，2010，2016；Guo et al.，2002，2005；Wilde et al.，2002，2005；翟明国，2004；Kröner et al.，2005a，2005b，2006；Wu et al.，2005；Liu et al.，2006，2011a，2011b，2012b，2012c；Peng et al.，2006，2007，2008，2015a，2015b；Faure et al.，2007；翟明国和彭澎，2007；Zhang et al.，2007，2009；Lu et al.，2008）。

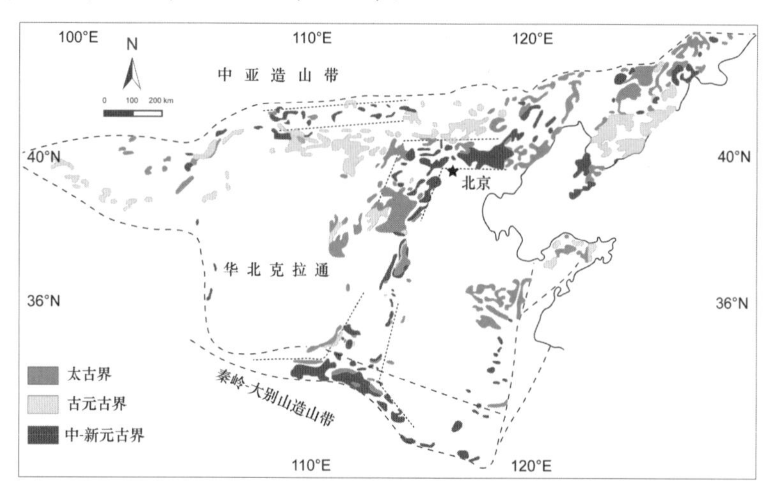

图 1-2 华北克拉通地质简图（据 Peng et al.，2007）

华北克拉通南缘发育有熊耳群火山-沉积岩系及多期次的 A-型花岗岩、正长岩和基性岩墙等（赵太平等，2001，2004；Peng et al.，2008；He et al.，2009，2010；Zhao et al.，2009b；Zhao and Zhou，2009；陆松年等，2003；Wang et al.，2013；Peng，2015；Deng et al.，2016）。熊耳群火山岩是华北克拉通结晶基底形成后规模最大、涉及范围最广的岩浆活动的产物，熊耳群的形成标志着华北克拉通南缘盖层发育的开始，主要由厚的熔岩流组成，其中夹少量薄层碎屑沉积岩和火山碎屑岩，熊耳群火山岩类型主要为安山岩类，其次为英安岩和流纹岩（赵太平等，1994，1995，1996；耿元生等，2002，2004；Zhao et al.，2002c；Peng et al.，2008；陈衍景等，2009；胡波等，2013）。根据对熊耳群火山岩及其可能同时期形成的岩墙群、侵入体、次火山岩的测年结果，熊耳群主要形成于 1 800~1 750 Ma，主喷发期在 1 780 Ma 左右（任富根，2002；赵太平等，

2001，2004；Peng et al.，2005；徐勇航等，2008；He et al.，2009，2010；崔敏利等，2010；Wang et al.，2010；Cui et al.，2011，2013；乔秀夫和王彦斌，2014）；另有学者提出，熊耳群为多阶段间歇性喷发（从 1 780 Ma，经 1 760～1 750 Ma 及 1 650～1 450 Ma）（He et al.，2009，2010）。

目前，对于熊耳群的成因及构造背景有安第斯型大陆边缘说、裂谷说及地幔柱说三种不同的认识（孙枢等，1981，1985；胡受奚等，1988；贾承造等，1988；陈衍景等，1992；Zhai et al.，2002，2015；翟明国等，2000，2004，2014；彭澎，2005；He et al.，2008，2009，2010；Peng et al.，2008，2009；Zhao et al.，2009a；Li and Peng，2015）。安第斯型大陆边缘说认为，华北克拉通在 1800 Ma 后处于碰撞后伸展的构造体制，根据熊耳群火山岩的岩性组合及地球化学特征，认为其形成于古元古代—中元古代的安第斯型大陆边缘岩浆弧（图 1-3）（胡受奚和林潜龙，1988；贾承造等，1988；陈衍景和富士谷，1992；Zhao et al.，2009；He et al.，2008，2009，2010）。裂谷说认为从 18 亿年开始，华北在中-新元古代发生了多期裂解作用（图 1-4），华北克拉通南缘熊耳群喷发与华北中部的一系列基性岩墙群及华北北缘的裂谷产生于同时代，熊耳群火山岩具双峰式特点，是典型的裂谷型火山岩，因此，熊耳群火山岩是大陆伸展背景下的产物（孙枢等，1981，1985；杨忆，1990；孙大中等，1993；翟明国等，2000，2004，2014；翟明国和彭澎，2007；Zhai et al.，2002，2015）。地幔柱说认为，华北克拉通参与到 Columbia 超大陆的形成过程，在～1 780 Ma 在地幔柱事件的作用下开始裂解。熊耳群火山岩是由导致 Columbia 超大陆裂解的地幔柱形成的大火成岩省；镁铁质岩墙是熊耳裂谷火山岩系的岩浆通道（图 1-5）（彭澎，2005；Peng et al.，2008，2009）。

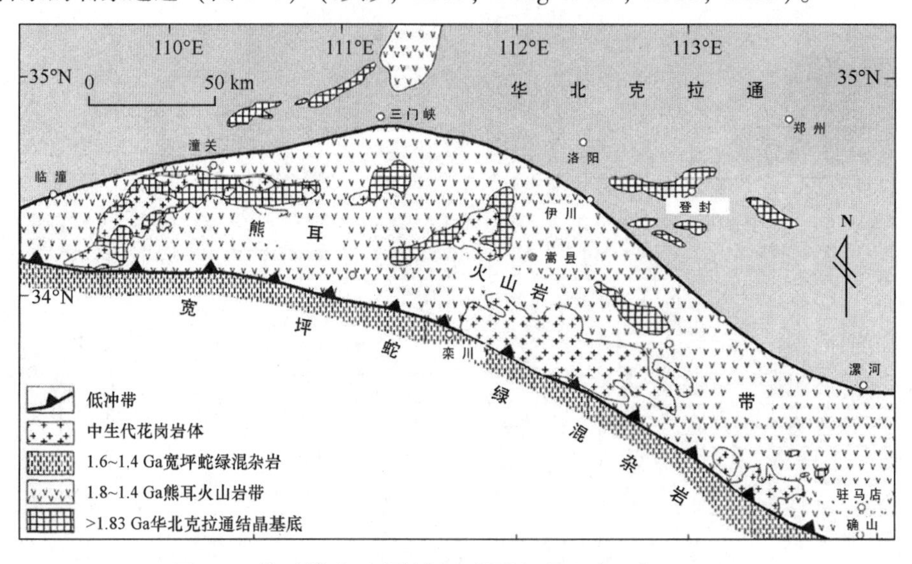

图 1-3　俯冲模式示意简图（据陈衍景和富士谷，1992）

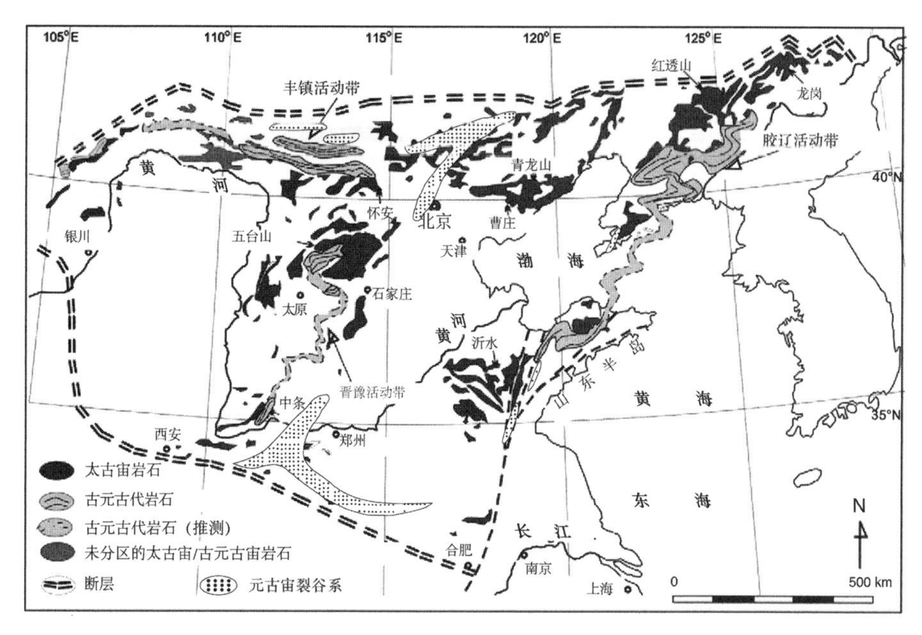

图 1-4 华北克拉通元古宙裂谷系分布（据翟明国和彭澎，2007）

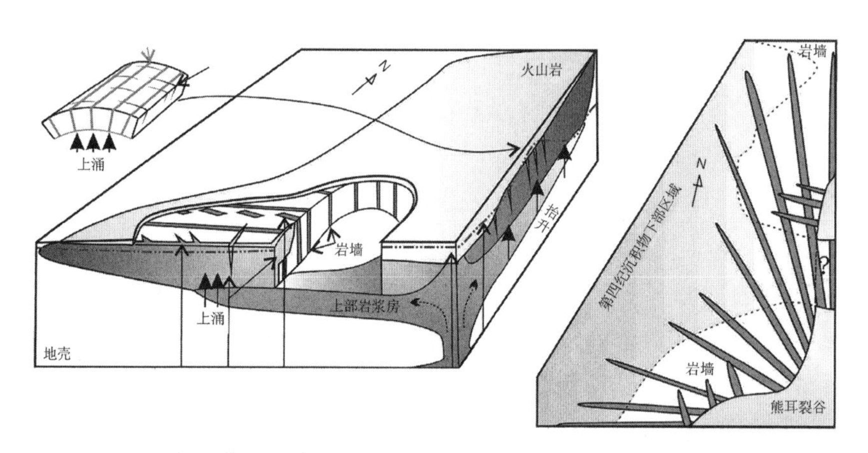

图 1-5 地幔柱模式示意（据 Peng et al.，2008；Zhai and Santosh，2013）

1.2.2 华北克拉通南缘中-新元古代沉积盖层研究现状

在 1 600 Ma 之后，华北克拉通进入稳定的沉积盖层发育阶段，发育陆源碎屑岩-碳酸盐岩沉积，包括北缘裂谷盆地的狼山群、渣尔泰群、白云鄂博群和化德群；中部和北部燕辽裂陷槽中的长城、蓟县和青白口系；南缘熊耳群之上的汝阳群-洛峪口群、官道口群和栾川群（关保德等，1988；河南省地质矿产局，1989；李怀坤等，1995；劳子强等，1996；周洪瑞等，1998；Lu et al.，2002，2008；左景勋，2002；Wan et al.，2003；

Li and Kusky，2007；高林志等，2008；胡波等，2009；张拴宏等，2013；潘桂棠等，2016）。

华北克拉通北缘燕辽沉积盆地保存了较为完整的中-新元古代地层，研究相对成熟，发育的蓟县系剖面一直作为我国中-新元古界的标准剖面（陈晋镳等，1980）。近年来，大量针对长城系底界年龄的 U-Pb 年代学数据表明，长城系的年龄或介于 1 700~1 650 Ma，晚于华北克拉通南缘分布的熊耳群火山岩（1 800~1 750 Ma）（赵太平等，2004；高林志等，2008；Lu et al.，2008；Peng et al.，2008；He et al.，2009；Wang et al.，2010；Cui et al.，2011，2013；和政军等，2011a，2011b；李怀坤等，2011；彭澎等，2011；Li et al.，2013；张拴宏等，2013）。一般认为，华北克拉通南缘覆盖在熊耳群之上的五佛山群、汝阳群-洛峪群、高山河群，是与长城群相当的中-新元古代地层（李钦仲，1985；王同和，1995；赵澄林等，1997）。目前，已获得的碎屑锆石年龄数据认为，熊耳群上覆的中元古代地层沉积晚于 1 650 Ma，下限为古元古代晚期-中元古代早期（Zhu et al.，2011；苏文博等，2012；胡国辉等，2013；Hu et al.，2014；汪校锋等，2015）。因此，华北克拉通南缘中元古代早期的地层或可补充燕辽地区蓟县剖面中元古代地层的缺失（赵太平等，2015）。

根据中-新元古代地层发育特征，华北克拉通南缘可划分为嵩箕、渑池-确山和熊耳山 3 个地层小区（图 1-6 和图 1-7）（关保德等，1988；河南省地质矿产局，1989）。熊耳群火山岩-碎屑岩系主要发育在渑池-确山小区和熊耳山小区，嵩箕小区缺失熊耳群，五佛山群直接不整合于太古代结晶基底之上。熊耳群火山活动之后，华北克拉通南缘发生过一次快速隆升，局部地区发育了兵马沟组或小沟背组沉积，之后有一个较长时间的沉积间断，此后，发生了大规模的陆壳沉降和海水贯入，海水从北向南逐渐加深（李钦仲等，1985；孟庆仁和胡建民，1993；雷振宇和李铁胜，1997）。嵩箕地层小区以硅质碎屑岩沉积为主，下部兵马沟组砾岩与下伏新太古界登封群呈角度不整合接触，其上被五佛山群马鞍山组不整合覆盖；渑池-确山地层小区以硅质碎屑岩-碳酸盐岩过渡相为主，底部地层被命名为小沟背组，不整合于熊耳群之上，与上部汝阳群云梦山组呈不整合接触，小沟背组与兵马沟组相当，前人认为二者均为裂谷盆地相砾岩-砂砾岩-砂岩沉积；熊耳山小区以碳酸盐岩为主，官道口群下部高山河组（群）不整合于熊耳群之上（关保德等，1988；河南省地质矿产局，1989）。

五佛山群地球化学特征显示，其物源主要来自古元古代中酸性组分，含少量基性组分，碎屑锆石的年龄及氧同位素特征显示五佛山群的物源来自华北中部造山带（胡国辉等，2012a，2012b；Zhang et al.，2016）。对五佛山群构造背景的讨论，一种观点认为，五佛山群底部砂岩形成于被动大陆边缘环境，而上部的泥质岩形成于岛弧环境；另一种观点认为，五佛山群为俯冲背景下大陆边缘的弧前盆地沉积（林潜龙，1989；陈衍景等，1992；左景勋，1997，2002；Zhao et al.，2009a；胡国辉等，2012b，2013）。关于五佛山群的形成时代，早前的研究认为嵩山地区五佛山群底部马鞍山组的时代为蓟县纪

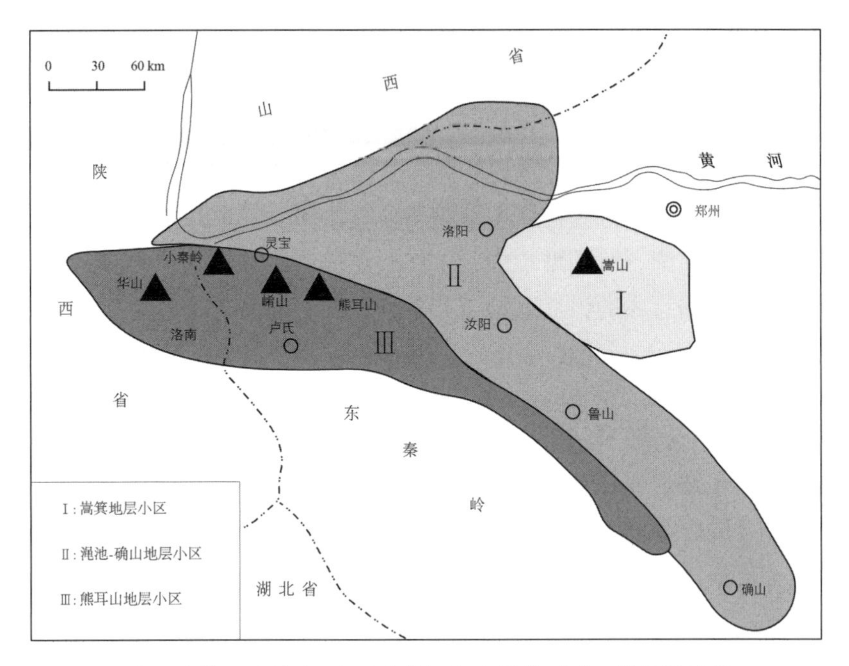

图 1-6 华北克拉通南缘中-新元古代沉积地层分区图（据关保德等，1988）

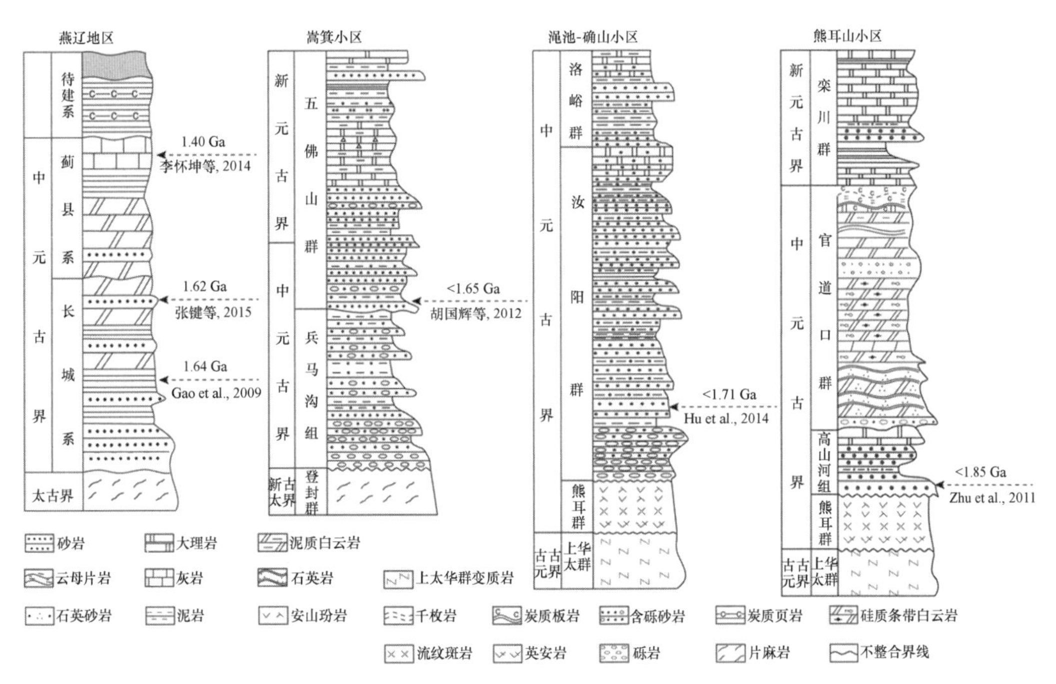

图 1-7 华北克拉通北缘与华北克拉通南缘中元古代地层对比
（据关保德等，1988，1996；河南省地质矿产局，1989）

（1 400~1 000 Ma），葡峪组、骆驼畔组和何家寨组的时代为青白口纪（1 000~800 Ma）

(河南省地质矿产局，1989；周洪瑞等，1998；Gao et al.，2009)。近年来，Hu 等(2012a) 在五佛山群马鞍山组底部石英砂岩中得到最年轻的碎屑锆石年龄为~1 732 Ma及~1 655 Ma，限制了其最大沉积年龄为 1 650 Ma，属长城纪晚期（图 1-7)。

汝阳群的物源地球化学特征显示，物源以长英质物质为主，有少量的中性物质，碎屑锆石的年龄特征显示物源区为硅质中性物源区（Hu et al.，2014)。关于汝阳群构造背景的讨论，一种观点认为，汝阳群在中元古代处于被动大陆边缘；另一种观点认为，汝阳群为俯冲背景下大陆边缘的弧后盆地沉积（林潜龙，1989；陈衍景等，1992；Zhao et al.，2009a；胡国辉等，2013；Hu et al.，2014)。汝阳群的底界年龄一直存在争议，早期关保德等（1988）和李钦仲等（1985）认为汝阳群与熊耳群为连续沉积，底界年龄为1 400 Ma。但是，赵太平等（2004）主张熊耳群火山作用时限为 1 800~1 750 Ma，将其上覆地层置于长城纪早期，高林志等（2002）认为熊耳群之上的河流相砾岩为熊耳群抬升剥蚀后的沉积，并且汝阳群与熊耳群之间存在沉积间断，两者否定了之前获得的汝阳群1 400 Ma的底界年龄数据。苏文博等（2012）依据洛峪口组 1 611±8 Ma 的凝灰岩锆石年龄，将汝阳群-洛峪群的时限限定在 1 750~1 600 Ma。之后，Hu 等（2014）根据汝阳群底部云梦山组获得最年轻的碎屑锆石年龄（1 744±22 Ma)，提出汝阳群形成于中元古代，与蓟县系相当。汪校锋（2015）在云梦山组底部碎屑岩的锆石中获得了 1 711±37 Ma 的年龄，将汝阳群底界限定为 1 710 Ma（图 1-7)。

早期对洛峪群沉积时代的讨论，王曰伦等（1980）及关保德等（1988）在三教堂组及董家组利用海绿石和黏土矿物测年，将洛峪口组的顶界年龄限定在 800~900 Ma，划归青白口系；随后，乔秀夫和高劢（1997）在洛峪口组中获得了碳酸盐岩 Pb-Pb 年龄855±54 Ma，然而碳酸盐岩 Pb-Pb 年龄的可靠性并未得到公认；刘鸿允等（1999）在崔庄组获得的黏土矿物 Rb-Sr 年龄 1 125±3 Ma，以及在董家组燧石中获得的 Ar-Ar 年龄~918 Ma，同样因年龄可靠性低而无法精确厘定洛峪群的时代归属。此外，部分学者依据该地区遗迹化石、微古植物等古生物学的新发现，将洛峪群-汝阳群划归中元古代末期（胡建民等，1991，1996；Xiao et al.，1997；Yin et al.，2005)、新元古代青白口纪(邢裕盛等，1996；尹崇玉和高林志，1999，2000；高林志等，2002)，甚至震旦纪（阎玉忠和朱士兴，1992；尹崇玉和高林志，2000)。苏文博等（2012）从洛峪口组的凝灰岩中获得了 1 611±8 Ma 锆石的年龄，汪校锋（2015）获得了 1 662±20 Ma 及 1 640±16 Ma 的 $^{207}Pb/^{206}Pb$ 加权平均年龄，依据高精度同位素定年数据，两人的研究结果均将洛峪群-汝阳群标定为中元古代固结纪（1 600 Ma)（图 1-7)。

官道口群地球化学特征显示，砂岩来自长英质物源区（Zhu et al.，2011；胡国辉等，2012b)。关于官道口群构造背景的讨论，吕国芳（1993）提出，高山河组具有大陆拉斑玄武岩性质，形成于大陆裂谷；马旭东等（2007）提出，高山河组形成于被动大陆边缘，上部官道口群碳酸盐岩形成于稳定台地相；胡国辉等（2013）认为，熊耳山地区官道口群底部砂岩形成于被动大陆边缘环境，而新元古代的沉积岩形成于弧后盆地。另有观点认为，官道口群为俯冲背景下大陆边缘的弧前盆地沉积（林潜龙，1989；陈衍景等，1992；Zhao et al.，2009a）。以往的研究认为官道口群形成于中元古代，相当于长城系（Zhao et al.，1998，2001；Zhai et al.，2004；Kusky et al.，2007a）。胡国辉等（2012a）认为汝阳群与官道口群为同时代地层，并可与嵩山地区五佛山群对比。汪校锋（2015）在高山河组底部碎屑岩的锆石中测得 1 706±61 Ma，限定整个华北克拉通南缘的官道口群、汝阳群-洛峪群的时限在 1 710~1 640 Ma（图 1-7）。

1.2.3 华北克拉通南缘中元古代早期地层研究现状

中元古界兵马沟组标准剖面位于洛阳市伊川县吕店乡兵马沟村附近，1964 年由河南省地质局区测队命名（陈晋镳等，1999），是一套由砾岩—含砾砂岩—砂岩—粉砂质泥岩组成的正粒度序列且具有旋回性的沉积。随后王志宏（1979）在济源市王屋山西北部地区发现了一套由砾岩—含砾砂岩—砂岩组成的多个旋回沉积，不整合覆盖于熊耳群火山岩之上，上与汝阳群云梦山组底砾岩呈平行不整合接触，最初将其命名为小沟背组，后统一使用兵马沟组命名这一套沉积（河南省地质矿产局，1989；席文祥等，1997）。之后，舞钢铁古坑及鲁山草庙沟等地均被报道有该地层出露（符光宏，1981；张元国等，2011）。兵马沟组与下伏熊耳群、登封群及上覆汝阳群云梦山组、五佛山群马鞍山组之间均呈不整合接触，关于兵马沟组的地层归属问题，早期普遍认为是五佛山群或汝阳群底部的河流相沉积（孙枢等，1982；河南省地质矿产局，1989；席文祥等，1997；武铁山，2002；赵太平等，2012；祝杰，2015；郑德顺等，2016a，2016b，2017）。

高山河组由河南省地质研究所在陕西洛南高山河村命名，主要分布于豫西地区灵宝福地、卢氏官道口、银家沟及栾川秋扒等地，在陕西洛南黄龙铺一带也有出露，主要为一套碎屑岩组合，夹少量碳酸盐岩（图 1-8）（席文祥等，1997）。席文祥等（1997）建议将高山河组从官道口群中分出，原因主要有：①高山河组与官道口群沉积环境不同，前者为碎屑岩，后者为碳酸盐岩，代表不同岩性组合及沉积环境；②两者之间有沉积间断；③高山河组厚 3 700 m，官道口群厚 1 300~2 400 m，两者厚度均较大。如果将高山河组从官道口群中分离出来，则据其与下伏熊耳群火山岩接触，并被上覆碎屑岩与碳酸盐岩组成的官道口群覆盖的接触关系看，高山河组应与兵马沟组层位相当。

1.2.4 已有研究中存在的问题

（1）前人对华北克拉通中元古代构造演化的讨论，大都基于单独对华北克拉通结晶基底、熊耳群或上覆中-新元古界沉积盖层（汝阳群、五佛山群、官道口群）进行的岩石学、地球化学、同位素年代学的研究，存在较多争议，对于熊耳群喷发至发育上覆大规模稳定沉积盖层之间的演化过程解释不清。在现有的研究中，熊耳群及上覆汝阳群、

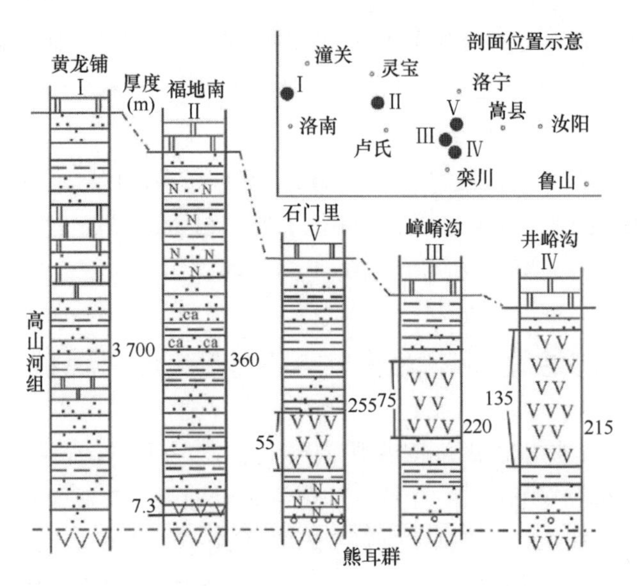

图 1-8 华北克拉通南缘高山河组地层对比（据吕国芳等，1993）

五佛山群的年龄数据较混乱，导致兵马沟组的沉积年龄无法确定。

（2）未针对中元古代早期地层开展系统的沉积学、地球化学及同位素年代学分析，现有研究大都局限于单方面的研究，对华北克拉通中元古代早期沉积盆地类型及其充填演化过程及模式涉及不多，尤其是对盆地性质和充填序列没有太多研究。

1.3 研究内容和目标

1.3.1 研究内容

本书的研究内容包括以下 5 个方面。

（1）华北克拉通南缘中元古代早期地层沉积相特征及沉积环境对比。以河南伊川、渑池和济源地区的中元古界兵马沟组为主要剖面，对比鲁山和舞钢等地区兵马沟组，对华北克拉通南缘各地区出露的中元古代早期地层的沉积相特征及沉积环境进行综合对比。

（2）华北克拉通南缘中元古界早期沉积的物源示踪与构造背景判别。基于伊川、济源和渑池地区兵马沟组的沉积岩样品的碎屑锆石、地球化学分析，并结合沉积学特征，探讨兵马沟组的物源区特征及源区构造背景。

（3）华北克拉通南缘中元古代早期盆地充填模式。基于对华北克拉通南缘中元古代早期沉积的沉积相分析与对比、物源分析与对比，建立华北克拉通南缘中元古代早期盆地充填模式。

（4）华北克拉通南缘中元古代早期沉积-构造演化。基于对华北克拉通南缘研究区中元古代早期地层进行的沉积学、地球化学、锆石同位素年代学分析，讨论华北克拉通南缘中元古代早期的沉积-构造演化过程。

（5）华北克拉通南缘中元古代地层的划分。基于本书研究，并结合前人的研究成果，提出中元古代早期沉积兵马沟组对华北克拉通南缘中元古代地层的划分。

1.3.2 研究目标

针对文献调研中发现的问题，本书通过对华北克拉通南缘出露的中元古代早期沉积——兵马沟组的研究，达到以下目标：以沉积大地构造学为指导，以华北克拉通南缘中元古代早期构造-沉积响应过程为主线，采用沉积学、地球化学、碎屑锆石同位素年代学等多种技术手段，系统调查华北克拉通南缘豫西地区中元古代早期典型地层剖面，恢复华北克拉通南缘中元古代早期沉积环境演化过程，研究沉积记录的物源属性、构造背景等，构建物源-沉积体系模式，探讨华北克拉通南缘中元古代早期沉积-构造演化过程。

1.4 研究方法、技术路线及工作量

1.4.1 研究方法

（1）沉积学方法。通过踏勘考察伊川、渑池、济源等地区出露的兵马沟组及栾川地区出露的高山河组，选取出露良好、发育连续的剖面开展野外剖面实测及样品采集工作。在野外逐层测量、详细描述的基础上，结合室内岩石薄片的显微镜分析，对比各地区出露的中元古代早期沉积的相序特征及沉积环境演化过程。

（2）地球化学分析。对在伊川、济源、渑池地区中元古界兵马沟组中采集的泥质岩及砂岩样品利用 XRF 及 ICP-MS 测试分析，查明常量元素、微量元素（含稀土元素）组成及含量。利用元素的组成、相对含量、元素的组合、元素间的比值关系和前人已建立的多元图解和配分模式，进行物源分析和大地构造背景判别及古环境分析。

（3）碎屑锆石 U-Pb 年代学分析。挑选锆石单颗粒碎屑矿物，利用阴极发光法（CL）观察矿物形态及内部微观结构，利用 U-Pb 定年示踪物源区并判断源区大地构造背景。

1.4.2 技术路线

技术路线如图 1-9 所示。

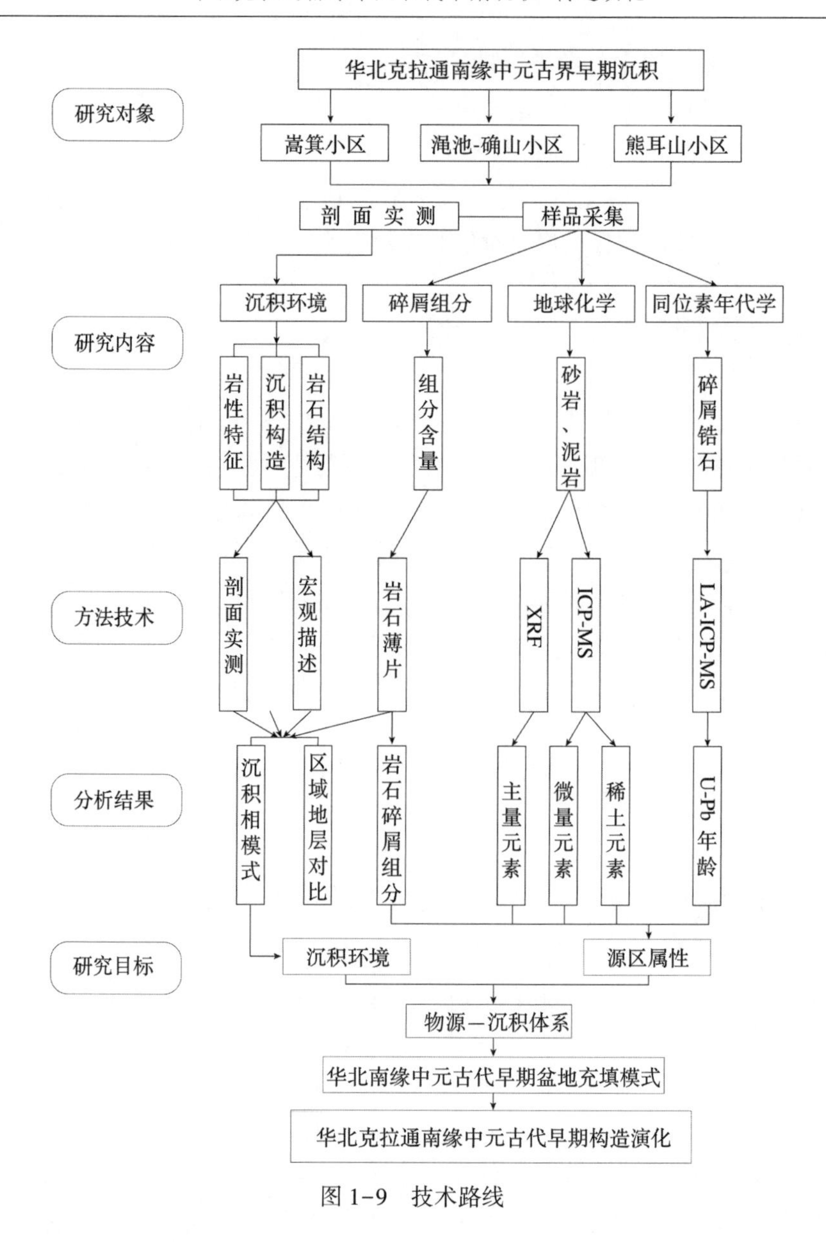

图 1−9　技术路线

1.4.3　工作量

在研究过程中，野外考察了 6 条中元古界兵马沟组剖面、3 条中元古界高山河组剖面，实测 4 条，单个剖面野外工作时间约 15 个工作日，采集岩石样品 242 件，拍摄野外地质照片 5 000 余张，制作岩石薄片 103 片，拍摄偏光显微镜照片 2 400 余张，分析主量元素地球化学样品 55 件，分析微量、稀土元素地球化学样品 70 件，分析碎屑锆石样品 6 件，拍摄碎屑锆石透反射照片 224 张，阴极发光照片 136 张，完成碎屑锆石 LA-ICP-

MS 测试点 550 个，制作图件 112 幅。

1.5 创新点

本书以华北克拉通南缘中元古代早期沉积兵马沟组为研究对象，通过沉积学、碎屑锆石年代学及岩石地球化学等方法的研究，取得以下创新性认识。

（1）华北克拉通南缘伊川、济源、渑池、鲁山和舞钢 5 个剖面点分布的兵马沟组具有各不相同的物源区及物源方向，反映出在西北侧的渑池和东侧的伊川、鲁山及舞钢之间存在沉积谷地。

济源、伊川、鲁山及舞钢剖面兵马沟组的物源区来自沉积剖面背后的北侧或东北侧方向；渑池剖面下段沉积物源主要来自华北克拉通结晶基底，与东侧相似；碎屑锆石反映渑池剖面上段沉积物源来自北向或西北方向的中央造山带。兵马沟组 5 个剖面的沉积，至少在其上段沉积期，其物源区来自两个不同的方向，且两侧的物源在所观测的 5 个剖面中，上段没有交叉，表明渑池和东侧的 4 个剖面点之间存在 1 个谷地，这个沉积谷地可能为早期裂谷形成的低地形区，两侧均向其汇聚沉积物，且没有越过谷地到达另一侧。在裂谷东侧，济源和伊川剖面兵马沟组中发育有大套的边缘相粗碎屑沉积，反映出二者更靠近源区；而往南的鲁山及舞钢剖面兵马沟组沉积物粒度变细，沉积相以河流相为主，反映出距源区较远；西北侧的渑池剖面兵马沟组则为相对细粒沉积，边缘相不发育，距离物源区相对较远。这意味着，渑池代表了当时裂谷盆地的北岸，而伊川、鲁山、舞钢代表了裂谷盆地的南岸，济源可能处于伸向陆内的裂谷顶端。

（2）华北克拉通南缘伊川剖面兵马沟组的砾石统计及碎屑锆石年龄特征表明，兵马沟组沉积期间，源区的熊耳群和变质基底依次发生了深剥蚀作用。熊耳群喷发结束后开始遭受风化剥蚀，由于伊川兵马沟组位于裂谷盆地边缘，熊耳群覆盖较薄，在其被剥蚀之后，其下伏华北克拉通基底中的古元古代（2 100 Ma）及新太古代（2 500 Ma）地质体依次遭受深剥蚀作用。

（3）深化了华北克拉通南缘中元古代早期裂谷盆地充填模式。华北克拉通南缘中元古代早期兵马沟组沉积盆地可划分为 4 个沉积序列，盆地的构造性质为裂陷盆地。熊耳群喷发结束后存在一个较长时间的沉积间断，随后发生沉降，形成兵马沟组的第一套充填粗粒沉积物。在该套沉积结束后，裂谷盆地并未连续持续沉降，造成兵马沟组与上覆地层之间存在较长时间的沉积间断。裂谷盆地再次沉降后形成了五佛山群、汝阳群沉积，仅发育滨浅海相沉积，并未形成强烈扩张，未形成洋壳。该盆地边沉降边接受沉积，但在研究区内从未沉降至深海，从未拉张出洋壳，至最后衰亡、填满，依然是一个陆内浅水盆地。兵马沟组及其上覆五佛山群、汝阳群沉积构成了一个衰亡裂谷的充填层序。

2 地质背景

2.1 区域地质概况

华北克拉通南缘发育了完整的早前寒武纪岩石序列，其结晶基底由新太古代登封群表壳岩、TTG片麻岩、古元古代嵩山群石英岩、镁铁质-超镁铁质侵入岩和富钾花岗岩、太华群变质岩组成，其上被熊耳群火山-沉积岩系及中-新元古代（汝阳群、五佛山群、官道口群）沉积盖层不整合覆盖（Jahn et al.，1984；关保德等，1988；河南省地质矿产局，1989；席文祥等，1997；赵太平等，2002，2004；He et al.，2009；Zhao et al.，2009a）。

熊耳群喷发后，华北克拉通南缘开始进入稳定的沉积盖层发育阶段，发育中-新元古代陆源碎屑岩-碳酸盐岩沉积序列（关保德等，1988；周洪瑞，1998；高林志，2002）。根据地层发育特征，前人将其划分为嵩箕地层小区、渑池-确山小区及熊耳山地层小区（彩图1）（关保德等，1988；河南省地质矿产局，1989）。

嵩箕地层小区主要分布在嵩山和箕山地区，其主体为五佛山群，以硅质碎屑岩沉积为主，下部兵马沟组砾岩与下伏新太古界登封群呈角度不整合接触，其上被五佛山群马鞍山组角度不整合覆盖（彩图1）（关保德等，1988；河南省地质矿产局，1989）。

渑池-确山地层小区分布于渑池、鲁山、确山、汝阳等地，由中元古界汝阳群、洛峪群及震旦系组成。渑池-确山地层小区以硅质碎屑岩-碳酸盐岩过渡相为主。底部小沟背组与兵马沟组相当，均为砾岩-砂砾岩-砂岩沉积建造，不整合于熊耳群火山岩之上，其上被汝阳群云梦山组平行不整合覆盖（彩图1）（关保德等，1988；河南省地质矿产局，1989）。

熊耳山地层小区主要分布于栾川、卢氏、洛宁等地，由中元古代官道口群及新元古代栾川群、陶湾群组成。熊耳山小区以碳酸盐岩构成。官道口群下部高山河组（群）不整合于熊耳群之上（彩图1）（关保德等，1988；Zhu et al.，2011）。由于华北克拉通南缘不同的地层分区，限制了华北克拉通南缘和中部燕辽中元古代沉积地层之间的精细对比（关保德等，1988）。

2.2 华北克拉通南缘前寒武纪结晶基底

2.2.1 登封岩群

登封杂岩主要由新太古代-古元古代花岗岩体及表壳岩组成，前者包括大面积分布的新太古代 TTG 质深成侵入岩体（2 488～2 533 Ma）及古元古代石秤富钾花岗岩岩体（～1 775 Ma）（Wang et al.，2004a，2004b；万渝生等，2009；周艳艳等，2009a，2009b；Zhou et al.，2011；Diwu et al.，2011；Zhang et al.，2013；Huang et al.，2013），后者包括登封群和嵩山群。新太古界登封岩群表壳岩是一套绿片岩相变质火山岩为主的组合（张国伟等，1978；劳子强，1989；薛良伟，2004），自下而上划分为郭家窑组、金家门组及老羊沟组。郭家窑组是一套变质基性火山岩，以角闪片岩和似层状变质闪长岩石为主，多变余杏仁构造；金家门组是一套火山碎屑岩，变质砾岩夹条带状斜长角闪岩为主；老羊沟组为一套副变质岩，主要为云母石英片岩，表现为复理石沉积。该群主要分布于嵩山和箕山地区（薛良伟等，1996；王跃峰和白朝军，1996；劳子强和王世炎，1999；薛良伟，2004；高山等，2005）。

古元古界嵩山群主要分布于登封、新密、偃师等地，与下伏登封群呈不整合或断层接触，岩性为绿片岩相变质碎屑沉积岩夹薄层白云岩。早期认为嵩山群由下部的嵩山石英岩和上部的五指岭片岩组成（张伯声，1951；马杏垣等，1981），随着认识的深入，之后将嵩山群自下而上划分为罗汉洞组、五指岭组、庙坡山组及花峪组。罗汉洞组以石英岩为主，底部有底砾岩；五指岭组主要为绢云石英片岩，常夹薄层石英岩，片岩与石英岩多数呈互层状态，局部见白云石大理岩；庙坡山组为一套石英岩，下部为磁铁石英岩及细粒石英岩，上部夹赤铁矿石英岩及千枚状绢云石英片岩；花峪组是片岩夹石英岩条带，最上部出现大套白云石大理岩。

2.2.2 太华群

太华群位于中部造山带南部，分布在小秦岭-熊耳山以及鲁山-舞钢地区，从陕西省穿过河南省延伸至安徽省（蒋宗胜等，2011；Zhang et al.，1985），总体为以片麻岩为主的深变质岩系，具体包括绿岩带、含石墨片麻岩、黑云母片麻岩、大理岩和条带状铁建造构成的一套早前寒武纪中-高级变质岩（彩图 2）（Zhang et al.，1985；Sun et al.，1994；Wilde et al.，2002；Zhao et al.，2002a，2002b；卢俊生，2014）。

根据太华群构造特征和岩石组合，前人以荡泽河出露的大理岩为界将其划分为上太华和下太华两个亚群（Zhang et al.，1985；薛良伟等，1995；涂绍雄，1996；Wan et al.，2006)。上太华亚群主要由含石墨片麻岩、黑云母片麻岩、大理岩、条带状含铁建造（BIF）和斜长角闪岩组成，已有的研究表明这组表壳岩形成于古元古代（2 100~2 300 Ma)，在1 840~2 000 Ma期间发生变质作用（Wan et al.，2006；林慈銮，2006；杨长秀，2008；第五春荣等，2010)。下太华亚群被上太华亚群不整合覆盖，由TTG片麻岩和透镜状斜长角闪岩构成，下太华群原岩形成于2 700~3 000 Ma（薛良伟等，1995；林慈銮，2006；Liu et al.，2009；第五春荣等，2010；Huang et al.，2010)，同样在古元古代经历变质作用。

因此，太华群由新太古代TTG片麻岩及角闪岩（2 794~2 752 Ma）（薛良伟等，1995；周汉文等，1998；李厚民等，2007）及古元古代表壳岩（2 200~2 000 Ma）（张宗清和黎世美，1998；倪志耀等，2003；赵太平等，2004；Wan et al.，2006；Xu et al.，2009）组成。

2.3 熊耳群

熊耳群火山-沉积岩系主要由厚的熔岩流组成，火山岩系中夹少量薄层碎屑沉积岩和火山碎屑岩（Zhao et al.，2002a)，广泛发育于华北克拉通南缘的崤山、熊耳山和外方山等地区（图2-1)。其中，大古石组以陆源碎屑岩为主；许山组岩性为安山岩、安山玄武岩夹流纹岩及火山碎屑岩，富含斜长石大斑晶及辉石；鸡蛋坪组为酸性火山岩，包括流纹岩、英安岩等，夹火山碎屑岩；马家河组为安山岩、玄武安山岩等夹流纹岩、英安岩、火山碎屑岩及砂岩、页岩、灰岩，沉积岩夹层厚而多。熊耳山地区马家河组上部见一套偏碱性火山岩，被命名为龙脖组。

伊川县九洼村北侧分布有熊耳群鸡蛋坪组（彩图3)，厚度92.8 m，总体呈带状近东西向展布，西端尖灭于五佛山群马鞍山组底砾岩和新太古代登封岩群常窑岩组变粒岩之间，东端被断层切断，而断层右侧直接被五佛山群马鞍山组砂岩和兵马沟组砂岩覆盖。出露面积约0.3 km^2，长约1.5 km，宽约0.2 km，横向厚度变化不大，岩性主要为暗红色多斑状流纹岩、少斑状流纹岩、砖红色流纹质凝灰岩。下不整合于（南侧）新太古代海神庙奥长花岗岩和新太古代金家门岩组变粒岩之上，上与蓟县系五佛山群马鞍山组呈平行不整合接触。

济源地区小沟背村分布有熊耳群马家河组、鸡蛋坪组及许山组。马家河组岩性主要为灰绿、灰紫色杏仁状安山岩，辉石安山岩夹紫灰、灰绿色砂质页岩，细粒长石石英砂岩，铁泥质鲕状灰岩，底部为暗紫色晶屑凝灰岩。鸡蛋坪组主要为一套酸性火山岩，包括紫红、紫灰色石英斑岩，底部为紫红色、绿色铁硅质岩及凝灰质砂砾岩、页岩。许山组为一套中（偏基）性火山岩系，根据岩性组合分为四段：一段为灰绿色、深绿色杏仁状安山岩，辉石安山岩，顶部为灰白色、灰色、灰绿色砂岩；二段为灰绿色、深绿色、紫灰色杏仁状安山岩，辉石安山岩夹紫灰色安山岩，透镜状碎屑凝灰岩，顶部为英安

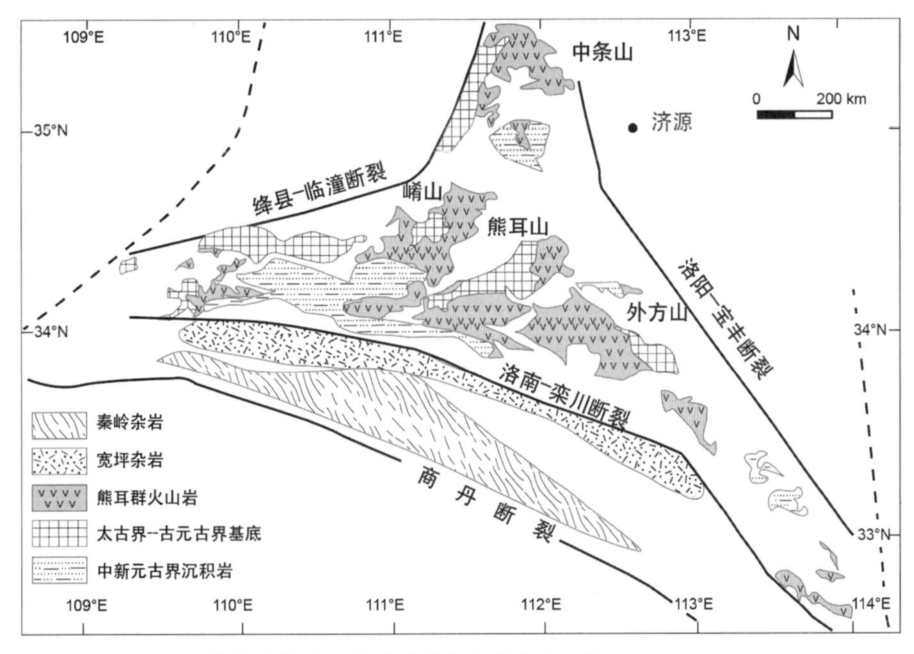

图 2-1 华北克拉通南缘熊耳群火山岩分布（据 Zhao et al.，2009a）

岩；三段为灰绿色、深绿色、紫灰色杏仁状安山岩，辉石安山岩夹紫灰色安山岩，透镜状碎屑凝灰岩，顶部为砾岩；四段为灰绿色、深绿色、紫灰色杏仁状安山岩，辉石安山岩夹碎屑灰岩（河南省地质矿产局，1989）。

此外，野外踏勘见渑池地区段村剖面熊耳群马家河组与上覆中元古界兵马沟组呈不整合接触（彩图 4A），鲁山地区大黑潭沟见熊耳群鸡蛋坪组英安岩（彩图 4B），熊耳群马家河组与上覆汝阳群云梦山组一段呈不整合接触（彩图 4C），栾川地区熊耳群马家河组与上覆高山河组呈不整合接触（彩图 4D）。

熊耳群火山岩带南部岭以洛南-栾川断裂为界与北秦岭造山带宽坪杂岩相邻（张国伟等，1996）。宽坪杂岩的形成时代存在争论，其中 1 700 Ma 左右的碎屑物质被认为来自华北克拉通南缘的熊耳群火山岩，两者在地球化学特征上具有亲缘性（张成立等，2004；Zhao et al.，2004b，2009a；何世平等，2007；闫全人等，2008；Deng et al.，2013a，2013b；Dong et al.，2014）。同位素年龄组成表明宽坪杂岩代表了残余洋壳的碎片，其混合了来自北秦岭微陆块和其他来自 Columbia 超大陆的地块碎屑物质（Zhang et al.，2015）。宽坪洋被认为是一个长期存在的古大洋，是 Columbia 超大陆周边的一个“泛大洋”（Dong et al.，2014；Zhang et al.，2015）。He 等（2008）、Zhao 等（2009a）、Zhao（2012）认为，华北克拉通南缘存在与俯冲有关的岩浆弧增生带，记录了古-中元古代 Columbia 超大陆边缘向外增生的历史，此时，华北克拉通南缘正对一个开阔的大洋，而不是与其他大陆相连。

2.4 中-新元古界沉积盖层

熊耳群之上发育了复杂的沉积盖层，按照地层分区（关保德等，1988）建立了三套地层单位，目前关于三套地层的对比尚未有统一意见。

2.4.1 嵩箕地层小区

嵩箕地层小区记录了完整的华北克拉通太古宙-古元古代结晶基底，其中-新元古界盖层岩性为陆源碎屑岩，主要为砾岩、砂岩、粉砂岩和泥质岩，与熊耳山地层小区的官道口群和汝阳群碎屑岩-碳酸盐岩沉积序列具有明显不同。

2.4.1.1 中元古界兵马沟组

中元古界兵马沟组标准剖面位于洛阳市伊川县吕店乡兵马沟村附近，1964 年由河南省地质局区测队命名（陈晋镳等，1999），是一套由砾岩、含砾砂岩、砂岩、粉砂质泥岩组成的正粒序且具有旋回性的沉积（彩图 5A）。在伊川地区，该组下部以底砾岩为标志与太古宇登封群呈不整合接触，上与五佛山群马鞍山组底砾岩呈不整合接触（席文祥等，1997）。

2.4.1.2 中-新元古界五佛山群

五佛山群是一套碎屑岩组合，由底砾岩、砂岩、粉砂岩和泥质岩组成，下与中元古界兵马沟组、嵩山群或登封群呈角度不整合接触，上与辛集组或红岭组呈平行不整合接触，自下而上划分为马鞍山组、葡峪组、骆驼畔组、何家寨组，在嵩山其他地区仅出露其底部马鞍山组（席文祥等，1997；程胜利等，2003）。

马鞍山组由石英砂岩夹少量砾岩及粉砂质页岩组成，见底砾岩（彩图 5B），下与兵马沟组呈不整合接触，或与新太古界登封岩群及古元古界嵩山群呈角度不整合接触，在九洼村发现马鞍山组不整合于熊耳群鸡蛋坪组之上。葡萄峪组岩性主要为灰黑色、浅黄色、灰绿色、紫红色等杂色页岩、砂质页岩夹细砂岩（彩图 5C）。骆驼畔组岩性单调，主要为紫红色、灰黄色石英砂岩夹砂质页岩，底部有时有细砾岩，有时为粗砂岩（彩图 5D 和彩图 5E），厚度稳定，砂岩中发育平行层理及楔状层理，层面见波痕，显示中能海滩环境。其上以石英砂岩结束为标志与何家寨组呈整合接触。何家寨组共五段：一段岩性为灰黄色藻纹层灰岩、泥质灰岩；二段为浅灰绿色泥岩；三段为土黄色泥质白云岩；四段下部为浅黄色、灰绿色泥岩，上部为紫红色泥岩夹玫瑰红色泥质白云岩；五段为玫瑰红色白云岩。下以藻纹层灰岩出现为标志，与骆驼畔组呈整合接触（彩图 5F）。红岭组仅分布于偃师市韩房村一带，主要岩性为青灰色厚层状叠层灰岩、土黄色厚层状叠层白云岩、玫瑰红色中层状泥质白云岩，其中柱状叠层石紊乱，偶见燧石结核，见滑动角砾。红岭组上与关口组呈平行不整合接触（席文祥等，1997）。

2.4.2　渑池-确山地层小区

渑池-确山地层小区内分布有面积广阔、层序完整的中-新元古代地层（彩图6、彩图7）（关保德等，1988），包含了中元古界汝阳群、洛峪群（苏文博等，2012）。

2.4.2.1　中元古界汝阳群

汝阳群现指渑池-确山地层小区内的一套碎屑岩-碳酸盐岩组合，与下伏兵马沟组呈不整合接触，或直接覆盖于熊耳群火山岩及古元古界铁山岭岩之上。根据岩性特征，汝阳群自下而上划分为云梦山组、白草坪组、北大尖组（河南省地质矿产厅，1997）。

云梦山组岩性主要为一套肉红色、灰白色石英砂岩、长石石英砂岩，夹少量紫红色、灰绿色页岩，普遍存在底砾岩，底砾岩自汝阳向西北砾径逐渐变大，向东南变小，局部地区缺失底砾岩；下部为紫红色砾岩、石英砂岩，局部夹赤铁矿透镜体，中部为页岩及石英砂岩，上部为紫色石英砂岩及石英砂岩夹页岩。砂岩中可见各类斜层理、楔状交错层理、羽状交错层理、泥裂、不对称水流波痕、浪成波痕、多角形波痕等沉积构造。在河南方城、舞阳、泌阳等地，云梦山组底部夹一层厚约20~60 m的玄武安山岩；云梦山组下与小沟背组呈平行不整合接触或与熊耳群火山岩呈不整合接触（彩图6A、彩图6B）。白草坪组由紫红色、灰绿色页岩、粉砂质页岩夹石英砂岩、局部发育的砾岩及白云岩组成。本组在西北部砂岩层发育多，东南部页岩层发育较多，发育波状层理、水平层理、楔形层理、人字形层理及波痕（彩图6C）。北大尖组由石英砂岩、长石石英砂岩、海绿石砂岩、白云岩及铁矿层组成，发育透镜状层理、人字形层理、楔状交错层理、水平层理、波状层理及各类波痕，含丰富的微古植物、遗迹化石、叠层石等（彩图6D）（席文祥等，1997）。

2.4.2.2　中元古界洛峪群

洛峪群下与汝阳群呈平行不整合或整合接触，上被震旦系黄连垛组、罗圈组或寒武系辛集组不整合覆盖，主要为一套滨海-浅海相碎屑岩为主的陆源碎屑-碳酸盐岩（彩图7），自下而上划分为崔庄组、三教堂组和洛峪口组，各组均整合接触（河南省地质矿产局，1989；席文祥等，1997；王志宏等，2008）。

崔庄组主要为暗紫色石英岩及紫红色、灰黑色、灰绿色页岩，夹少量石英砂岩、泥灰岩、钙质粉砂岩、菱铁矿及海绿石砂岩。该组含微古植物化石（彩图7A）。三教堂组岩性单一，为浅红色、灰白色石英砂岩（彩图7B），该组北西部厚度较薄，东南部较厚，含微古植物化石，发育水平层理、楔状交错层理、不对称波痕及新月形波痕等沉积构造。洛峪口组由紫红色、灰绿色页岩、白云岩和叠层石白云岩组成（彩图 7C），下部主要为含有机质页岩及紫红色页岩，岩性特征与崔庄组相似；上部紫红色白云岩中含丰富的叠层石和藻类，总体显示滨-浅海环境。洛峪口组中凝灰岩夹层年龄 1 611±8 Ma，将洛峪群标定至中元古界（彩图 7D）。从岩性看由砂岩-页岩-白云岩形成一完整的沉积旋回。由北往南变厚。上部与黄莲垛组或罗圈组、辛集组等呈平行不整合接触（席文祥等，1997）。

2.4.3 熊耳山地层小区

2.4.3.1 中元古界高山河组

高山河组主要分布于豫西地区灵宝福地、卢氏官道口、银家沟及栾川秋扒等地，在陕西洛南龙铺一带也有出露，主要为一套碎屑岩组合，夹少量碳酸盐岩（彩图 8A 和彩图 8B）。高山河组角度不整合覆盖于熊耳群之上，上被龙家园组平行不整合覆盖。高山河组下部为含砾石英砂岩、石英砂岩、含砾粗砂岩夹红色黏土岩，近底部普遍见玄武安山岩夹层，局部夹少量砾岩，砾岩厚度不稳定，普遍较薄；中部为紫红色黏土岩、砂质黏土岩夹薄层石英砂岩；上部为石英砂岩夹少量紫红色黏土岩。顶部常见有数米厚的磁铁矿或含铁石英岩，砂岩中见泥裂、波痕和交错层理，显示前滨-临滨环境（席文祥等，1997）。

2.4.3.2 官道口群

官道口群为一套碳酸盐岩组合，以白云岩为主，夹砂砾岩，中间夹有大量燧石条带、团块和条纹，产大量叠层石，白云岩中发育砾屑、水平层理、波痕。主要分布于华北克拉通南缘，出露于陕西省洛南，河南省卢氏、栾川及方城等地，厚度在西部稳定，栾川以东厚度减薄，层位仅见龙家园组。官道口群下部与高山河组呈整合或平行不整合接触，上部与栾川群呈整合或平行不整合接触。地层包含龙家园组、巡检司组、杜关组、冯家湾组（席文祥等，1997）。

龙家园组岩性为白云岩，含燧石条带，局部夹砂砾岩条带（彩图 8C），发育大量叠层石、少量核形石、燧石条带及团块发育。底部发育不稳定的砂砾岩与下伏高山河组呈平行不整合接触，或与熊耳群火山岩呈不整合接触，上部以燧石层及含砾的褐铁矿风化壳为标志与巡检司组呈整合或平行不整合接触。该组西部厚，东部薄。

巡检司组为燧石条带白云岩，夹少量板岩，含叠层石（彩图 8D）。底部常见泥质白云岩、粉砂质板岩、角砾状燧石层及页岩夹砾岩。该组特征为发育含燧石条带和团块，可见大量叠层石。上部以米黄色白云岩为标志与杜关组呈平行不整合接触。

杜关组主要分布在陕西洛南、河南栾川及卢氏地区。下部为含砾砂岩、含砂砾泥质白云岩、同生角砾白云岩，中上部为燧石团块白云岩及板状白云岩，发育大量叠层石（彩图 8E）。上部以紫红色板状白云岩结束为标志与冯家湾组呈整合接触。

冯家湾组（彩图 8F）主要在栾川、卢氏等地分布，主要是厚层白云岩，含较少燧石条带，发育较多叠层石及同生角砾（席文祥等，1997）。

2.5 实测剖面描述

2.5.1 嵩箕地层小区

2.5.1.1 伊川万安山剖面（兵马沟组）

伊川万安山剖面出露的兵马沟组位于伊川县万安山南坡（彩图 9），该地区兵马沟组发育完整，保存良好，兵马沟组与下伏太古宇登封群灰绿色变质岩呈角度不整合接触，上与中-新元古界五佛山群马鞍山组底砾岩呈不整合接触（彩图 10）。伊川地区的兵马沟组实测厚度 656. 60 m。实测剖面描述如下。

上覆地层：五佛山群马鞍山组（底砂岩、石英砂岩）

————————————平行不整合————————————

兵马沟组： 厚 656. 60 m

96. 紫红色中砂岩与泥岩互层 2. 50 m
95. 紫红色中砂岩夹 4 个极薄层泥岩 1. 20 m
94. 紫红色粗砂岩—中砂岩—粉砂岩序列 12. 70 m
93. 紫红色粉-细砂岩—泥岩序列，中夹黄绿色泥岩 11. 30 m
92. 自下而上发育 50 cm 粗砂岩、中砂岩与粉砂岩互层、粉砂岩夹数层细砂岩 9. 70 m
91. 下部为细砾岩，上部为细砂岩，粒度向上变小 3. 60 m
90. 下部中砂岩，上部为粉砂岩，顶部为 3 cm 灰绿色泥岩 2. 00 m
89. 自下而上发育中砂岩夹粉砂岩、粉砂岩与细砂岩互层、粉砂岩夹 10 cm 细砂岩 7. 10 m
88. 下部细砾岩—细砂岩，上部粉砂岩夹 2 层细砂岩 6. 30 m
87. 下部 30 cm 细砾岩，上部粉砂岩夹 40 cm 细砂岩，偶见粗砂岩 4. 80 m
86. 自下而上发育细砂岩、粗砂岩夹粉砂岩、粉砂岩夹细砂岩 10. 70 m
85. 自下而上发育紫红色（含砾）粗砂岩与粉砂岩互层、中砂岩与粉砂岩互层、粉砂岩 9. 10 m

84. 下部为细砾岩—细砂岩，上部粉砂岩夹数层 10 cm 细砂岩 13. 50 m
83. 自下而上发育紫红色含砾粗砂岩夹 30 cm 粉砂岩、粉砂岩与细砂岩互层、粉砂岩 4. 00 m
82. 下部紫红色含砾粗砂岩，偶夹灰绿色及紫红色粉砂质泥岩，上部紫红色粉砂岩 2. 00 m
81. 自下而上发育紫红色含砾粗砂岩、中砂岩与粉砂岩互层、粉砂岩夹 2 层细砂岩 4. 40 m
80. 自下而上发育等厚砾岩—粉砂岩旋回 7. 10 m
79. 下部细砾岩—中砂岩，夹有数层 5 cm 粉砂质泥岩，上部为粉砂岩夹 10 cm 细砂岩（2 层） 3. 80 m
78. 下部为粗砂岩夹 20 cm 粉砂岩，中部为中砂岩，上部粉砂岩夹 5 cm 细砂岩 5. 70 m
77. 下部浅紫红色细砾岩—粗砂岩，上部浅紫红色粉砂岩夹 4 层 10~20 cm 细砂岩 8. 30 m
76. 下部粗–中砂岩序列，上部浅铁红色细–粉砂岩序列 2. 30 m
75. 自下而上发育含砾粗砂岩、细砂岩与粉砂岩互层、粉砂岩夹细砂岩序列 7. 60 m
74. 下部细砾岩、细砂岩，中夹 20 cm 黄绿色泥岩，上部为浅铁红色粉砂岩 4. 90 m
73. 自下而上发育浅铁红色细砾岩夹 10 cm 粉砂岩、细砂岩、粉砂岩（厚度 1 ∶ 1 ∶ 2） 11. 70 m
72. 下部细砾岩—细砂岩，中夹 30 cm 粉砂岩，上部粉砂岩夹 30 cm 细砂岩 6. 20 m
71. 自下而上发育 20 cm 浅紫红色细砾岩、浅紫红色细砂岩与粉砂岩互层、浅紫红色粉砂质泥岩夹细砂岩 4. 20 m
70. 下部浅紫红色粗砂岩夹粉砂岩—细砂岩，上部浅紫红色粉砂岩夹细砂岩（厚度 1 ∶ 2） 1. 90 m
69. 下部浅紫红色厚层细砾岩—细砂岩，砾岩较厚，上部粉砂岩夹细砂岩 7. 20 m
68. 自下而上发育浅紫红色砂岩夹细砾岩、浅紫红色粗砂岩夹粉砂岩、细砂岩夹粉砂岩，顶部见 10 cm 的泥岩 6. 10 m
67. 下部细砾岩夹细砂岩（2 层），上部粉砂岩夹薄层细砂岩，顶部见 10 cm 黄绿色泥岩 4. 30 m
66. 下部浅紫红色细砾岩，上部浅紫红色泥质粉砂岩夹细砂岩 2. 60 m
65. 下部紫色砾岩夹 50 cm 细砂岩，上部紫色粉砂岩夹细砂岩，顶部见 10 cm 黄绿色泥岩 3. 50 m
64. 下部紫色砾岩—细砂岩，上部粉砂岩夹细砂岩，顶部见薄层泥岩 2. 60 m
63. 自下而上发育紫色含泥砾细砾岩、粉砂岩夹细砂岩、泥质粉砂岩夹细砂岩 5. 70 m

62. 紫色细砾岩、泥岩夹砂岩互层，泥岩中见水平层理　6.50 m
61. 自下而上为紫红色泥岩、砂岩夹泥岩、砾岩夹泥岩序列（厚度1：1：2）　4.40 m
60. 自下而上为紫红色细砾岩、粉砂岩夹薄层泥岩序列（厚度1：3）　3.30 m
59. 下部为厚50 cm紫红色含泥砾细砾岩，砾石粒径3 mm左右，呈不规则长条状或椭圆状，最长3 cm；中部为100 cm紫红色细砂岩夹数层薄粉砂岩，上部为紫红色厚层泥岩　2.90 m
58. 下部厚约30 cm含泥砾细砾岩—中砂岩，中部粉砂岩与细砂岩互层，上部泥岩　2.00 m
57. 自下而上发育10 cm紫红色细砾岩夹薄层泥岩、紫红色中砂岩与泥岩互层、紫红色泥岩　3.70 m
56. 自下而上发育30 cm厚砾岩—粗砂岩、中-细砂岩与粉砂岩互层、泥岩的韵律层　5.90 m
55. 下部紫红色砾岩—粗砂岩，中夹数层泥岩；中部紫红色粉砂岩夹细砂岩；上部为紫红色厚层泥岩　4.20 m
54. 自下而上发育细砾岩—粗砂岩、粉砂—细砂岩、泥岩　6.70 m
53. 自下而上发育等厚的紫红色砾岩、粗砂岩—砂泥互层—泥岩序列　2.00 m
52. 紫黄色细砾岩—砂岩—泥岩的等厚序列　1.60 m
51. 紫红色细砾岩夹薄层砂岩，上部细砂岩与泥岩互层，顶部泥岩夹细砂岩　3.90 m
50. 自下而上发育为紫红色细砾岩—粗砂岩、紫红色中细砂与泥岩互层、紫红色厚层泥岩　4.30 m
49. 自下而上发育紫红色细砾岩—粗砂岩夹薄层泥岩、厚层泥岩夹薄层中-细砂岩、巨厚层泥岩　6.60 m
48. 多重砂泥韵律层，总体砾砂与泥等厚；中部韵律层下部发育厚层细砾岩，砂岩较薄；2个韵律层的下部主体为砂岩　3.00 m
47. 底部为紫红色细砾岩，见紫红色、黄绿色泥砾，中夹多层薄层泥岩，上部发育粗-中细砂—泥岩序列　3.00 m
46. 粗砂岩—泥岩序列，中间偶夹细砾岩　6.60 m
45. 自下而上发育紫红色细砾岩—粗-中-细砂岩—泥岩序列，底部砾岩和砂岩中夹多层泥岩　4.60 m
44. 紫红色细砂岩与泥岩互层（3：1），上部的泥岩变厚，厚约1 m　9.70 m
43. 淡紫色含泥砾细砾岩—粗砂岩—细砂岩—粉砂质泥岩序列（厚度约1：1：1：1）　2.70 m
42. 紫红色细砂岩与粉砂质泥岩互层（厚度约1：1），中夹50 cm细砾岩，含泥砾　3.50 m

41. 紫红色厚层砂岩夹薄层泥岩，砂岩中偶夹细砾岩 5.30 m
40. 紫红色细砾岩—粉砂岩旋回，细砾岩：粉砂岩约 1：2 4.00 m
39. 紫红色粗砂岩与粉砂质泥岩韵律层（厚度约 1：1），粗砂岩中局部含细砾岩，见撕裂紫红色泥砾，发育平行层理 5.70 m
38. 自下而上发育紫红色砂砾岩、中砂岩、粉砂质泥岩（厚度 3：1：2），见平行层理 13.30 m
37. 自下而上发育紫黄色砂岩、砂岩与粉砂质泥岩互层、粉砂质泥岩夹砂岩 12.60 m
36. 紫红色含砾砂岩与粉砂岩互层（厚度 1：1），含砾砂岩中部见泥砾 5.50 m
35. 紫红色砂岩与粉砂岩互层，砂岩中局部含砾，粉砂岩中见页理，发育平行层理 11.40 m
34. 紫红色砂岩与粉砂岩互层（厚度 4：1），砂岩底部含泥砾；粉砂岩中见页理 6.50 m
33. 淡紫色砂岩与粉砂岩互层（厚度 1：2），砂岩下部含泥砾；粉砂岩中见页理，见平行层理 6.50 m
32. 土黄色粉砂质泥岩与中砂岩互层（厚度 1：1），见平行层理 9.80 m
31. 紫红色细砂岩夹薄层粉砂岩，粉砂岩中见平行层理，细砂岩中见泥砾 3.80 m
30. 灰绿色、紫红色粉砂质泥岩与细砂岩互层，见平行层理 6.80 m
29. 紫红色粉砂岩与紫红色含泥砾中砂岩韵律层（下部 50 cm 韵律层比例 1：1，上部 250 cm 韵律层比例 1：3） 3.00 m
28. 紫红色厚层中砂岩，发育平行层理，含紫红色、黄绿色泥砾，部分粒径较大 8.70 m
27. 紫红色粗砂岩，夹灰绿色薄层泥岩，含紫红色、黄绿色泥砾，粒径大部分 5 cm 左右，局部可见砾石 7.50 m
26. 紫红色中粒砂岩，中夹厚约 5 cm 黄绿色粉砂岩，发育平行层理 5.80 m
25. 紫红色粗砂岩，见紫红色及灰绿色泥砾 7.70 m
24. 紫红色厚层细砾岩，粒径 1 cm 左右 2.90 m
23. 紫红色厚层粗砂岩 2.50 m
22. 紫红色巨厚层细砾岩，中夹灰白色透镜体，砾石粒径 0.3~0.8 cm，含少量 1~2 cm以石英砾为主的砾石，局部夹有肉红色薄层粗砾岩 11.60 m
21. 紫红色粗砂岩，中夹细砾岩，顶部发育厚约 5 cm 灰绿色泥岩 7.50 m
20. 紫红色巨厚层细砾岩，以安山岩砾石为主，另有 TTG 片麻岩砾石、花岗岩砾石、石英岩砾石，砾径大部分 0.2~0.4 cm，含有较多灰绿色泥砾，泥砾粒径 1~20 cm，分选差，磨圆差，具有撕裂迹 32.2 m
19. 紫红色中–细砾岩，局部夹灰白色粗砂岩，以安山岩砾石为主，另有 TTG 片麻岩砾石、花岗岩砾石、石英岩砾石，分选较差，砾石粒径 0.4~0.8 cm，最大

2 cm，磨圆较差 21.50 m

18. 紫红色巨厚层砾岩，以安山岩砾石为主，另有 TTG 片麻岩砾石、花岗岩砾石、石英岩砾石，局部夹粗砂岩 28.30 m

17. 紫红色巨厚层砾岩，以安山岩砾石为主，另有 TTG 片麻岩砾石、花岗岩砾石、石英岩砾石，中夹灰白色砂岩 12.70 m

16. 紫红色砂砾岩，局部夹灰白色粗砂岩，以安山岩砾石为主，粒径 3~5 cm 3.40 m

15. 紫红色厚层砾岩，以安山岩砾石为主，分选一般，粒径 0.5~1 cm，最大约 7 cm 1.10 m

14. 紫红色巨厚层砂砾岩，砾石以安山岩砾石为主，分选差 33.30 m

13. 紫红色巨厚层砾岩，中夹两层灰白色或紫红色薄层砂砾岩，以安山岩砾石为主，另有 TTG 片麻岩砾石、花岗岩砾石、石英岩砾石，分选差 6.40 m

12. 紫红色含砂砾岩，下部为土黄色夹紫红色砂岩，中夹两层砾石 1.90 m

11. 紫红色巨厚层砾岩，以安山岩砾石为主，另有 TTG 片麻岩砾石、花岗岩砾石、石英岩砾石，分选差，砾石粒径 3~7 cm 5.80 m

10. 紫红色厚层砂砾岩，砾石层厚 1~5 cm 1.30 m

9. 巨厚层砾岩，以安山岩砾石为主，另有 TTG 片麻岩砾石、花岗岩砾石、石英岩砾石，分选差，砾石粒径大部分 1~3 cm，最大 18 cm 6.10 m

8. 土黄色含砾粗砂岩，以安山岩砾石为主 0.70 m

7. 紫红色砾岩，以安山岩砾石为主，另有 TTG 片麻岩砾石、花岗岩砾石、石英岩砾石，分选差，砾石粒径大部分 1~3 cm，最大可达 15 cm 18.10 m

6. 土黄色厚层粗砂岩，中夹薄层砾岩，以安山岩砾石为主，粒径大部分 3~5 cm 1.00 m

5. 紫红色砾岩，以安山岩砾石为主，另有 TTG 片麻岩砾石、花岗岩砾石、石英岩砾石，砾石粒径大部分 3~4 cm，最大可达 13 cm，较下伏 1~4 层明显减小 3.00 m

4. 淡紫色砂砾岩，中夹 2 层 10 cm 厚土黄色砾岩，以安山岩砾石为主，另有粒径 2 cm左右石英岩砾石 1.80 m

3. 巨厚层砾岩，以安山岩砾石为主，另有石英砾、TTG 片麻岩砾石、花岗岩砾石等，分选差，砾石粒径向上减小，最大可达 40 cm，磨圆差 24.60 m

2. 紫红色砂砾岩，中间发育多层砾岩，单层约 25 cm，砾径大部分 3~5 cm，最大可达 20 cm 5.60 m

1. 巨厚层砾岩，以安山岩砾石为主，另有石英砾、TTG 片麻岩砾石、花岗岩砾石等，分选差，磨圆差 7.70 m

~~~~~~~~~~~~~~不整合~~~~~~~~~~~~~~
~~~~~~~~~~~~~~

下伏地层：登封群（浅绿色、土黄色登封群变质岩）

2.5.2 渑池-确山地层小区

2.5.2.1 济源小沟背剖面（兵马沟组）

济源小沟背剖面出露的兵马沟组位于豫西济源市邵原镇小沟背村（图 2-2），该地区兵马沟组出露有限，厚度不稳定，实测剖面厚度 663.17 m。兵马沟组与下伏古元古界熊耳群火山岩呈不整合接触，与上覆中元古界汝阳群云梦山组底砾岩呈平行不整合接触（彩图 11）。实测剖面描述如下。

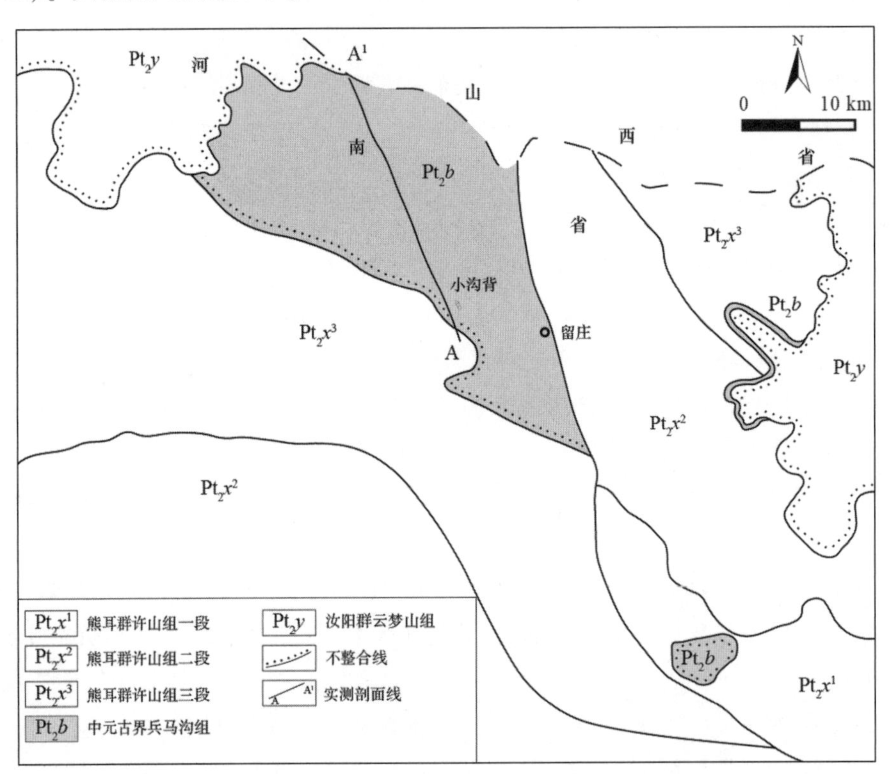

图 2-2 济源小沟背剖面地质简图（据王志宏，1979）

上覆地层：汝阳群云梦山组（砂岩、砾岩）

————————————平行不整合————————————

兵马沟组： 厚 663.17 m

78. 植被覆盖，出露较差，可见厚层红色砾岩，上部发育大套砂体，发育交错层理；下部为肉红色砂岩，交错层理发育，见少量红色砾岩 49.61 m

77. 植被覆盖，出露较差，可见零星紫红色砾岩出露，分选一般，胶结较好，砾径约 10 cm，局部夹肉红色透镜状砂体 93.40 m

76. 紫红色砾岩，砾石主要为安山岩砾（60%）及石英岩砾，砾石分选差，次圆状磨圆，砾径平均 10 cm，胶结较好 1.67 m

75. 紫红色砾岩，砾石主要为安山岩砾（60%）及石英岩砾，砾石分选差，次圆状磨圆，砾径平均 15 cm，胶结较好 4.58 m

74. 紫红色砾岩，砾石主要为安山岩砾（70%）及石英岩砾，砾石分选差，次圆状磨圆，砾径平均 10 cm，最大 30 cm，胶结较好 8.90 m

73. 紫红色砾岩，砾石主要为安山岩砾（80%）及石英岩砾，砾石分选差，次圆状磨圆，砾径平均 12 cm，最大 25 cm，胶结较好 4.56 m

72. 紫红色砾岩，砾石主要为安山岩砾和石英岩砾，砾石分选差，次圆状磨圆，砾径平均约 10 cm，中夹有 2 层厚约 10 cm 的肉红色透镜砂体，顶部为 1 层厚约 20 cm的肉红色含砾粗砂岩 18.77 m

71. 紫红色砾岩，砾石主要为安山岩砾和石英砾，次圆状磨圆，砾径平均约 10 cm 9.83 m

70. 紫红色砾岩，砾石主要为安山岩砾和石英砾，砾石分选差，次圆状磨圆，砾径平均约 12 cm，最大 28 cm 5.03 m

69. 紫红色砾岩，砾石主要为安山岩砾和石英砾，次圆状磨圆，砾径平均约 12 cm，胶结较好，顶部有一层肉红色含砾粗砂岩 5.99 m

68. 紫红色砾岩，砾石主要为安山岩砾和石英砾，次圆状磨圆，砾径平均约 8 cm，胶结较好 1.20 m

67. 紫红色砾岩，砾石主要为安山岩砾和石英砾，次圆状磨圆，砾径平均约16 cm 3.60 m

66. 紫红色砾岩，砾石主要为安山岩砾和石英岩砾，次圆状，砾径平均约 10 cm，顶部有一层 10 cm 厚的肉红色粗砂岩 10.54 m

65. 肉红色含砾粗砂岩，顶部有一层厚约 50 cm 的肉红色粗砂岩 2.40 m

64. 紫红色砾岩，砾石主要为安山岩砾和石英岩砾，砾石分选差，次圆状磨圆，砾径自下而上变大，下部砾径平均约 10 cm，上部砾径平均约 15 cm 4.49 m

63. 紫红色砾岩，砾石主要为安山岩砾和石英岩砾，次圆状磨圆，砾径平均约 5 cm，夹 1 层厚约 50 cm 的肉红色粗砂岩 1.00 m

62. 紫红色砾岩，砾石主要为安山岩砾和石英岩砾，砾石分选差，次圆状磨圆，砾径平均 18 cm，上部为厚约 20 cm 砂岩透镜体 3.49 m

61. 紫红色砾岩，砾石主要为安山岩砾和石英岩砾，砾石分选差，次圆状磨圆，胶结较好，砾径平均 15 cm 8.41 m

60. 紫红色砾岩，砾石主要为安山岩砾和石英岩砾，砾石分选差，次圆状磨圆，

胶结较好，砾径平均 8 cm 7.21 m

59. 紫红色砾岩，砾石主要为安山岩砾和石英岩砾，砾石分选差，次圆状磨圆，夹 1 层中-细砾岩，胶结较好，砾径平均 6 cm 14.95 m

58. 紫红色砾岩，砾石主要为安山岩砾和石英岩砾，砾石分选差，次圆状磨圆，顶部有 1 层 80 cm 厚的肉红色粗砂岩，砾径平均 15 cm 6.41 m

57. 紫红色砾岩，砾石主要为安山岩砾和石英岩砾，砾石分选差，次圆状磨圆，砾径最大 25 cm，平均约 12 cm 5.12 m

56. 紫红色砾岩，砾石主要为安山岩砾和石英岩砾，砾石分选差，次圆状磨圆，砾径最大 30 cm 14.77 m

55. 紫红色砾岩，砾石主要为安山岩砾和石英岩砾，砾径平均为 12 cm，夹有 1 层厚约 40 cm 的肉红色含砾粗砂岩 7.14 m

54. 紫红色砾岩，砾石主要为安山岩砾和石英岩砾，砾石分选差，次圆状磨圆，砾径平均 12 cm，顶部有 1 层约 1 m 厚的肉红色含砾粗砂岩 5.95 m

53. 紫红色砾岩，砾石主要为安山岩砾（70%）和石英岩砾，砾石分选差，次圆状磨圆，砾径平均 15 cm 15.71 m

52. 紫红色砾岩，砾石主要为安山岩砾（60%）和石英岩砾，砾石分选差，次圆状磨圆，砾径平均 16 cm，夹 1 层厚约 12 cm 的肉红色粗砂岩 11.44 m

51. 紫红色砾岩，砾石主要为安山岩砾（60%）和石英岩砾，砾石分选差，次圆状磨圆，砾径平均 10 cm 2.74 m

50. 紫红色砾岩，次圆状磨圆，胶结较好，砾径平均约 6 cm 2.68 m

49. 紫红色砾岩，砾石主要为石英岩砾和安山岩砾，胶结较好 2.20 m

48. 紫红色砾岩，砾石主要为安山岩砾（80%）和石英岩砾，砾石分选差，次圆状磨圆，砾径平均为 12 cm，夹 1 层厚约 15 cm 肉红色含砾粗砂岩 11.31 m

47. 紫红色砾岩，砾石主要为安山岩砾（70%）和石英岩砾，砾石分选差，次圆状磨圆，砾径平均 13 cm，夹有 1 层厚 70~80 cm 的肉红色含砾粗砂岩 4.46 m

46. 紫红色砾岩夹含砂砾岩，底部为 1 层厚约 80 cm 的肉红色含砾粗砂岩，砾石主要为安山岩砾（80%）和石英岩砾，胶结较差，砾石分选差，次圆状磨圆 11.91 m

45. 紫红色砾岩，夹 1 层厚约 1 m 的含砾粗砂岩，向两端尖灭；砾石主要为安山岩砾和石英岩砾，分选差，次圆状磨圆，砾径最大约 20 cm 4.33 m

44. 肉红色含砾粗砂岩，夹 1 层紫红色砾岩，砂岩中砾石含量约 30%，砾岩胶结较差，砾石主要为安山岩砾和石英岩砾 2.38 m

43. 紫红色砾岩，主要为石英岩砾和安山岩砾（60%），砾石分选差，次圆状磨圆，砾径最大约 35 cm，平均约 15 cm，夹 1 层厚约 80 cm 的肉红色含砾粗砂岩，向两端尖灭 8.44 m

42. 紫红色细砾岩，主要为石英岩砾和安山岩砾（60%），砾石分选中等，砾径最大约 5 cm　0.54 m

41. 紫红色砾岩，主要为石英岩砾和安山岩砾（70%），砾石分选差，次圆状磨圆，砾径最大约 25 cm，平均约 10 cm，胶结一般　9.19 m

40. 紫红色砾岩，砾石主要为安山岩砾（90%）和石英岩砾，砾石分选差，次圆状磨圆，砾径最大约 30 cm，平均约 15 cm，胶结较差　3.78 m

39. 植被覆盖，出露紫红色砾岩，砾石主要为安山岩砾和石英岩砾，胶结较差，砾径最大 20 cm，平均约 10 cm　51.73 m

38. 植被覆盖，出露紫红色砾岩，砾石主要为安山岩砾和石英岩砾，砾石次圆状磨圆，胶结差，砾径最大约 30 cm　23.17 m

37. 植被覆盖，出露紫红色砾岩，砾石主要为安山岩砾和石英岩砾（70%），胶结较差，砾径最大约 25 cm，平均约 10 cm　11.88 m

36. 紫红色砾岩，主要为石英岩砾石（80%）和安山岩砾石，砾石分选差，次圆状磨圆，砾径最大约 25 cm，大直径砾石较少，主要为石英岩砾；夹有 1 层厚约 50 cm 的肉红色粗砂岩；粗砂岩上部见 1 层厚约 20 cm 的含砾粗砂岩，砾石次圆状，分选一般，砾径最大为 3 cm　15.05 m

35. 紫红色砾岩，主要为石英岩砾石和安山岩砾石，砾石分选差，次圆状磨圆，砾径最大约 25 cm，平均约 10 cm，胶结较差　26.71 m

34. 紫红色砾岩，主要为石英岩砾石和安山岩砾石（60%），砾石分选差，次圆状磨圆，砾径最大约 45 cm　1.95 m

33. 紫红色砾岩，主要为石英岩砾石（70%）和安山岩砾石，砾石分选差，次圆状磨圆，石英砾径最大 40 cm，安山岩砾径最大 15 cm　9.86 m

32. 紫红色砾岩，主要为石英岩砾石和安山岩砾石（60%），砾石分选差，次圆状磨圆，砾径最大约 30 cm，平均砾径较下部层位变大　4.29 m

31. 紫红色砾岩，主要为石英岩砾石和安山岩砾石（60%），砾石分选差，次圆状磨圆，砾径最大约 25 cm，胶结较差　4.53 m

30. 肉红色含砾粗砂岩，砾径最大为 5 cm，胶结较好，分选一般　5.92 m

29. 肉红色含砾粗砂岩，砾石为安山岩砾和石英岩砾，次圆状磨圆　5.25 m

28. 土黄色含砾粗砂岩，发育交错层理，主要为石英岩砾石和安山岩砾石，次圆状磨圆　21.00 m

27. 紫红色砾岩，主要为石英岩砾石和安山岩砾石，砾径最大 15 cm，胶结较好，次圆状磨圆，分选一般　4.64 m

26. 紫红色砾岩，主要为石英岩砾石（70%）和安山岩砾石，砾径最大 40 cm　7.48 m

25. 紫红色砾岩，主要为石英岩砾石和安山岩砾石（80%），砾径最大 28 cm，

夹1层厚约50 cm的肉红色细砾岩 6.51 m

24. 紫红色砾岩，主要为石英岩砾石（80%）和安山岩砾石，砾石分选差，次圆状磨圆，砾径最大28 cm 3.91 m

23. 肉红色含砾粗砂岩，砾径最大5 cm，夹1层厚1.5 m的紫红色砾岩 6.96 m

22. 肉红色含砾粗砂岩，砾石含量少 1.26 m

21. 肉红色含砾粗砂岩，砾径主要为1~3 cm，最大5 cm 1.01 m

20. 紫红色砾岩，主要为石英岩砾石和安山岩砾石，砾石分选差，次圆状磨圆，砾径8~15 cm，最大25 cm 10.09 m

19. 紫红色砾岩，主要为石英岩砾石和安山岩砾石，砾石分选差，次圆状磨圆，砾径最大31 cm 1.81 m

18. 紫红色砾岩，主要为石英岩砾石和安山岩砾石，砾石分选差，次圆状磨圆，砾径最大15 cm（较少） 3.73 m

17. 紫红色砾岩，主要为石英岩砾石和安山岩砾石，砾石分选差，次圆状磨圆，砾径最大26 cm，胶结差 1.20 m

16. 紫红色砾岩，主要为石英岩砾石和安山岩砾石，砾石最大直径28 cm，夹2层厚约30 cm和40 cm的肉红色含砾粗砂岩 11.04 m

15. 紫红色砾岩，主要为石英岩砾石和安山岩砾石，砾石分选差，次圆状磨圆，砾径最大26 cm 3.87 m

14. 紫红色砾岩，主要为石英岩砾石和安山岩砾石，砾石分选差，次圆状磨圆，砾径最大24 cm，胶结较差 1.00 m

13. 紫红色砾岩，主要为石英岩砾石和安山岩砾石，夹1层厚约40 cm的肉红色粗砂岩，砾径最大42 cm 0.50 m

12. 紫红色砾岩，主要为石英岩砾石和安山岩砾石，夹1层肉红色粗砂岩，砾径最大15 cm 0.47 m

11. 紫红色砾岩，主要为石英岩砾石和安山岩砾石，夹1层厚约40 cm的肉红色粗砂岩，砾径最大28 cm 0.72 m

10. 紫红色砾岩，主要为石英岩砾石和安山岩砾石，砾石分选差，次圆状磨圆，砾径最大18 cm，胶结较差 0.51 m

9. 紫红色砾岩，主要为石英岩砾石和安山岩砾石，砾石分选差，次圆状磨圆，砾径最大47 cm，胶结较差 10.42 m

8. 紫红色砾岩，主要为石英岩砾石和安山岩砾石，砾石分选差，次圆状磨圆，砾径最大28 cm，胶结较差 2.36 m

7. 紫红色砾岩，主要为石英岩砾石和安山岩砾石，砾石分选差，次圆状磨圆，砾径最大50 cm，胶结较差 3.99 m

6. 紫红色砾岩，主要为石英岩砾石和安山岩砾石，砾石分选差，次圆状磨圆，

砾径最大 15 cm，胶结较差 1.23 m

5. 紫红色砾岩，主要为石英岩砾石和安山岩砾石，砾石分选差，次圆状磨圆，砾径最大 50 cm，胶结较差 0.82 m

4. 紫红色砾岩，主要为石英岩砾石和安山岩砾石，砾石分选差，次圆状磨圆，砾径最大 30 cm，胶结较差 1.85 m

3. 紫红色砾岩，主要为石英岩砾石和安山岩砾石，砾石分选差，次圆状磨圆，砾径最大 50 cm，胶结较差 2.47 m

2. 紫红色砾岩，主要为石英岩砾石和安山岩砾石，砾石分选差，次圆状磨圆，砾径最大 20 cm，胶结较差 0.82 m

1. 紫红色砾岩，主要为石英岩砾石和安山岩砾石，砾石分选差，次圆状磨圆，胶结较差 1.03 m

~~~~~~~~~~~~~~~~~~不整合~~~~~~~~~~~~~~~~~~~~

下伏地层：熊耳群许山组（紫红色安山岩）

2.5.2.2 渑池段村剖面（兵马沟组）

渑池段村剖面出露的兵马沟组位于豫西三门峡市渑池县段村，该地区兵马沟组出露有限，实测剖面厚度 156.60 m。兵马沟组与下伏古元古界熊耳群火山岩呈不整合接触，与上覆中元古界汝阳群云梦山组底砾岩呈平行不整合接触（彩图 12）。实测剖面描述如下。

上覆地层：汝阳群云梦山组（紫红色底砾岩，石英砾为主，安山岩砾较少，砾径 3~20 cm，平均 8 cm，砾石磨圆好，分选差，上部为砖红色粗砂岩）

——————————平行不整合——————————

兵马沟组： 厚 156.60 m

52. 下部为紫红色粗粒石英砂岩，发育槽状交错层理、楔状交错层理；中部为紫红色含砾石英砂岩，砾径 0.3~1 cm，以 0.4 cm 为主，发育楔状交错层理，中间夹肉红色砾岩透镜体，砾石以石英砾为主，含少量安山岩砾，砾径 0.5~3 cm，以 1 cm为主，次棱状磨圆，分选中等；顶部为紫红色底砾岩 6.00 m

51. 紫红色含砾石英砂岩，以石英砾为主，砾径 0.5~5 cm，磨圆较差，次棱状，分选中等，下粗上细，发育不明显的平行层理及楔状交错层理 10.00 m

50. 紫红色粗粒含砾石英砂岩夹肉红色石英砂岩，肉红色石英砂岩中发育平行层理，紫红色含砾石英砂岩中发育交错层理，自下而上见 2 个明显的旋回；砾径 0.4~2 cm，以 1 cm 为主，次圆状磨圆为主；顶部为厚约 80 cm 的紫红色中粗粒石英砂岩，发育平行层理及透镜体 5.00 m
~~~~~~~~~~~~~~~~~~

49. 紫红色含砾石英砂岩，砾径 1~5 cm，以 3 cm 为主，较下部层位增大，砾石成分以石英砾为主，含少量安山岩砾，砾石自下而上由少变多，由疏变密，磨圆较差，次棱状为主，分选较差，发育交错层理及肉红色砂质透镜体 2.00 m

48. 紫红色、肉红色含砾石英砂岩，以石英砾为主，含少量安山岩砾，砾径 0.5~2 cm，以 1 cm 为主，磨圆中等，分选较差；下段 100 cm 左右与上层相连，中段 120 cm 左右，上段全部为砾岩 3.50 m

47. 紫红色含砾石英砂岩，砾径 0.5~2 cm，平均 1 cm，次棱状-次圆状磨圆，分选较差，发育平行层理 3.50 m

46. 底部为紫红色、肉红色含砾石英砂岩，砾石下少上多，成分以石英砾为主，含少量安山岩砾，磨圆较好，分选一般，直径 0.5~3 cm，以 0.5 cm 为主，发育平行层理及楔状交错层理；上部为厚约 80 cm 的紫红色砂砾岩，中夹约 10 cm 厚肉红色砂岩透镜体，砾石以石英砾为主，含少量安山岩砾，直径 0.5~3 cm，以 1 cm 为主，磨圆一般，次棱状为主，分选中等 5.00 m

45. 底部为紫红色含砾石英砂岩，砾石成分以石英砾为主，含少量安山岩砾石，直径 0.3~2 cm，以 0.5 cm 为主；上部为紫红色、肉红色石英砂岩，发育平行层理及楔状交错层理 3.00 m

44. 底部第四系覆盖；上部为紫红色石英砂岩，含少量砾石，砾径 0.5~3 cm，磨圆较好，发育交错层理；顶部为紫红色含砾砂岩，砾石增多，砾径 0.3~5 cm，以 2 cm 为主，磨圆一般，次棱状为主，分选一般，发育交错层理 6.00 m

43. 紫红色含砾石英砂岩，砾石下粗上细，成分以石英砾为主，含少量安山岩砾石，磨圆一般，次棱角状为主，块状构造，发育楔状交错层理 10.00 m

42. 紫红色粗粒石英砂岩，底部含少量砾石，成分以石英砾为主，直径 0.3~1 cm，砾石磨圆较好，次棱角状-次圆状，成熟度低，块状构造，下粗上细 4.00 m

第四系覆盖，据沿途岩石出露可见，底部为紫红色中-粗粒石英砂岩与薄层紫红色、灰绿色泥质粉砂岩互层，局部可见砾石，砾径 0.5~2 cm，中间夹 1 层厚约 40 cm 紫红色泥质粉砂岩；上部为厚约 10~15 cm 紫红色中-粗粒石英砂岩与薄层紫红色泥质粉砂岩互层，岩石较破碎，岩层产状近乎水平；顶部为紫红色中-薄层泥岩夹少量灰绿色泥岩；上部岩层可见一肉红色厚层石英砂岩，中夹薄层灰绿色粉砂岩及紫红色粉砂岩

41. 底部为厚约 70 cm 肉红色细粒石英砂岩，上部为厚约 100~200 cm 紫红色粉砂质泥岩夹灰绿色粉砂质泥岩 1.60 m

40. 砖红色细粒石英砂岩，发育平行层理及交错层理，中部夹厚约 30~50 cm 紫红色含砾石英砂岩，砾径 0.5~3 cm，磨圆较好 2.70 m

39. 肉红色、暗紫红色中-细粒石英砂岩夹紫红色泥质粉砂岩，砂岩中发育平行层理及交错层理 3.80 m

38. 暗紫红色中细粒石英砂岩，发育波痕及 MISS　1.10 m

37. 肉红色石英砂岩，砂岩中含紫红色、灰绿色泥砾，砾径 0.5～10 cm，平均 3 cm　2.70 m

36. 底部为厚约 160 cm 紫红色中–厚层细粒石英砂岩夹灰绿色、紫红色（少）粉砂质泥岩，发育平行层理、交错层理；上部为紫红色巨厚层中–细粒石英砂岩，发育平行层理、交错层理；顶部为紫红色泥岩夹灰绿色泥质粉砂岩　2.70 m

35. 紫红色、土黄色中–粗粒石英砂岩　5.00 m

34. 底部为紫红色细粒石英砂岩，上部为紫红色粉砂岩，顶部为灰白色泥岩夹紫红色泥质粉砂岩　1.40 m

33. 肉红色中–粗粒石英砂岩夹紫红色中–细粒石英砂岩，发育楔状交错层理等，顶部为紫红色粉砂岩　0.70 m

32. 底部为肉红色中–细粒石英砂岩，中部为灰绿色粉砂岩，上部为紫红色泥质粉砂岩，中夹紫红色中–细粒石英砂岩，其中发育平行层理　1.10 m

31. 底部为紫红色中–细粒石英砂岩，中夹厚约 2 cm 肉红色中–粗粒石英砂岩，其中发育平行层理，顶部为厚约 20 cm 紫红色泥质粉砂岩　1.80 m

30. 底部为肉红色中–细粒石英砂岩，上部为紫红色粉砂质泥岩　1.10 m

29. 底部为厚约 3 cm 肉红色中–细粒石英砂岩，上部为紫红色粉砂质泥岩，中夹厚约 2 cm 肉红色石英砂岩，发育平行层理　0.50 m

28. 底部为紫红色中–细粒石英砂岩，上部为紫红色中–细砂岩，中间夹灰绿色薄层粉砂岩　0.80 m

27. 底部为厚约 5 cm 紫红色中–细粒石英砂岩，上部为紫红色泥质粉砂岩　0.50 m

26. 底部为紫红色中–细粒石英砂岩，上部为紫红色泥岩　1.40 m

25. 底部为紫红色中–细粒石英砂岩夹灰绿色薄层泥质粉砂岩，上部为紫红色泥岩，中夹暗紫红色中–细粒石英砂岩，顶部为厚约 5 cm 灰绿色粉砂质泥岩　1.40 m

24. 底部为厚约 15 cm 紫红色中–粗粒石英砂岩，中夹薄层灰绿色泥质粉砂岩，上部为厚约 25 cm 紫红色泥质粉砂岩　0.40 m

23. 底部为厚约 18 cm 紫红色石英砂岩，上部为厚约 50 cm 紫红色粉砂质泥岩，顶部为厚约 35cm 灰绿色泥岩　1.00 m

22. 底部为紫红色石英砂岩，中夹薄层灰绿色粉砂岩，上部为紫红色粉砂质泥岩，顶部为厚约 15 cm 灰绿色泥质粉砂岩　1.00 m

21. 底部为厚约 10 cm 肉红色石英砂岩，中夹数层厚约 1 cm 灰绿色粉砂质泥岩，上部为紫红色粉砂质泥岩，中夹厚约 2 cm 土黄色砂岩透镜体　0.50 m

20. 底部为厚约 5 cm 肉红色石英砂岩，上部为紫红色粉砂质泥岩　0.70 m

19. 底部为厚约 5 cm 肉红色石英砂岩，上部为灰绿色泥质粉砂岩　0.20 m

18. 底部为厚约 3 cm 肉红色细粒石英砂岩，发育不明显的平行层理，上部为厚层紫红色粉砂质泥岩 1.00 m

17. 底部为灰绿色泥质粉砂岩，上部为厚约 50 cm 紫红色粉砂质泥岩，顶部为灰绿色薄层泥质粉砂岩 0.70 m

16. 底部为厚约 5 cm 紫红色中–细粒石英砂岩，上部为紫红色粉砂质泥岩 0.80 m

15. 下部为厚约 10 cm 肉红色细粒石英砂岩，上部为厚约 90 cm 的灰绿色泥岩 1.40 m

14. 紫红色泥质粉砂岩夹数薄层厚约 2 cm 灰绿色粉砂岩 9.20 m

13. 紫红色薄层泥岩夹数层厚约 5 cm 灰绿色泥质粉砂岩 2.10 m

12. 下部为厚约 50 cm 浅灰绿色泥岩，上部为厚约 40 cm 的紫红色泥岩夹厚约 10 cm 的灰绿色泥岩 3.80 m

11. 紫红色石英砂岩，层面可见波痕 2.90 m

10. 紫红色泥岩夹薄层灰绿色泥岩、泥质粉砂岩，上部为紫红色石英砂岩，层面发育波痕 6.80 m

9. 紫红色石英砂岩，发育平行层理，夹中厚层紫红色泥岩与约 1~2 cm 灰绿色泥质粉砂岩 4.10 m

8. 紫红色含砾石英砂岩夹灰绿色泥质粉砂岩，砾径约 0.5 cm 1.80 m

7. 底部为灰白色石英砂岩，含紫红色泥砾，砾石磨圆度较好；上部为紫红色中–厚层粉砂质泥岩与厚约 20 cm 薄层灰绿色细砂岩、泥岩互层，岩石较破碎。灰绿色岩层中部为泥岩，上部与紫红色砂岩接触部分砂质成分增多 1.20 m

6. 紫红色粉砂质泥岩夹约 0.8 cm 厚灰绿色泥质粉砂岩，紫红色粉砂质泥岩呈透镜体出现；顶部为灰白色石英砂岩，含紫红色泥砾 7.00 m

5. 灰白色中–粗粒石英砂岩，块状构造，含紫红色薄层矿化带 8.90 m

4. 紫红色细粒石英砂岩，块状构造 4.10 m

3. 肉红色中–细粒石英砂岩，块状构造 0.70 m

2. 紫红色粗粒石英砂岩，轻微变质，岩石较破碎 5.90 m

1. 紫红色含砾砂岩，砾石成分以石英砾为主，含有熊耳群火山岩砾石 2.10 m

~~~~~~~~~~~~~~~~~~不整合~~~~~~~~~~~~~~~~~~

下伏地层：熊耳群马家河组（暗紫红色安山岩，气孔较发育，气孔中充填有燧石）

2.5.2.3 鲁山草庙沟剖面（兵马沟组）

鲁山草庙沟剖面出露的兵马沟组位于豫西平顶山市鲁山县仓头乡草庙沟（图 2–3），
~~~~~~~~~~~~~~~~~~

该地区兵马沟组出露厚度较薄，剖面厚度约 39 m。

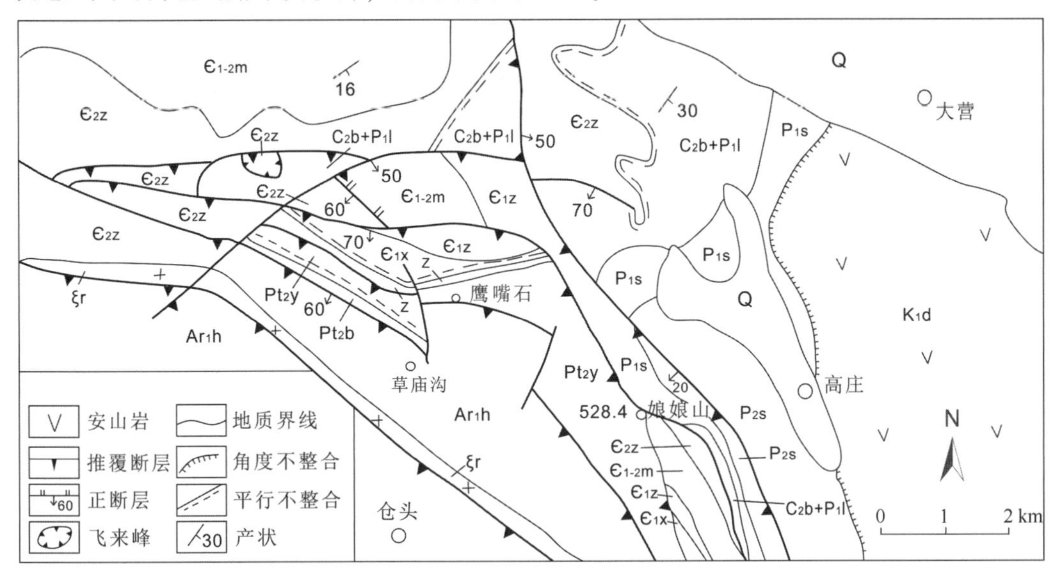

图 2-3 鲁山县仓头乡草庙沟地质简图（据张元国等，2011）

野外踏勘时发现本剖面出露较差（彩图 13），厚度薄，无法进行连续剖面实测，因此引用张元国等（2011）的地层描述。兵马沟组与下伏太古宇太华杂岩呈断层接触，与上覆中元古界汝阳群云梦山组肉红色石英砂岩及砂砾岩呈平行不整合接触。实测剖面描述如下。

上覆地层：汝阳群云梦山组（肉红色石英砂岩及砂砾岩）

——————————平行不整合——————————

兵马沟组： 厚 39.36 m

3. 暗紫色长石石英砂岩 4.14 m

2. 暗紫色砂质泥岩，砾石含量极少，主要为石英砾 8.07 m

1. 暗紫色、浅紫色及黄绿色厚层砾岩、含砾石英砂岩 27.15 m

——————————断层——————————

下伏地层：太华杂岩（黄褐色黑云斜长片麻岩）

2.5.2.4 舞钢铁古坑剖面（兵马沟组）

舞钢铁古坑剖面出露的兵马沟组位于豫西平顶山市舞钢县治固山北侧（图 2-4），该地区兵马沟组出露厚度较薄，剖面（符光宏，1981）厚度为 25.88 m。野外踏勘时发现本剖面出露较差（彩图 14），厚度薄，无法进行连续剖面实测，决定引用符光宏（1981）的地层描述。兵马沟组与下伏太古宇太华杂岩呈断层接触，与上覆中元古界汝阳群云梦山组肉红色石英砂岩及砂砾岩呈平行不整合接触。实测剖面描述如下。

上覆地层：汝阳群云梦山组（灰白色、灰紫色砾岩，铁质、砂质胶结）

~~~~~~~~~~~~~~~~~~角度不整合~~~~~~~~~~~~~~~~~~

兵马沟组： 厚 25.88 m

4. 下部为灰紫色薄层细粒石英砂岩与暗紫色砂质页岩互层，中部为暗紫色、紫红色泥质和砂质页岩，上部为暗紫色页岩夹紫灰色中-薄层细粒石英砂岩 11.37 m

3. 下部为肉红色、紫红色、黄色中-厚层粗粒含砾石英砂岩，上部灰紫色、灰黄色中-厚层细粒长石石英砂岩 5.46 m

2. 紫红色、红褐色、褐紫色中-薄层粗粒石英岩与淡灰绿色薄层砂岩、砂质页岩互层 7.15 m

1. 紫红色中-厚层砂砾岩，夹褐红色、红色、褐紫色中-薄层粗粒含砾石英砂岩，底部为 30 cm 厚底砾岩 1.90 m

~~~~~~~~~~~~~~~~~~角度不整合~~~~~~~~~~~~~~~~~~

下伏地层：太华群（二云混合片麻岩）

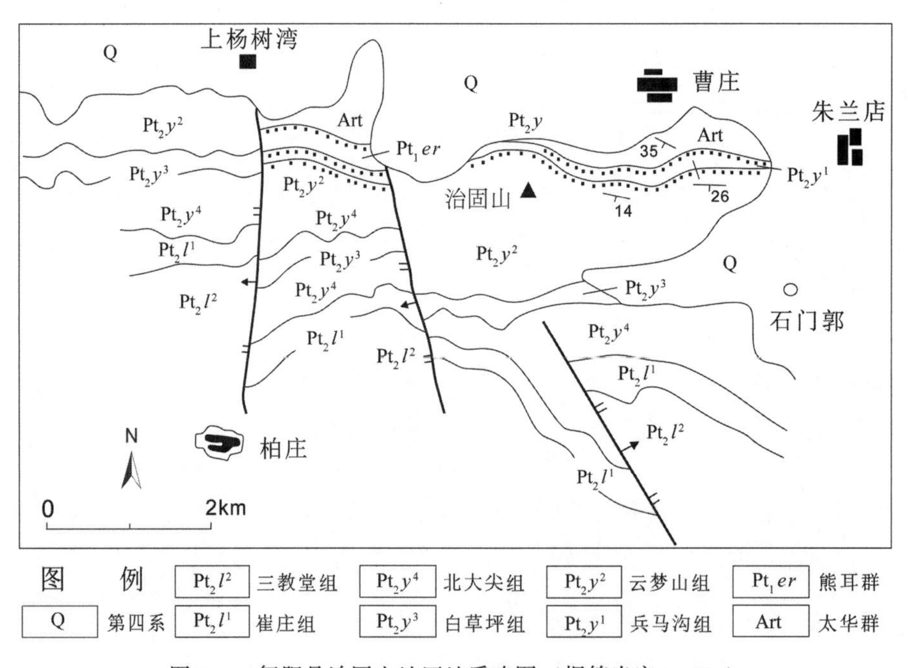

图 2-4 舞阳县治固山地区地质略图（据符光宏，1981）

2.6 小结

本章对华北克拉通南缘济源、伊川、渑池地区中元古界早期沉积兵马沟组开展了详细的剖面测量、沉积相划分及沉积环境演化研究，同时对各地区的兵马沟组进行了地层对比。

目前的工作仍存在一些不足，如鲁山及舞钢两个地区的兵马沟组剖面资料参考前人研究成果，实地野外踏勘中发现剖面现存不完整，无法开展详细的研究工作。

3 华北克拉通南缘中元古代早期地层地球化学及碎屑锆石年代学分析

碎屑沉积岩记录了一定时期和范围内大陆地壳演化的信息，是研究大陆地壳形成、演化和化学组分的理想物质，是记录沉积环境的重要组成部分，而碎屑物源示踪是衔接从源到汇的关键（McLennan and Taylor，1981，1982；Taylor and McLennan，1985；Bhatia and Crook，1986；Rudnick and Gao，2003）。在碎屑物沉积过程中伴随着各种改造作用，但是沉积岩的地球化学组分依然受物源区的控制，而且碎屑沉积岩的元素地球化学特征与岩石学特征相比能揭示出更多的地质信息（Rollinson，1993）。因此，碎屑岩的化学成分可以用于判断母岩性质、盆地沉积环境、大地构造背景，进而分析构造演化过程。随着测试技术的快速发展，碎屑沉积岩的地球化学示踪方法已经成为追溯其物质来源、沉积环境进而分析构造背景的重要手段（Cox et al.，1995；Hofmann，2005；Sugitani et al.，2006）。

近年来，原位微区分析技术使得单颗粒矿物热年代学得到了极大的应用。锆石在风化、剥蚀、搬运、沉积和成岩过程中能保持稳定，已被广泛应用于地层沉积时代的限定及碎屑沉积物源区分析的研究中（Amelin et al.，2000；Machado and Siminetti，2001；Fedo et al.，2003；Andersen et al.，2004；Andersen，2005；Moecher and Samson，2006；Payne et al.，2006；吴福元等，2007）。

3.1 实验方法

3.1.1 主量元素测试方法

本书中砂岩主量元素测试分析由河北省区域地质调查研究所实验室（廊坊）使用X射线荧光光谱法（XRF）完成，分析仪器为Axios^{max}X射线荧光光谱仪，检测精度范围为±1%～±2%。样品前处理流程包括：将样品清洗并自然干燥后，使用玛瑙研钵粉碎至200目粉末，具体测试分析流程见Li等（2006）。

3.1.2 微量、稀土元素测试方法

本书中砂岩、泥质岩样品的全岩微量元素含量在武汉上谱分析科技有限责任公司分析测试中心完成，仪器型号为 Agilent 7700e ICP-MS。样品前处理流程如下：①将 200 目样品置于 105℃烘箱中烘干 12 小时；②准确称取粉末样品 50 mg 置于 Teflon 溶样弹中；③先后依次缓慢加入 1 ml 高纯 HNO_3和 1 ml 高纯 HF；④将 Teflon 溶样弹放入钢套，拧紧后置于 190℃烘箱中加热 24 小时以上；⑤待溶样弹冷却，开盖后置于 140℃电热板上蒸干，然后加入 1 ml HNO_3并再次蒸干；⑥加入 1 ml 高纯 HNO_3、1 ml MQ 水和 1 ml 内标 In（浓度为 1 ppm），再次将 Teflon 溶样弹放入钢套，拧紧后置于 190℃烘箱中加热 12 小时以上；⑦将溶液转入聚乙烯瓶中，并用 2% HNO_3稀释至 100 g 以备 ICP-MS 测试。样品消解处理过程、分析精密度和准确度同 Liu 等（2008）。

3.1.3 锆石 U-Pb 同位素定年方法

锆石分选在河北省区域地质调查研究所实验室（廊坊）使用重砂法完成。锆石的制靶、透反射光照片、阴极发光拍照均在武汉上谱分析科技有限责任公司完成。相关流程如下：将人工重砂分离出的锆石颗粒（约 300 粒）用环氧树脂固定并抛光至厚度的 1/2，使颗粒露出核部。测试前对样品进行反射光及透射光拍照，阴极发光照片拍摄使用 Gatan mono CL3+阴极发光系统及扫描电镜完成。

锆石微量元素含量和 U-Pb 同位素定年在武汉上谱分析科技有限责任公司利用 LA-ICP-MS 同时分析完成。激光剥蚀系统为 GeoLas Pro，ICP-MS 为 Agilent 7700e。激光束直径 24~32 μm，激光剥蚀过程中采用氦气作载气、氩气为补偿气以调节灵敏度，二者在进入 ICP 之前通过一个“T”型接头混合。激光剥蚀系统配置了一个信号平滑装置，即使激光脉冲频率低至 1 Hz，采用该装置后也能获得光滑的分析信号（Hu et al.，2015）。每个时间分辨分析数据包括大约 20~30 s 的空白信号和 50 s 的样品信号。对分析数据的离线处理（包括对样品和空白信号的选择、仪器灵敏度漂移校正、元素含量及 U-Th-Pb 同位素比值和年龄计算）采用软件 ICPMSDataCal 完成（Liu et al.，2008，2010）。

U-Pb 同位素定年中采用锆石标准 91500 作外标进行同位素分馏校正，每分析 5 个样品点，分析 2 次 91500。对于与分析时间有关的 U-Th-Pb 同位素比值漂移，利用 91500 的变化采用线性内插的方式进行校正（Liu et al.，2010）。锆石标准 91500 的 U-Th-Pb 同位素比值推荐值据 Wiedenbeck 等（1995）。年龄小于 1 000 Ma 的锆石年龄不谐和度计算公式为 100%×abs［1-（$^{206}Pb/^{238}U$ age）/（$^{207}Pb/^{235}U$ age）］；年龄大于 1 000 Ma 的锆石年龄不谐和度计算公式为 100%×abs［1-（$^{206}Pb/^{238}U$ age）/（$^{207}Pb/^{206}Pb$ age）］。锆石样品的 U-Pb 年龄谐和图绘制和年龄权重平均计算均采用 Isoplot/Ex _ ver3 完成

(Ludwig, 2003)。

3.2 伊川地区中元古界兵马沟组全岩地球化学分析

3.2.1 主量元素特征

本书在伊川万安山剖面兵马沟组中共分析21件砂岩样品的主量元素含量，详细分析结果见附表1。

伊川兵马沟组砂岩样品 SiO_2 含量 55.69%~77.44%（平均 64.63%），Fe_2O_3 含量 1.14%~10.11%（平均 6.63%），MgO 含量 0.36%~2.86%（平均 1.83%），Na_2O 含量 0.09%~5.38%（平均 3.46%），CaO 含量 0.18%~1.43%（平均 0.70%），Al_2O_3 含量 11.08%~20.99%（平均 15.25%），K_2O 含量 0.89%~5.86%（平均 2.97%），$Fe_2O_3^T$+MgO 含量高，为 3.34%~13.37%，TiO_2 含量高，为 0.29%~2.77%（平均 0.90%）。化学蚀变指数 CIA（Chemical Index of Alternation）= $100\times Al_2O_3/(Al_2O_3+CaO^*+Na_2O+K_2O)$（Nesbitt and Young, 1982），为 56.90~81.23，平均 64.09。成分变异指数 ICV（Index of Compositional Variability）= $(Fe_2O_3+K_2O+Na_2O+CaO+MgO+TiO_2)/Al_2O_3$（Cox and Lowe, 1995; Cox et al., 1995），为 0.60~1.42，平均 1.23。

3.2.2 微量、稀土元素特征

本书在伊川万安山剖面兵马沟组中共分析21件砂岩样品、29件泥岩样品的微量、稀土元素含量，详细分析结果见附表2和附表3。

3.2.2.1 伊川兵马沟组砂岩样品

在球粒陨石标准化图解中，伊川兵马沟组砂岩样品表现为右倾的REE配分模式，轻、重稀土元素总量比值（ΣLREE/ΣHREE）介于5~19（平均9），具有高 La_N/Yb_N 比值（4.78~22.42），低 Gd_N/Yb_N 比值（1.25~3.64），显示轻稀土元素（LREE）富集，重稀土元素相对平坦的配分模式（图3-1）。稀土元素总量（ΣREE）43.91~414.04 ppm，平均 189.91 ppm，高于大陆上地壳（UCC）平均值（148.44 ppm）及澳大利亚后太古宙页岩（PAAS）平均值（184.77 ppm）（Rudnick and Gao, 2003）。砂岩样品 δEu 值 0.57~0.87，平均 0.69，显示重度-中等的 Eu 负异常；δCe 值 0.87~1.05，平均 0.98，显示轻度 Ce 负异常。

伊川兵马沟组砂岩样品中的 Rb（30.30~202 ppm）、Sr（49.10~1 919 ppm）、Ba（149~2 192 ppm）等大离子亲石元素含量变化较大，与平均大陆上地壳相比显示负异常

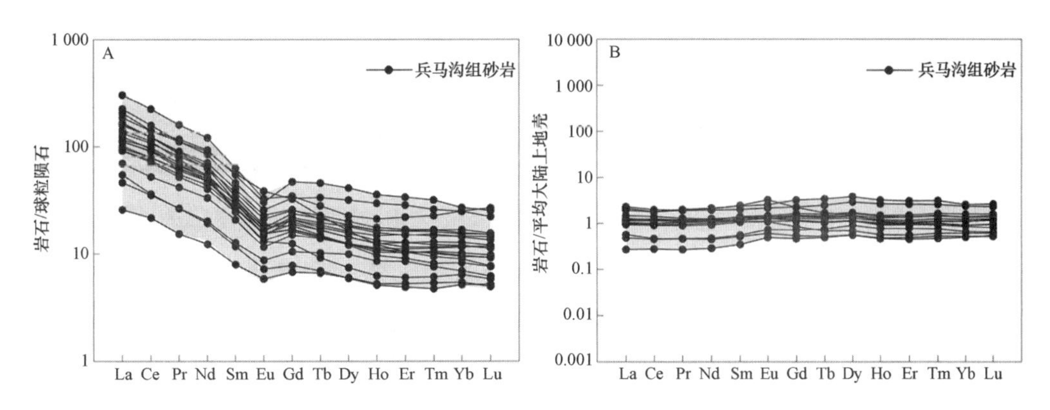

图 3-1 伊川万安山剖面兵马沟组砂岩稀土元素球粒陨石标准化（A）及平均大陆上地壳标准化（B）配分模式图

球粒陨石标准化数值据 Boynton（1984）；平均大陆上地壳标准化数值据 Rudnick 和 Gao（2014）

（Taylor and McLennan，1985）。砂岩样品富集 La（8.06～94.50 ppm）、Ce（17.60～182 ppm）、Nd（7.39～72.80 ppm）、Hf（2.65～56.30 ppm）等高场强元素，Sm 显示轻度负异常。Cr（96.20～252 ppm）、Co（4.66～24.40 ppm）、Ni（21.50～62.20 ppm）、V（34.40～150 ppm）、Sc（5.15～35.70 ppm）等过渡元素含量大于平均大陆上地壳；Th（3.69～36.80 ppm）、Zr（106～2 219 ppm）、Hf（2.65～56.30 ppm）等具陆源性质的元素含量与平均大陆上地壳相似（图 3-2）（Taylor and McLennan，1985）。兵马沟组砂岩 V/（V+Ni）比值为 0.54～0.77（平均 0.70），总体指示厌氧环境，还原性增强（Hatch and Leventhal，1992）。砂岩样品 Ce_{anom} 指数均大于 0.1，显示 Ce 富集，为缺氧环境，指示还原环境的水介质条件（Elderfield and Greaves，1982）。

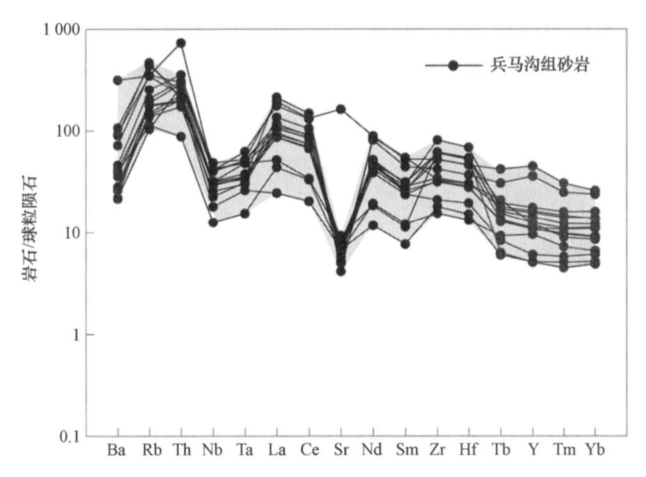

图 3-2 伊川万安山剖面兵马沟组砂岩微量元素球粒陨石标准化配分模式图

球粒陨石标准化数值据 Thompson（1982）

3.2.2.2 伊川兵马沟组泥质岩样品

在球粒陨石标准化图解中，伊川兵马沟组泥质岩样品表现为右倾的 REE 配分模式（图 3-3），轻、重稀土元素总量比值（ΣLREE/ΣHREE）8.46~35.60（平均 19.35），具有高 La_N/Yb_N 比值（10.12~77.00），低 Gd_N/Yb_N 比值（1.69~5.15），明显富集轻稀土元素（LREE），重稀土元素相对平坦。稀土元素总量（ΣREE）273.01~2 360.95 ppm，平均 968.47 ppm，远高于大陆上地壳（UCC）平均值（148.44 ppm）及澳大利亚后太古宙页岩（PAAS）平均值（184.77 ppm）（Rudnick and Gao，2003）。泥质岩样品 δEu 值 0.53~0.75，平均 0.69，显示中度 Eu 负异常；δCe 值 0.91~1.01，平均 0.96，显示轻度 Ce 负异常。

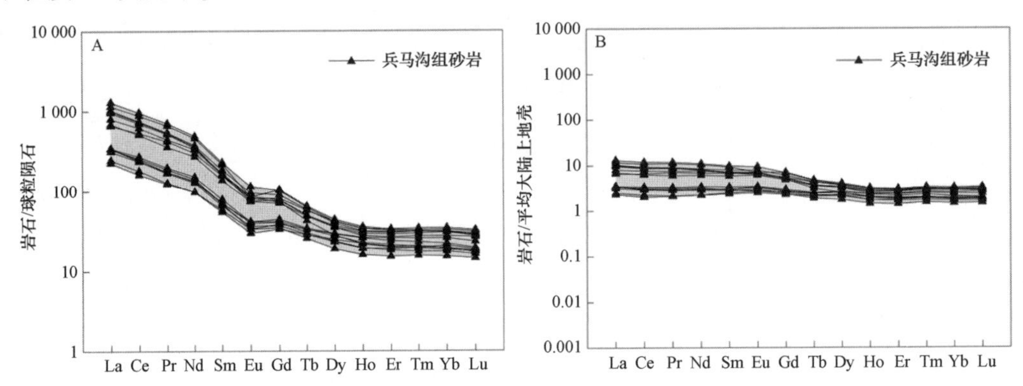

图 3-3 伊川万安山剖面兵马沟组泥质岩稀土元素球粒陨石标准化（A）及平均大陆上地壳标准化（B）配分模式图

球粒陨石标准化数值据 Boynton（1984）；平均大陆上地壳标准化数值据 Rudnick 和 Gao（2014）

伊川兵马沟组泥质岩样品中的 Ba（389~1 957 ppm）、Nb（47.60~421 ppm）、Sr（19.30~68.20 ppm）元素与平均大陆上地壳相比明显亏损，富集 Rb（170~299 ppm）、Th（9.51~26.20 ppm）、La（59.80~589 ppm）、Ce（113~1 097 ppm）、Nd（47.60~421 ppm）、Zr（206~444 ppm）、Hf（5.56~11.80 ppm）等元素；Sc（21.50~40 ppm）、V（84.60~439 ppm）、Cr（97~163 ppm）、Co（19.40~32.40 ppm）、Ni（29.30~58.40 ppm）、Rb（170~299 ppm）等元素的含量远高于平均大陆上地壳，而 Zr（206~444 ppm）、Hf（5.56~11.80 ppm）、U（2.60~11.60 ppm）、Ba（389~1 957 ppm）等具陆源性质的元素的含量与平均大陆上地壳相似（图 3-4）（Taylor and McLennan，1985）。兵马沟组泥质岩 V/（V+Ni）比值为 0.66~0.94（平均 0.77），总体指示厌氧环境，还原性增强（Hatch and Leventhal，1992）。泥质岩样品 Ce_{anom} 指数均大于 0.1，显示 Ce 富集，为缺氧环境，指示还原环境的水介质条件（Elderfield and Greaves，1982）。

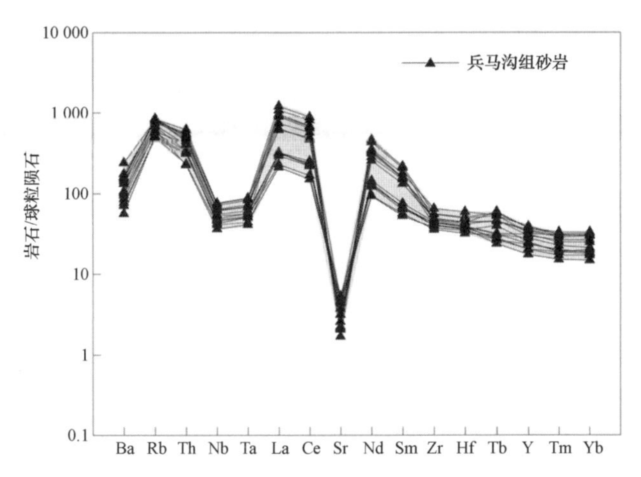

图 3-4 伊川万安山剖面兵马沟组泥质岩微量元素球粒陨石标准化配分模式图

球粒陨石标准化数值据 Thompson（1982）

3.2.3 碎屑锆石 U-Pb 年代学

本书在伊川万安山剖面共采集 4 块用于碎屑锆石 U-Pb 测试的砂岩样品，其中兵马沟组底部 1 块（彩图 15A，34°30′4.7″N，112°37′17.5″E）、兵马沟组下部 1 块（彩图 15B，34°30′9.4″N，112°37′15.3″E）、兵马沟组顶部 1 块（彩图 15C，34°30′9.4″N，112°37′15.3″E），五佛山群马鞍山组底部 1 块（彩图 15D，34°30′9.4″N，112°37′15.3″E）。较年轻的锆石（<1 000 Ma）采用 $^{206}Pb/^{238}U$ 年龄，较老的锆石（>1 000 Ma）采用 $^{207}Pb/^{206}Pb$ 年龄（Sircombe，1999）。伊川万安山剖面所测试的 4 个锆石样品共计 400 个点中 349 个点所测锆石产生谐和年龄，谐和度大于 90%，这些年龄被用于本书的讨论。4 个样品的锆石年龄测试结果见附表 4。

3.2.3.1 兵马沟组底部样品

样品 B001 采自伊川万安山剖面兵马沟组底部砾岩中夹的粗砂岩（彩图 15A），LA-ICP-MS 定年测试前，首先对样品进行了透射光（图 3-5A）、反射光（图 3-5B）及阴极发光图像拍照（图 3-6）。如图 3-6 所示，该样品的锆石颗粒粒径长 130~400 μm，长宽比 1.1~3.5。大部分锆石在阴极发光图像中显示振荡环带。测试点的锆石颗粒中 U（19.40~229 ppm）、Th（6.74~305 ppm）含量变化较大，Th/U 比值 0.06~2.50，仅一个测试点的 Th/U 比值小于 0.1。本书研究中对样品 B001 的锆石进行了 100 个点的 U-Pb LA-ICP-MS 测试，其中 95 个点锆石年龄谐和度大于 90%被选出进行年龄统计（图 3-7A），这些分析点的年龄分布于 2 173~2 891 Ma，产生两个年龄主峰值 2 700 Ma 及 2 500 Ma（图 3-8A）。其中 2 100~2 450 Ma 的碎屑锆石年龄比例占 4%，2 450~2 600 Ma 的碎屑锆石年龄比例占24%，2 600~2 900 Ma的碎屑锆石年龄比例占72%。伊川兵马沟组底部样品B001中最年轻的锆石$^{207}Pb/^{206}Pb$谐和年龄为2 173±37 Ma。

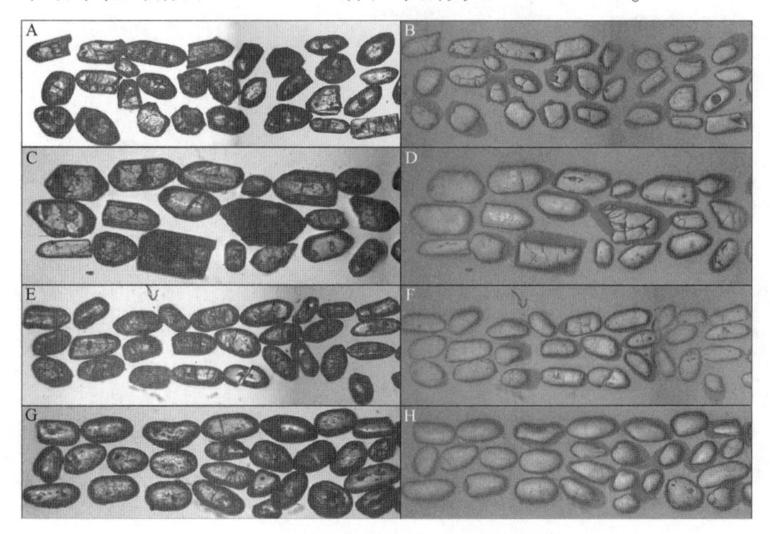

图3-5 伊川万安山剖面兵马沟组碎屑锆石透、反射光照片

3.2.3.2 兵马沟组下部样品

样品B003采自伊川万安山剖面兵马沟组底部砾岩之上的细砂岩（彩图15B），LA-ICP-MS定年测试前，首先对样品进行了透射光（图3-5C）、反射光（图3-5D）及阴极发光图像拍照（图3-9和图3-10）。该样品的锆石颗粒粒径长80~250 μm，长宽比1.1~3.5。大部分锆石在阴极发光图像中显示振荡环带。测试点的锆石颗粒中U（32.60~683 ppm）、Th（12.1~615 ppm）含量变化较大，Th/U比值0.21~1.48，测试点的Th/U比值均大于0.1。本书研究中对样品B003的锆石进行了100个点的U-Pb LA-ICP-MS测试，其中70个点锆石年龄谐和度大于90%被选出进行年龄统计，年龄谐和或近谐和（图3-7B），这些分析点的年龄分布于2 098~2 994 Ma，产生一个年龄主峰值2 500 Ma（图3-8B）。其中2 000~2 450 Ma的碎屑锆石年龄比例占7%，2 450~2 700 Ma的碎屑锆石年龄比例占84%，>2 700 Ma的碎屑锆石年龄比例占9%。伊川兵马沟组下部样品B003中最年轻的锆石$^{207}Pb/^{206}Pb$谐和年龄为2 098±28 Ma。

3.2.3.3 兵马沟组顶部样品

样品B063采自伊川万安山剖面兵马沟组顶部的细砂岩（彩图15C），LA-ICP-MS定年测试前，首先对样品进行了透射光（图3-5E）、反射光（图3-5F）及阴极发光图像拍照（图3-11、图3-12）。该样品的锆石颗粒粒径长100~230 μm，长宽比1.1~3.0。大部分锆石在阴极发光图像中显示振荡环带。测试点的锆石颗粒中U（34~202 ppm）、Th（10.3~232 ppm）含量变化较大，Th/U比值0.22~3.00，测试点的Th/U比值均大

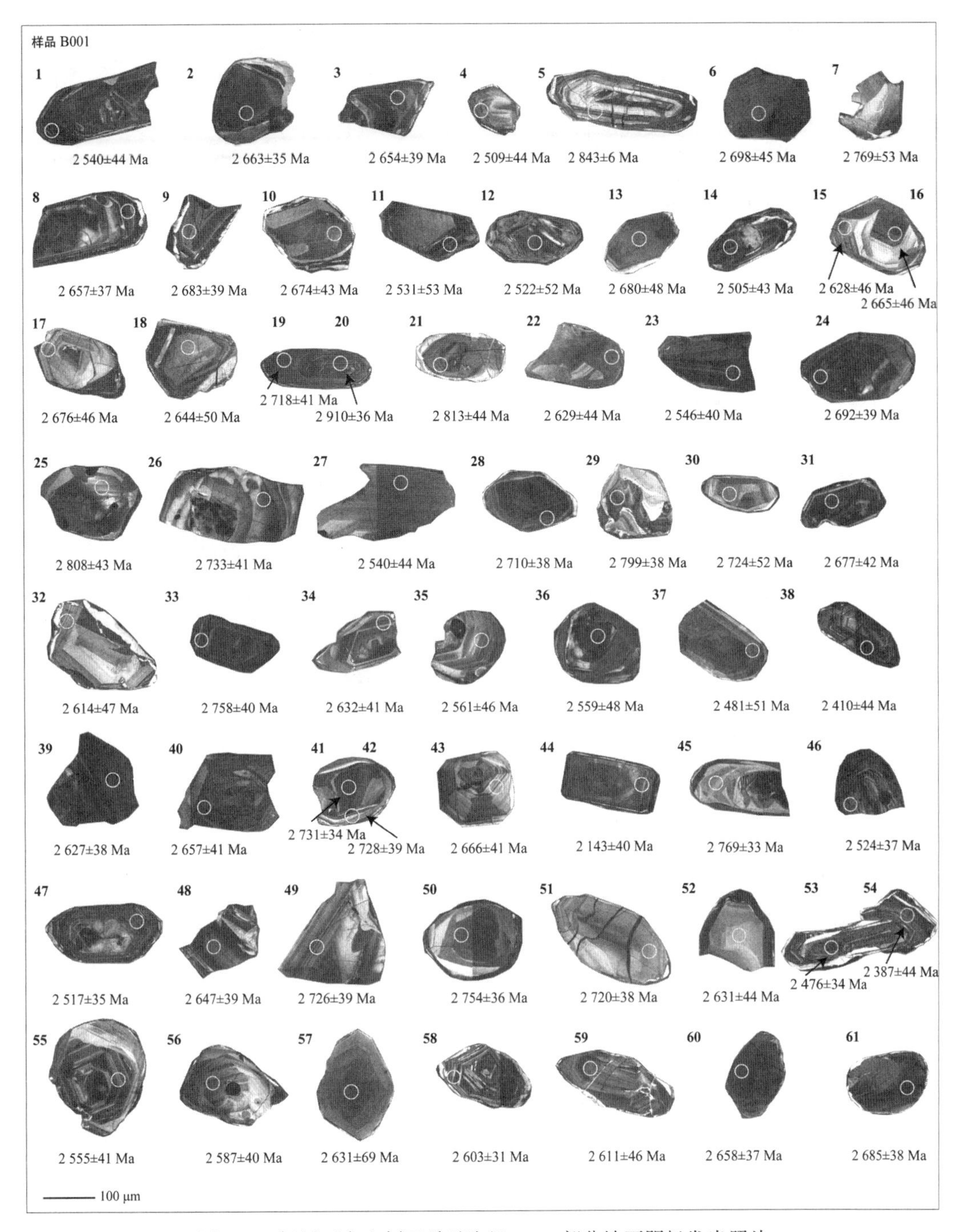

图 3-6 伊川万安山剖面兵马沟组 B001 部分锆石阴极发光照片

于 0.1。本书研究中对样品 B063 的锆石进行了 100 个点的 U-Pb LA-ICP-MS 测试，其中 76 个点锆石年龄谐和度大于 90%被选出进行年龄统计（图 3-7C），这些分析点的年龄分布于 1 792~3 414 Ma，产生一个年龄主峰值 2 500 Ma，一个年龄次峰值 2 100 Ma（图

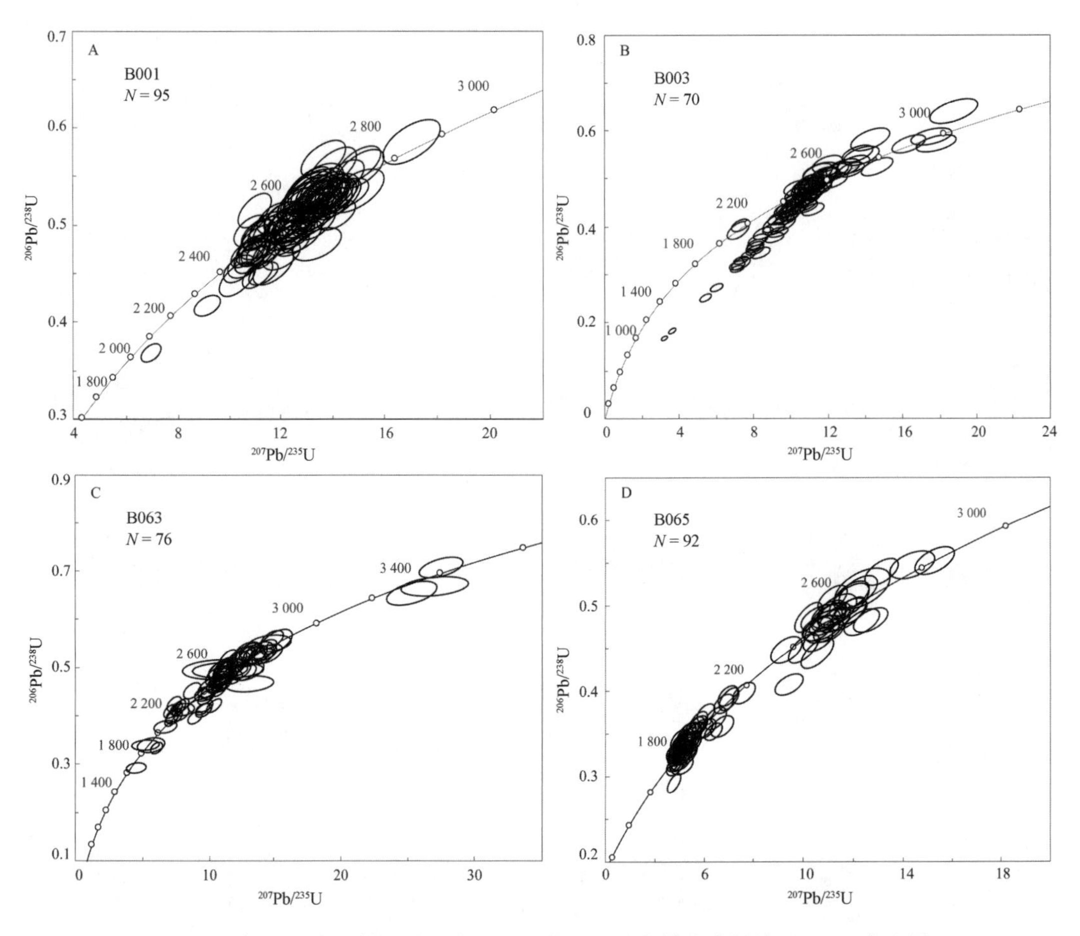

图 3-7　伊川万安山剖面兵马沟组、马鞍山组砂岩样品碎屑锆石 U-Pb 谐和图

3-8C)。其中<2 450 Ma 的碎屑锆石年龄比例占 33%，2 450~2 850 Ma 的碎屑锆石年龄比例占 63%，>3 000 Ma 的碎屑锆石年龄比例占 4%。伊川兵马沟组顶部样品 B063 中最年轻的锆石谐和年龄为 2 010±47 Ma（其中 1 792±131 Ma、1 798±103 Ma、1 928±105 Ma 3 个点位的 $^{207}Pb/^{206}Pb$ 年龄 1σ 误差较大，不参与最年轻锆石统计）。

综上所述，兵马沟组底部以~2 700 Ma 的碎屑锆石年龄为主，其次为~2 500 Ma 的年龄；下部样品显示 2 500 Ma 的碎屑锆石为主，~2 700 Ma 的年龄减少；顶部的样品仍以2 500 Ma的年龄为主，此外，<2 450 Ma 的年龄比重增加。兵马沟组的 3 个样品总体以新太古代的碎屑锆石年龄为主，自下而上古元古代的碎屑锆石年龄比重逐步增加。

3.2.3.4　五佛山群马鞍山组底部样品

样品 B065 采自伊川万安山剖面五佛山群底部的细砂岩（彩图 15D），LA-ICP-MS 定年测试前，首先对样品进行了透射光（图 3-5G）、反射光（图 3-5H）及阴极发光图像拍照（图 3-13）。该样品的锆石颗粒粒径长 64~180 μm，长宽比 1.0~3.0。大部分锆石

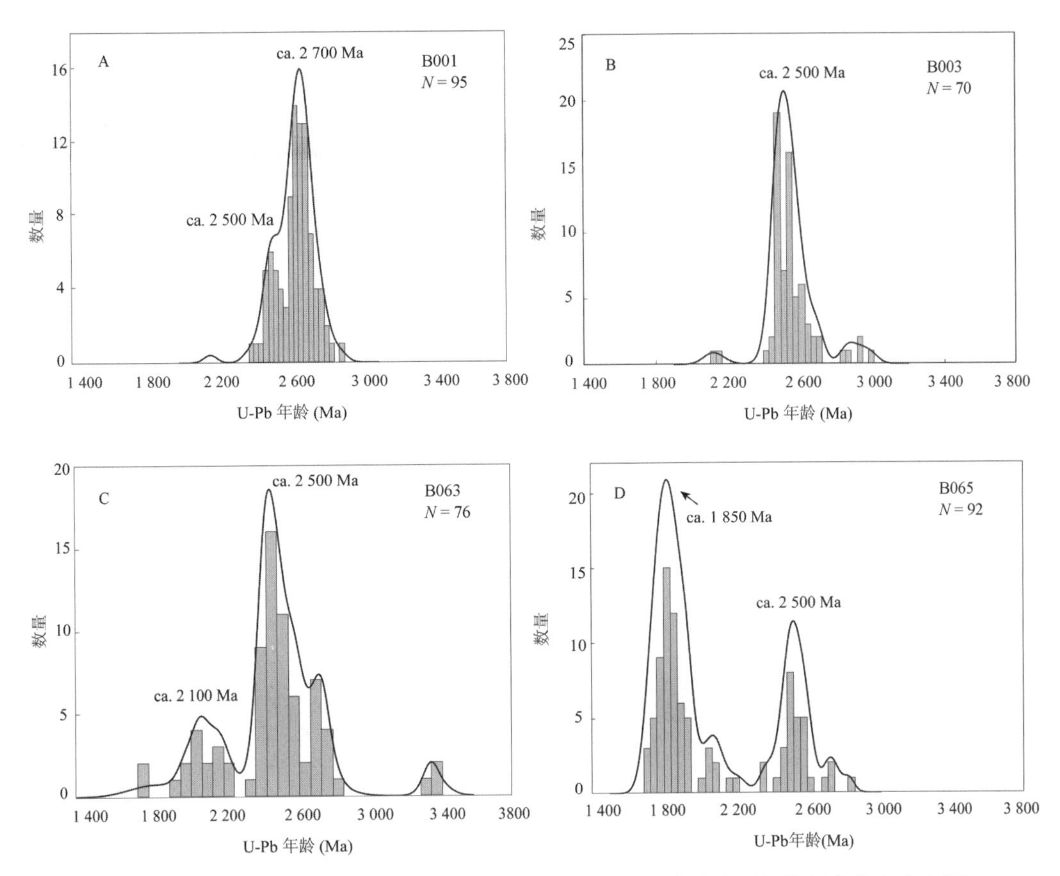

图 3-8 伊川万安山剖面兵马沟组、马鞍山组砂岩样品碎屑锆石年龄频率分布直方图

在阴极发光图像中显示振荡环带。测试点的锆石颗粒中 U（28.00~558 ppm）、Th（8.82~267 ppm）含量变化较大，Th/U 比值 0.03~1.32，仅一个测试点的 Th/U 比值小于 0.1。本书研究中对样品 B065 的锆石进行了 100 个点的 U-Pb LA-ICP-MS 测试，其中 92 个点锆石年龄谐和度大于 90%被选出进行年龄统计（图 3-7D），这些分析点的年龄分布于 1 699~2 693 Ma，产生一个年龄主峰值 1 800 Ma，一个次年龄峰值 2 500 Ma（图 3-8D）。其中 1 700~2 100 Ma 的碎屑锆石年龄比例占 67%，2 150~2 450 Ma 的碎屑锆石年龄比例占 7%，2 450~2 700 Ma 的碎屑锆石年龄比例占 24%。伊川五佛山群马鞍山组底部样品 B065 中最年轻的锆石 $^{207}Pb/^{206}Pb$ 谐和年龄为 1 698±47 Ma。

根据在伊川万安山剖面所采集的 4 个样品的碎屑锆石年龄分布可知，兵马沟组以新太古代年龄为主，自下而上古元古代年龄增多，但仍以新太古代年龄为主；五佛山群底部马鞍山组以古元古代年龄为主，新太古代年龄所占比重较兵马沟组大幅减少，两套地层的碎屑锆石峰值具有明显的变化。

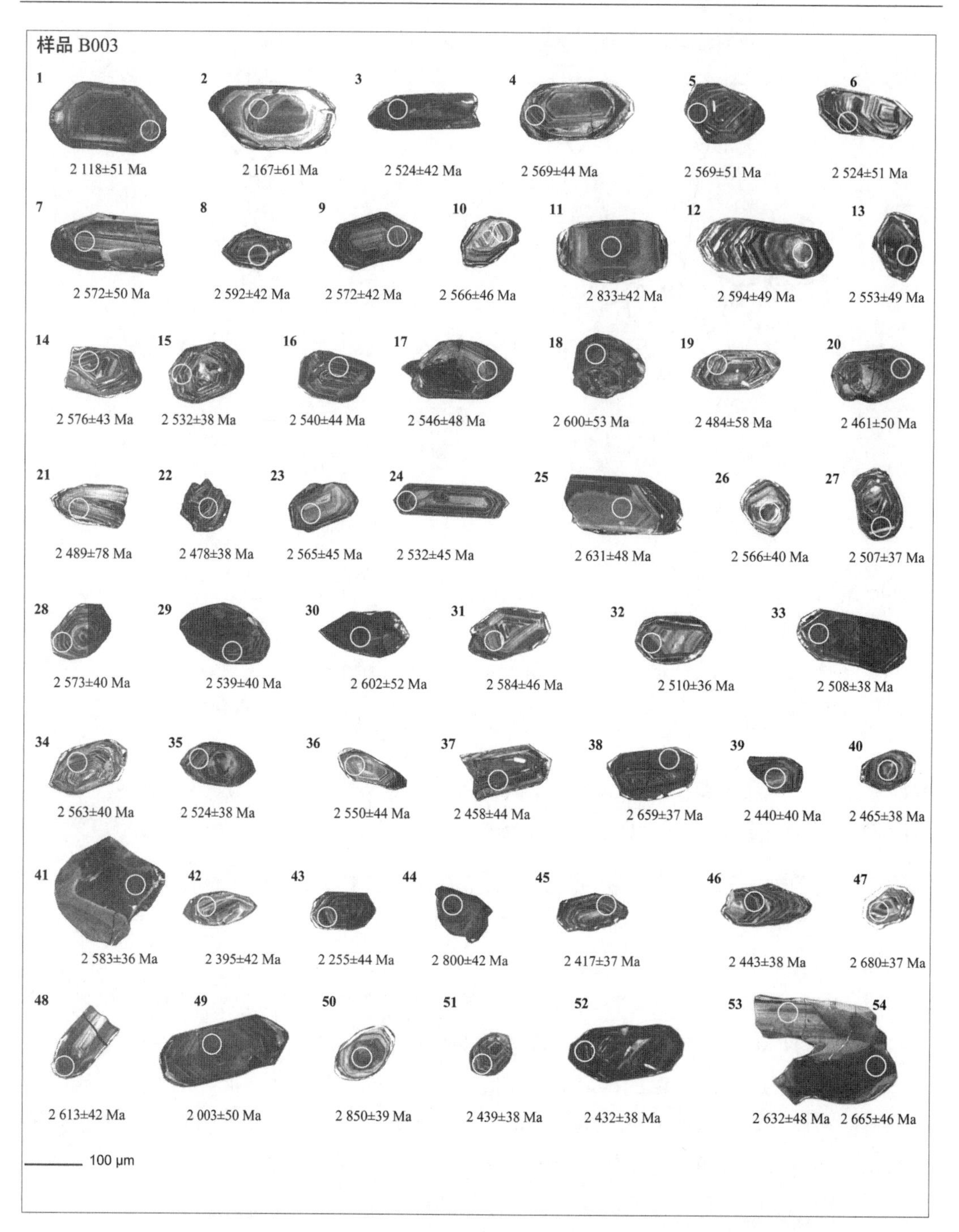

图 3–9 伊川万安山剖面兵马沟组 B003 部分锆石阴极发光照片（图版 I）

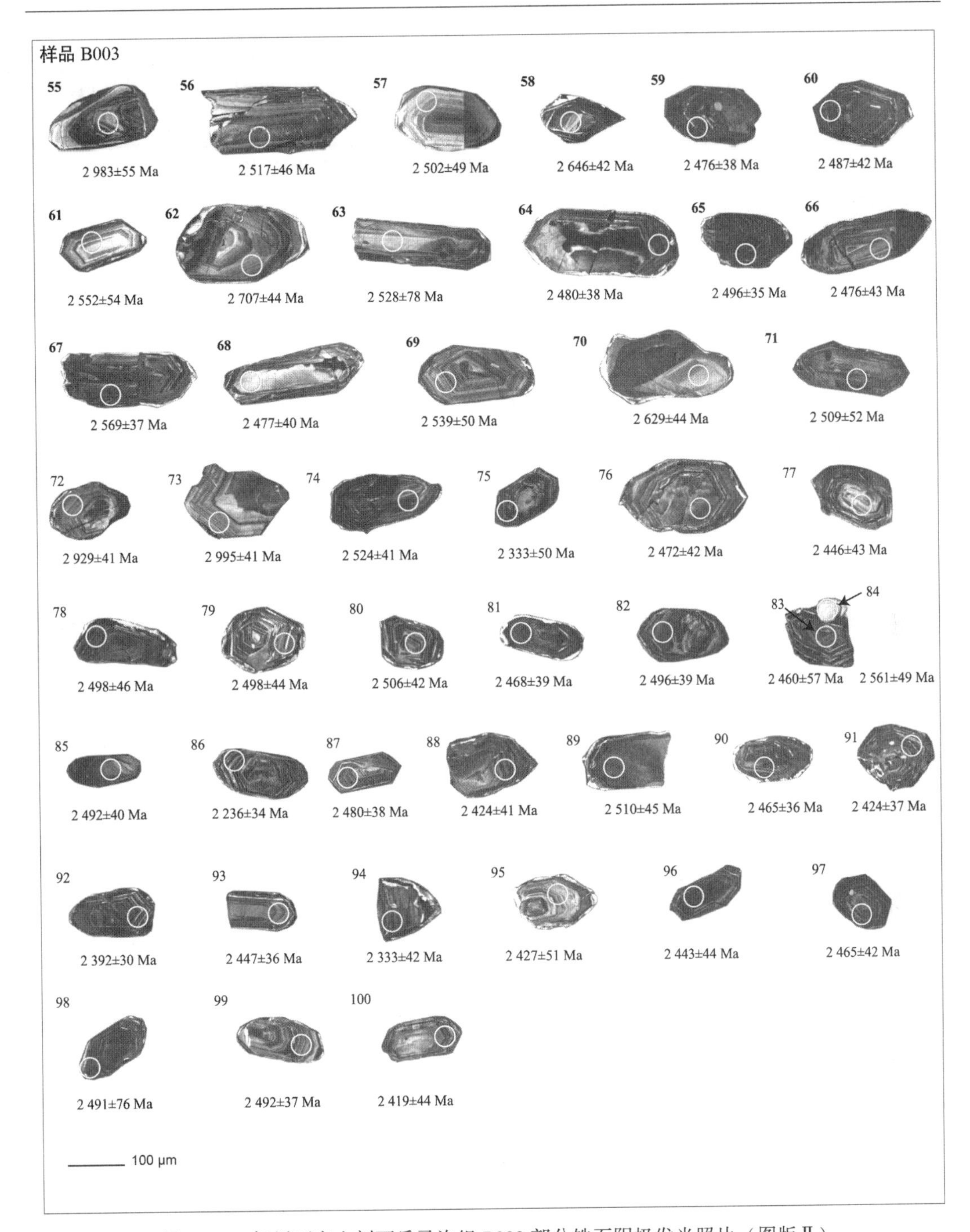

图 3-10　伊川万安山剖面兵马沟组 B003 部分锆石阴极发光照片（图版Ⅱ）

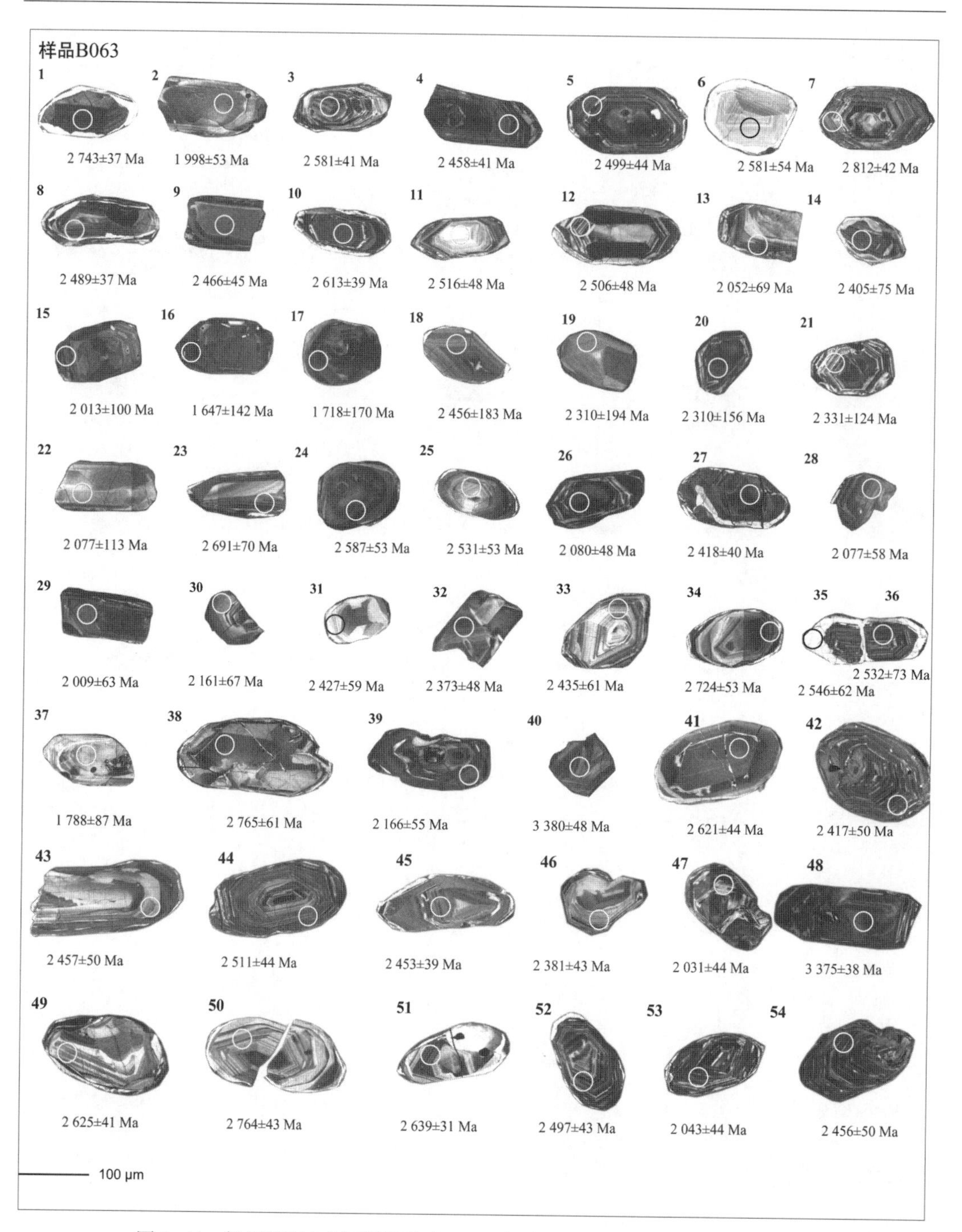

图 3-11　伊川万安山剖面兵马沟组 B063 部分锆石阴极发光照片（图版 Ⅰ）

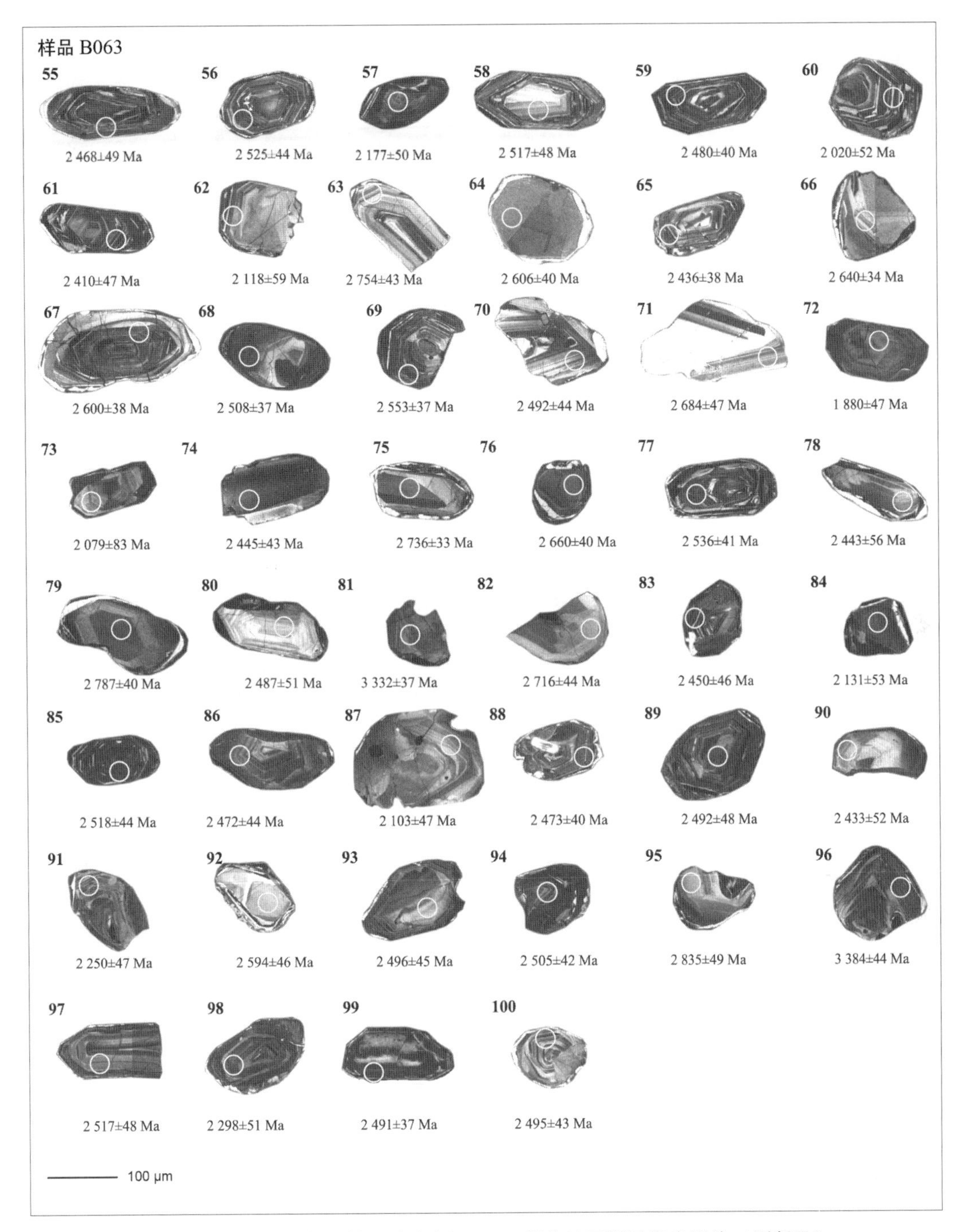

图 3-12 伊川万安山剖面兵马沟组 B063 部分锆石阴极发光照片（图版Ⅱ）

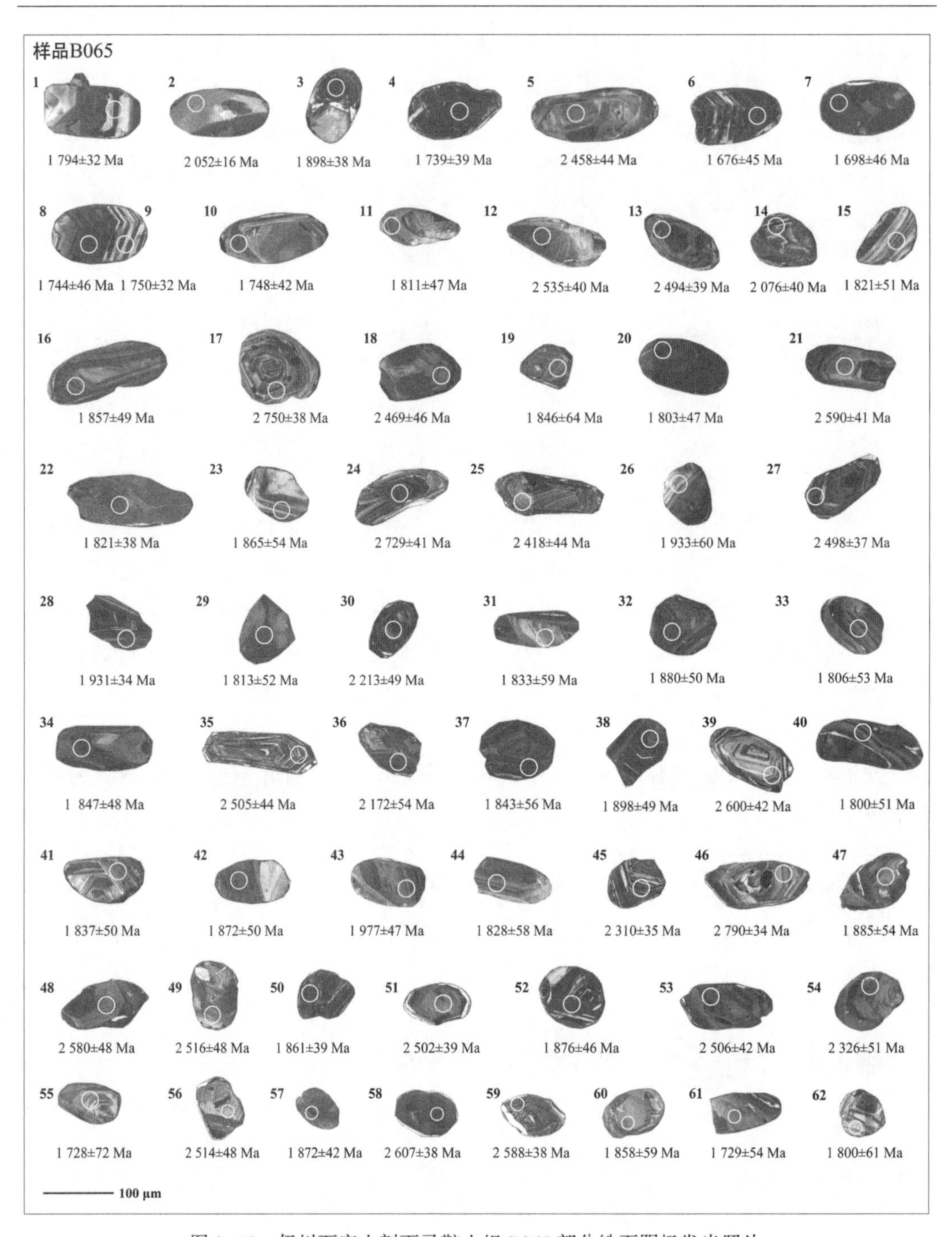

图 3-13 伊川万安山剖面马鞍山组 B065 部分锆石阴极发光照片

3.3 济源地区中元古界兵马沟组主量元素特征

本书在济源小沟背剖面兵马沟组中共分析 11 件砂岩样品的主量元素含量，详细分析结果见附表 5。

济源兵马沟组砂岩样品 SiO_2含量高，73.05%~86.18%（平均 78.53%），Fe_2O_3含量 1.66%~5.65%（平均 3.54%），MgO 含量 0.32%~1.74%（平均 1.12%），Na_2O 含量 0.08%~2.84%（平均 1.65%），CaO 含量 0.13%~0.82%（0.36%），Al_2O_3含量 5.85%~11.92%（平均 8.65%），K_2O 含量 1.35%~3.18%（平均 2.19%），$Fe_2O_3{}^T$+MgO 含量高，为 2.48%~7.50%，TiO_2含量 0.18%~0.77%（平均 0.51%）。化学蚀变指数 CIA（Chemical Index of Alternation）= $100\times Al_2O_3/(Al_2O_3+CaO^*+Na_2O+K_2O)$（Nesbitt and Young，1982），为 52.51~67.80，平均 60.56。成分变异指数 ICV（Index of Compositional Variability）= $(Fe_2O_3+K_2O+Na_2O+CaO+MgO+TiO_2)/Al_2O_3$（Cox and Lowe，1995；Cox et al.，1995），为 0.79~1.26，平均 1.07。

3.4 渑池地区中元古界兵马沟组全岩地球化学分析

3.4.1 主量元素特征

本书在渑池段村剖面兵马沟组中共分析 11 件砂岩样品的主量元素含量，详细分析结果见附表 6。

渑池兵马沟组砂岩样品 SiO_2含量高，为 65.90%~97.34%（平均 81.31%），Fe_2O_3含量 0.04%~4.53%（平均 1.42%），MgO 含量 0.03%~4.69%（平均 1.11%），Na_2O 含量 0.02%~0.17%（平均 0.07%），CaO 含量 0.13%~5.78%（1.26%），Al_2O_3含量 0.97%~16.82%（平均 8.22%），K_2O 含量 0.15%~6.59%（平均 2.10%），$Fe_2O_3{}^T$+MgO 含量高，为 0.09%~9.22%，TiO_2含量 0.05%~0.69%（平均 0.25%）。化学蚀变指数 CIA（Chemical Index of Alternation）= $100\times Al_2O_3/(Al_2O_3+CaO^*+Na_2O+K_2O)$（Nesbitt and Young，1982），为 54.66~97.34，平均 77.95，其中 CaO/Na_2O 比值均大于 1，因此，使用 Na_2O 含量代替 CaO 计算 CaO^*。成分变异指数 ICV（Index of Compositional Variability）= $(Fe_2O_3+K_2O+Na_2O+CaO+MgO+TiO_2)/Al_2O_3$（Cox and Lowe，1995；Cox et al.，1995），为 0.08~3.83，平均 1.04。

3.4.2 微量、稀土元素特征

在渑池段村剖面兵马沟组中共分析 12 件砂岩样品、9 件泥岩样品的微量、稀土元素含量，详细分析结果见附表7和附表8。

3.4.2.1　渑池兵马沟组砂岩样品

在球粒陨石标准化图中，渑池兵马沟组砂岩样品表现为右倾的REE配分模式，轻、重稀土元素总量比值（ΣLREE/ΣHREE）5.94~17.77（平均10.59），具有高La_N/Yb_N比值（5.62~29.36），低Gd_N/Yb_N比值（0.83~4.22），显示轻稀土元素（LREE）富集，重稀土元素相对平坦的配分模式（图3-14）。稀土元素总量（ΣREE）28.22~196.88 ppm，平均114.92 ppm，低于大陆上地壳（UCC）平均值（148.44 ppm）及澳大利亚后太古宙页岩（PAAS）平均值（184.77 ppm）（Rudnick and Gao，2003）。砂岩样品δEu除B022（1.39）外，均在0.61~0.77，平均0.69，显示中等Eu负异常；δCe 0.64~1.02，平均0.92，显示轻度Ce负异常。

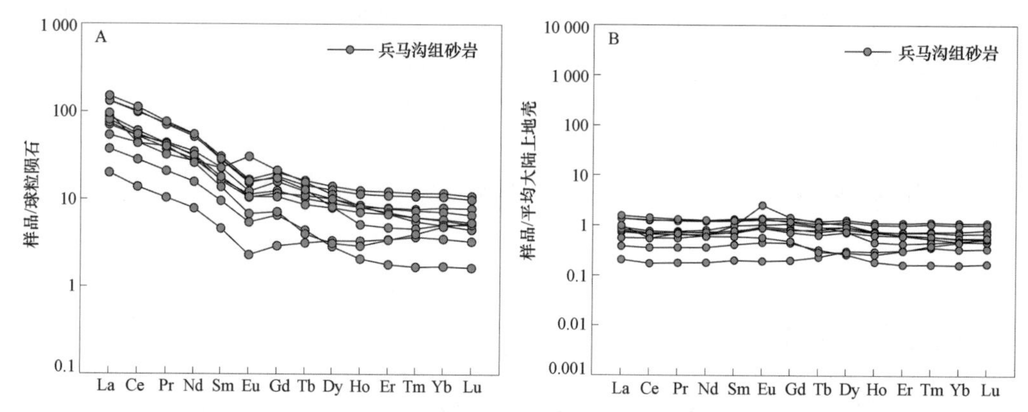

图3-14　渑池段村剖面兵马沟组砂岩稀土元素球粒陨石标准化（A）及平均大陆上地壳标准化（B）配分模式图

球粒陨石标准化数值据Boynton（1984）；平均大陆上地壳标准化数值据Rudnick和Gao（2014）

渑池兵马沟组砂岩样品中的Rb（4.40~171 ppm）、Sr（29~1 485 ppm）、Ba（11.60~13 424 ppm）等大离子亲石元素含量变化较大，与平均大陆上地壳相比，大部分显示负异常；砂岩样品富集La（6.17~46.60 ppm）、Ce（11.10~90.70 ppm）、Nd（4.69~33 ppm）、Hf（1.68~13.70 ppm）等高场强元素，Sm显示轻度负异常。此外，Cr（12.90~71.30 ppm）、Co（1.15~17.5 ppm）、Ni（4.74~40.40 ppm）、V（6.08~113 ppm）、Sc（0.95~15.50 ppm）等过渡元素含量大部分小于平均大陆上地壳；具陆源性质的元素Zr（66.90~549 ppm）的含量大于平均大陆上地壳（图3-15）（Taylor and McLennan，1985）。

3.4.2.2　渑池兵马沟组泥质岩样品

在球粒陨石标准化图解中，渑池兵马沟组泥质岩样品表现为右倾的REE配分模式，

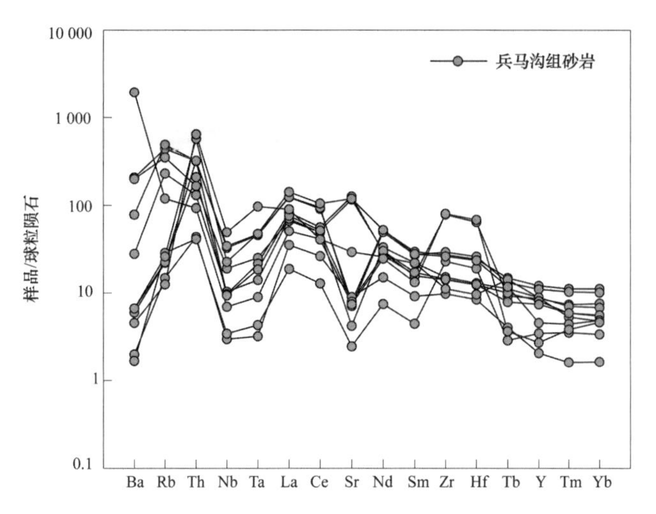

图 3-15　渑池段村剖面兵马沟组泥质岩微量元素球粒陨石标准化配分模式图

球粒陨石标准化数值据 Thompson（1982）

轻、重稀土元素总量比值（ΣLREE/ΣHREE）10.85~12.11（平均 11.36），具有高 La_N/Yb_N 比值（12.11~15.72），低 Gd_N/Yb_N 比值（1.55~2.05），明显富集轻稀土元素（LREE），重稀土元素相对平坦（图 3-16）。稀土元素总量（ΣREE）181.91~231.90 ppm，平均 216.91 ppm，远高于大陆上地壳（UCC）平均值（148.44 ppm）及澳大利亚后太古宙页岩（PAAS）平均值（184.77 ppm）（Rudnick and Gao，2003）。泥质岩样品 δEu 0.62~0.70，平均 0.66，显示中度 Eu 负异常；δCe 0.94~0.99，平均 0.96，显示轻度 Ce 负异常。

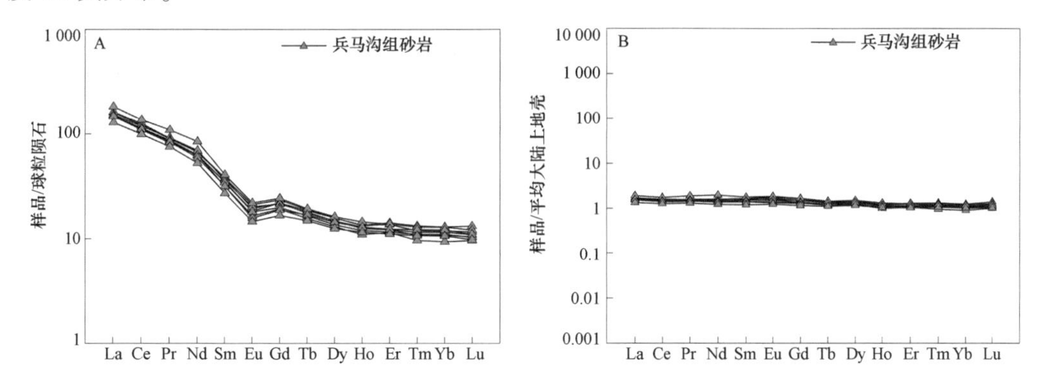

图 3-16　渑池段村剖面兵马沟组泥质岩稀土元素球粒陨石标准化（A）及平均大陆上地壳标准化（B）配分模式图

球粒陨石标准化数值据 Boynton（1984）；平均大陆上地壳标准化数值据 Rudnick 和 Gao（2014）

渑池兵马沟组泥质岩样品中的 Ba（291~894 ppm）、Nb（9.98~13.5 ppm）、Sr（74.60~92.20ppm）元素与平均大陆上地壳相比明显亏损；富集 Rb（152~199 ppm）、

Th（12.20~19.90 ppm）、La（39.90~56.70 ppm）、Ce（79.90~110 ppm）、Nd（31.40~41.50 ppm）、Zr（101~494 ppm）、Hf（2.85~6.25 ppm）等元素。此外，Sc（13.80~16.90 ppm）、V（65.70~142 ppm）、Cr（49.4~129 ppm）、Co（11.50~17.30 ppm）、Ni（32~50.60 ppm）、Rb（152~199 ppm）等元素的含量远高于平均大陆上地壳，而大部分样品的 Zr（101~494 ppm）、Hf（2.85~6.25 ppm）、U（2.48~4.29 ppm）等具陆源性质的元素含量与平均大陆上地壳平均值相似（图 3-17）（Taylor and McLennan, 1985）。

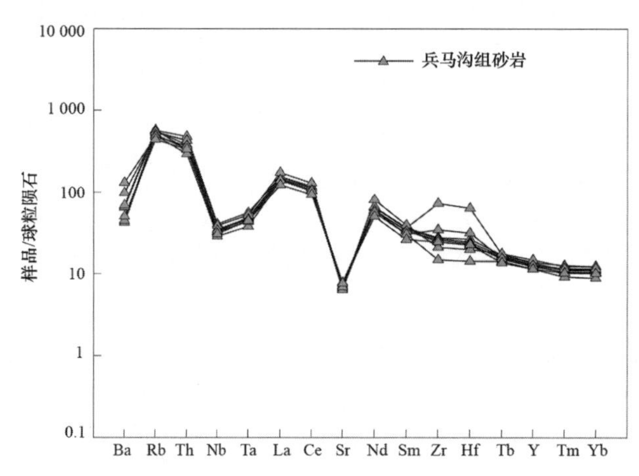

图 3-17　渑池段村剖面兵马沟组砂岩微量元素球粒陨石标准化配分模式图

球粒陨石标准化数值据 Thompson（1982）

3.4.3　碎屑锆石 U-Pb 年代学

本书在渑池段村剖面共采集 2 块用于碎屑锆石 U-Pb 测试的砂岩样品，其中兵马沟组底部 1 块（B002）、兵马沟组顶部 1 块（B049）。较年轻的锆石（<1 000 Ma）采用 $^{206}Pb/^{238}U$ 年龄，较老的锆石（>1 000 Ma）采用 $^{207}Pb/^{206}Pb$ 年龄（Sircombe, 1999）。渑池段村剖面所测试的 2 个兵马沟组碎屑锆石样品共计 155 个，其中 130 个点所测锆石年龄谐和度大于 90%，这些年龄被用于本书的讨论。2 个样品的锆石年龄测试结果见附表 9。

3.4.3.1　兵马沟组底部样品

样品 B002 采自渑池段村剖面兵马沟组底部石英砂岩，LA-ICP-MS 定年测试前，首先对样品进行了透射光（图 3-18A）、反射光（图 3-18B）及阴极发光图像拍照（图 3-19）。如图 3-19 所示，该样品的锆石颗粒粒径长 72~195 μm，长宽比 1.1~3.4。测试点的锆石中 U（27.0~369 ppm）、Th（18.3~283 ppm）含量变化较大，Th/U 比值 0.25~1.39，全部测试点的 Th/U 比值均大于 0.1。本书研究中对样品 B002 的锆石进行了 80 个点的 U-Pb LA-ICP-MS 测试，其中 71 个点锆石年龄谐和度大于 90%被选出进行年龄统计，这些分析点的年龄分布于 1 710～2 764 Ma（图 3-20A），产生两个年龄主峰值 1 850 Ma及 2 500 Ma（图 3-20B）。其中，位于 1 700～2 000 Ma 的碎屑锆石年龄比例大于 50%，位于 2 500～2 800 Ma 的碎屑锆石年龄比例占 30%。渑池兵马沟组底部样品 B002 中最年轻的锆石 $^{207}Pb/^{206}Pb$ 谐和年龄为 1 710±39 Ma。B002 样品的锆石 U-Pb 年龄谐和图见图 3-20A，U-Pb 年龄频率分布直方图见图 3-20B。

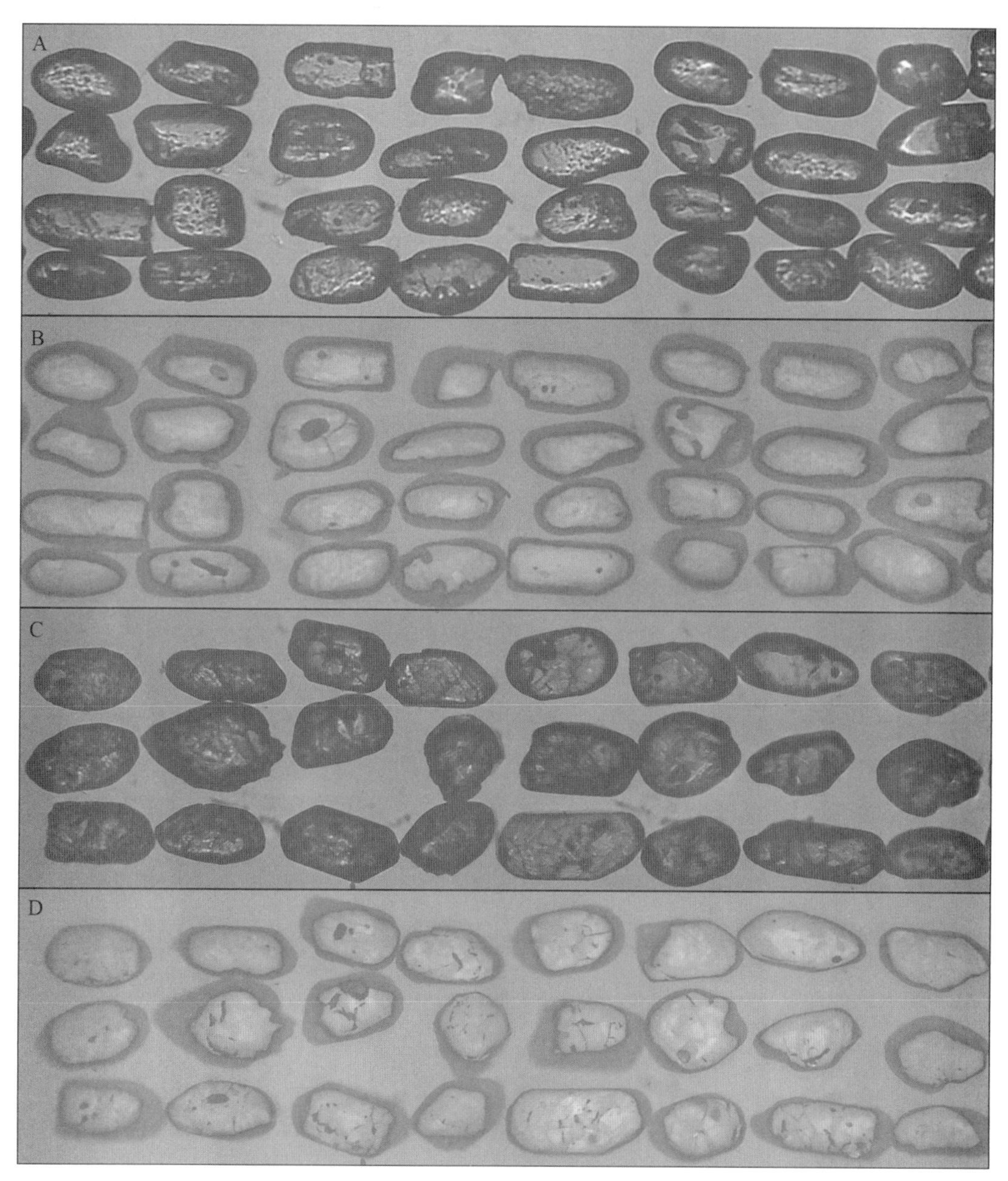

图 3-18　渑池段村剖面兵马沟组样品 B002 及 B049 碎屑锆石透、反射光照片

A. 兵马沟组底部 B002 样品碎屑锆石透射光照片；B. 兵马沟组底部 B002 样品碎屑锆石反射光照片；C. 兵马沟组底部 B049 样品碎屑锆石透射光照片；D. 兵马沟组底部 B049 样品碎屑锆石反射光照片

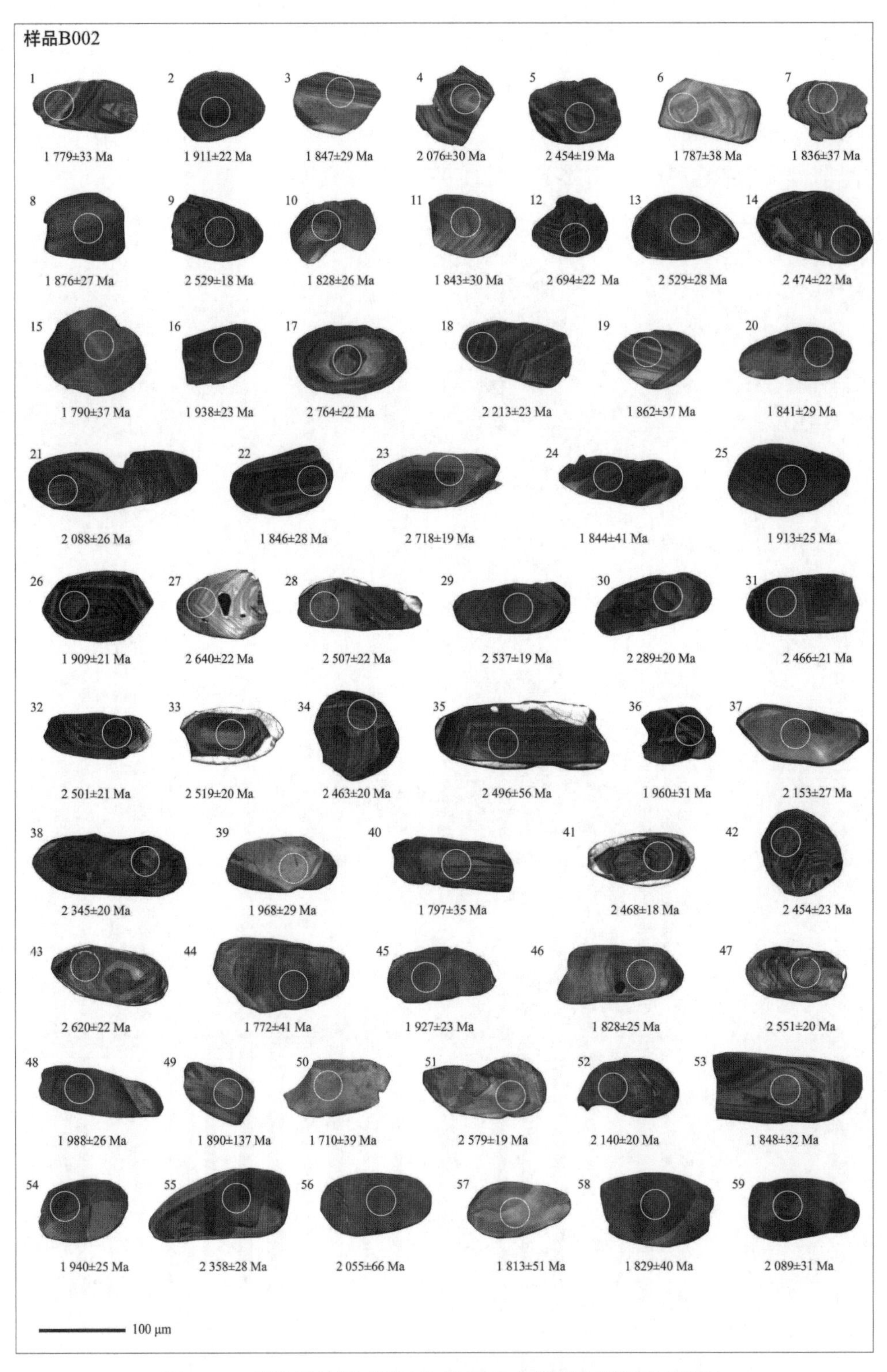

图 3−19 渑池段村剖面兵马沟组 B002 部分锆石阴极发光照片

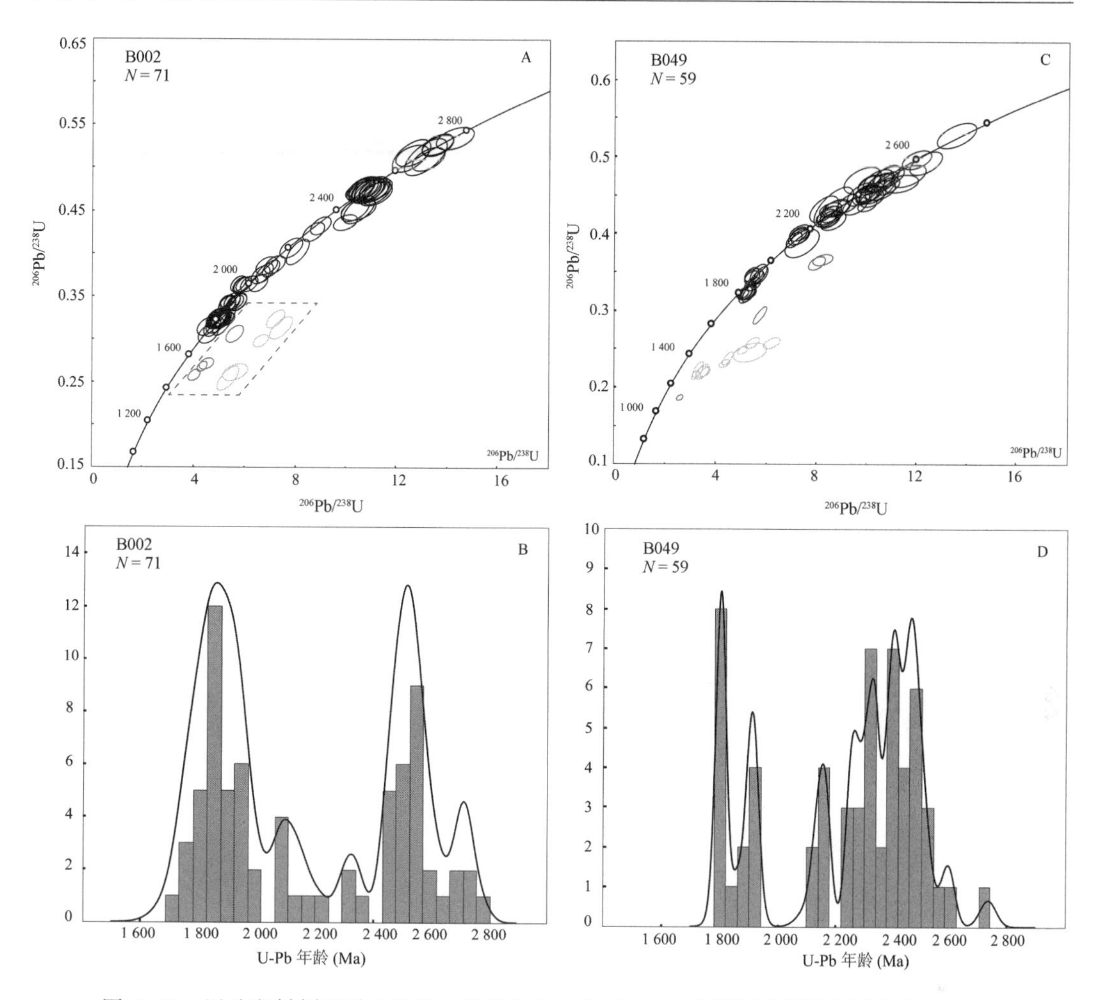

图 3-20 渑池段村剖面兵马沟组砂岩样品碎屑锆石 U-Pb 年龄谐和图及频率分布直方图

3.4.3.2 兵马沟组顶部样品

样品 B049 采自渑池段村剖面兵马沟组顶部石英砂岩，LA-ICP-MS 定年测试前，首先对样品进行了透射光（图 3-18C）、反射光（图 3-18D）及阴极发光图像拍照（图 3-21）。如图 3-21 所示，该样品的锆石颗粒粒径长 95~251 μm，长宽比 1.2~3.3。测试点的锆石颗粒中 U（34.6~1 016 ppm）、Th（13.9~1 267 ppm）含量变化较大，Th/U 比值 0.16~4.07，全部测试点的 Th/U 比值均大于 0.1。本书研究中对样品 B002 的锆石进行了 75 个点的 U-Pb LA-ICP-MS 测试，其中 59 个点锆石年龄谐和度大于 90% 被选出进行年龄统计（图 3-20C），这些分析点的年龄分布于 1 742~2 702 Ma，产生两个年龄主峰值 1 850 Ma 及 2 400 Ma（图 3-20D）。其中，1 700~2 000 Ma 的碎屑锆石年龄比例占 25%，2 100~2 450 Ma 的碎屑锆石年龄比例占 41%，2 450~2 700 Ma 之间的碎屑锆石年龄比例占 34%。渑池兵马沟组顶部底部样品 B049 中最年轻的锆石 $^{207}Pb/^{206}Pb$ 谐和年龄

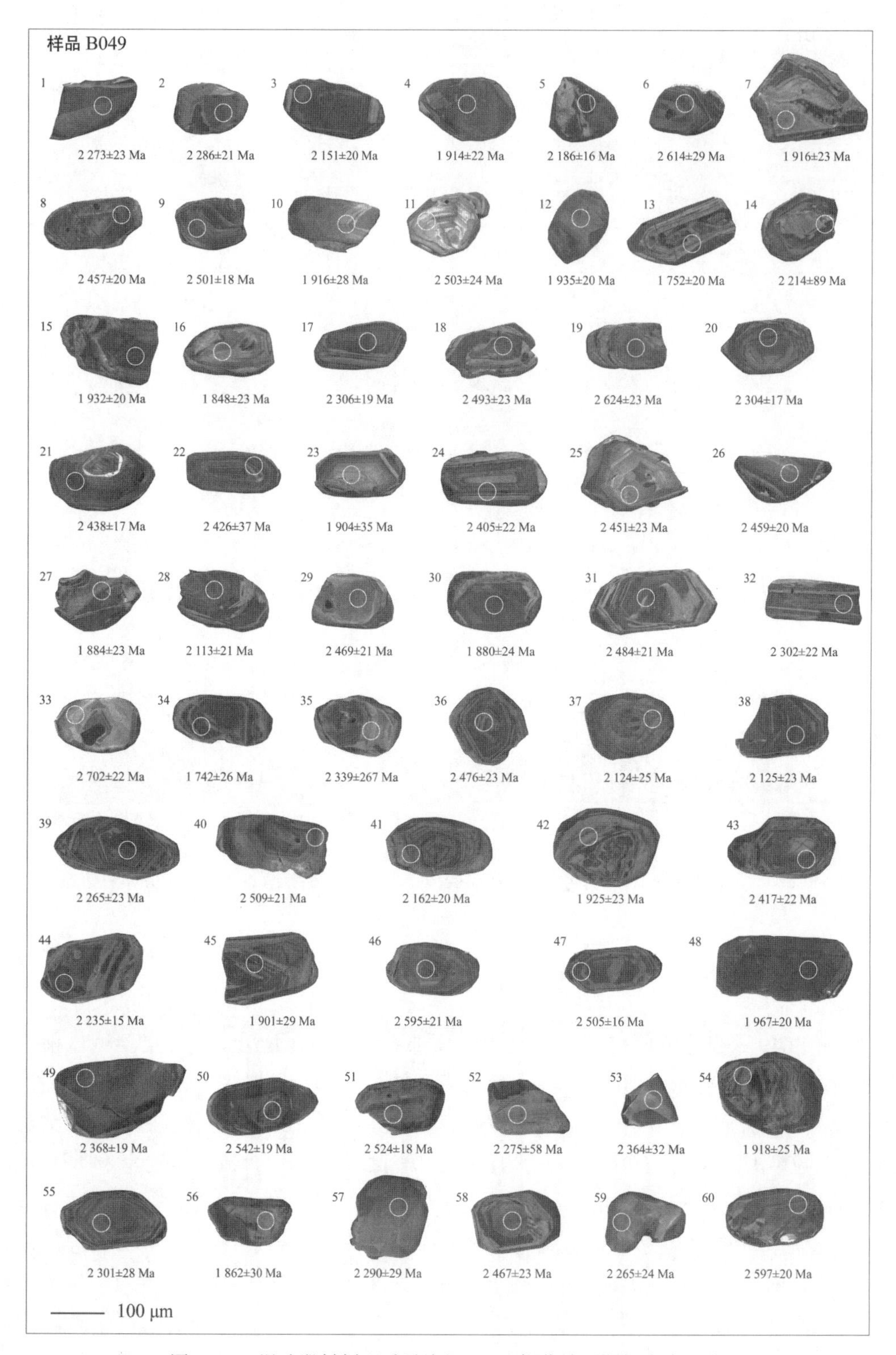

图 3-21 渑池段村剖面兵马沟组 B049 部分锆石阴极发光照片

为1 742±26 Ma。B049 样品的锆石 U-Pb 年龄谐和图如图 3-20C 所示，U-Pb 年龄频率分布直方图如图 3-20D 所示。

综上所述，渑池兵马沟组底部以~1 800 Ma 的碎屑锆石年龄为主，另有大量~2 500 Ma 的年龄；顶部的样品~1 800 Ma 的年龄比重减少，总体上古元古代的年龄仍占主要比例，此外，>2 450 Ma 的年龄比重增加。兵马沟组的 2 个样品总体以古元古代的碎屑锆石年龄为主，自下而上~1 800 Ma 的碎屑锆石年龄减少。

3.5 小结

（1）伊川兵马沟组砂岩样品化学蚀变指数 CIA 为 56.90~81.23，平均 64.09；成分变异指数 ICV 为 0.60~1.42，平均 1.23；砂岩样品显示轻稀土元素富集，重稀土元素相对平坦的配分模式，重度-中等的 Eu 负异常，轻度 Ce 负异常；富集高场强元素，Sm 轻度负异常；过渡元素含量大于平均大陆上地壳；具陆源性质的元素含量与平均大陆上地壳相似。泥质岩样品显示明显富集轻稀土元素，重稀土元素相对平坦，中度 Eu 负异常，轻度 Ce 负异常。Ba、Nb、Sr 元素与平均大陆上地壳相比明显亏损，富集 Rb、Th、La、Ce、Nd、Zr、Hf 等元素；具陆源性质的元素含量与平均大陆上地壳相似。

（2）伊川兵马沟组砂岩锆石年龄以新太古代年龄为主，自下而上古元古代年龄增多，但仍以新太古代年龄为主；五佛山群底部马鞍山组以古元古代年龄为主，新太古代年龄所占比重较兵马沟组大幅减少，两套地层的碎屑锆石峰值具有明显的变化。

（3）济源兵马沟组砂岩样品化学蚀变指数 CIA 为 52.51~67.80，平均 60.56；成分变异指数 ICV 为 0.79~1.26，平均 1.07。

（4）渑池兵马沟组砂岩样品化学蚀变指数 CIA 为 54.66~97.34，平均 77.95；成分变异指数 ICV 为 0.08~3.83，平均 1.04；砂岩样品显示轻稀土元素富集，重稀土元素相对平坦的配分模式，大部分显示中等 Eu 负异常，轻度 Ce 负异常；砂岩样品大离子亲石元素含量变化较大，Sm 轻度负异常；过渡元素含量大部分小于平均大陆上地壳，具陆源性质的元素 Zr 含量大于平均大陆上地壳；泥质岩样品明显富集轻稀土元素，重稀土元素相对平坦，中度 Eu 负异常，轻度 Ce 负异常；泥质岩样品中的 Ba、Nb、Sr 元素与平均大陆上地壳相比明显亏损，富集 Rb、Th、La、Ce、Nd、Zr、Hf 等元素；Sc、V、Cr、Co、Ni、Rb 等元素的含量远高于平均大陆上地壳，大部分样品具陆源性质的元素含量与平均大陆上地壳相似。

（5）渑池兵马沟组底部以~1 800 Ma 的碎屑锆石年龄为主，另有大量~2 500 Ma 的年龄；顶部的样品~1 800 Ma 的年龄比重减少，总体上古元古代的年龄仍占主要比例，此外，>2 450 Ma 的年龄比重增加。兵马沟组的 2 个样品总体以古元古代的碎屑锆石年龄为主，自下而上~1 800 Ma 的碎屑锆石年龄减少。

4 华北克拉通南缘中元古代早期地层沉积相分析

对研究区各剖面地层进行沉积相划分及沉积环境分析是进行物源示踪及反演大地构造演化的基础。本书选取华北克拉通南缘济源小沟背、伊川万安山、渑池段村、鲁山草庙沟及舞钢铁古坑地区中元古界兵马沟组5条剖面，根据野外地层剖面实测资料，分析岩性组合、沉积构造、显微结构等宏微观岩石学特征，划分沉积相。根据地层岩性相序变化规律，分析华北克拉通南缘5条剖面中元古代早期兵马沟组沉积环境演化。

4.1 伊川万安山剖面兵马沟组沉积相分析

4.1.1 沉积学特征

野外剖面实测表明，伊川地区万安山剖面出露的兵马沟组自下而上总体为一套由粗变细的正粒序沉积旋回，沉积物的颜色、成分、结构和沉积构造具有明显的变化，主要由3个特征鲜明的沉积序列构成（彩图16）。

下部序列Ⅰ不整合覆盖于登封群片麻岩之上，主要是一套由紫红色巨厚层砾岩、含砾砂岩及粗砂岩构成的沉积物。巨厚层砾岩中的砾石分选较差，杂乱分布，砾径0.5~50 cm，大部分为10~15 cm（彩图17）；砾石成分丰富，主要为安山岩砾石（彩图17，彩图18A~C），另有大量的TTG质片麻岩砾石、花岗岩砾石、片岩砾石、石英岩砾石（彩图17，彩图18D~F），这与五佛山群底部砾岩以石英质砾为主的成分具有明显差异。该序列上部由砾岩-含砾砂岩-粗砂岩组成，主体为含砾砂岩，颗粒较下部变细，紫红色砾岩中见灰白色粗砂岩透镜体，紫红色粗砂岩中发育槽状交错层理，中-细砂岩中见平行层理。砂岩中石英含量约51%，长石含量占29%，岩屑含量占20%，其中以火山岩屑为主（87%）（彩图19）。

序列Ⅱ下部包括多个由紫红色中-细砾岩、粗砂岩，夹紫红色、灰绿色泥质岩组成的沉积旋回，粗砂岩中发育槽状交错层理、板状交错层理，中-细砂岩中见平行层理，含砾砂岩中见少量透镜体，泥质岩中见泥裂；序列Ⅱ上部包括由中-细粒砂岩、紫红色泥质岩、灰绿色泥质岩组成的正向韵律旋回，中-细砂岩中发育平行层理，底部可见深红色及暗紫色泥砾，上部为互层的紫红色细砂岩及粉砂岩与灰绿色泥岩互层。该段序列中的砂岩石英含量占24%~41%（平均29%），长石含量占40%~71%（平均53%），岩屑含量占5%~34%（平均19%）（彩图19）。

顶部序列Ⅲ为一套由紫红色、灰绿色泥质岩，粉砂岩以及薄层细砂岩组成的多个沉积旋回。该段序列的砂岩中石英含量约24%，长石含量占24%，岩屑含量占52%，岩屑类型主要为火山岩屑（彩图19）。

兵马沟组被上覆五佛山群马鞍山组不整合覆盖，该组岩性单调，为一套碎屑岩沉积建造，自下而上由灰白色块状砾岩、紫红色砂质泥岩-肉红色细粒石英砂岩、含砾细粒石英砂岩-浅紫红色粗粒、中粗粒石英砂岩、细粒石英砂岩组成，构成由粗到细多个沉积旋回。底部砾岩中砾石呈圆-次圆状磨圆，磨圆度较好，直径20~40 cm，分选性好，砾石含量占85%，成分主要为变质石英岩，铁泥质胶结；砾岩上部为棕红色、深红色块状、厚层状中粒石英砂岩，发育平行层理。

4.1.2　砂岩粒度特征

基于21件来自伊川地区兵马沟组上部砂岩样品的粒度分析，统计结果显示如下特征（图4-1）：

（1）砂岩平均粒径变化范围大（$-0.77\varphi \sim 3.00\varphi$），或与水动力的变化有关，与野外剖面实测所见兵马沟组中上段存在多重粗细变化韵律沉积结果一致；

（2）砂砾岩的标准偏差显示中等-较好-好的分选性（0.40~0.91），其余样品分选性介于中等至较好，或与周期性变化的水流有关，分选性自下而上整体变好；

（3）砂岩偏度特征显示正偏态-接近正偏态-负偏态的韵律性变化特点，显示沉积物具有混合性成分，且以粗粒物质为主，后期水动力减弱后，粒度趋于稳定，偏度接近正态分布，随着水动力的持续降低，粒度变细，偏度呈负偏态分布；

（4）砂岩的峰度显示平坦或尖锐至正态分布的特点，显示存在周期性变化的洪流影响，沉积物具有混合性成分，且粗粒物质多，后期水动力减弱后，粒度趋于稳定，峰度呈正态分布。

4.1.3　沉积相分析

基于对伊川万安山剖面兵马沟组的野外剖面实测及室内岩石薄片显微镜分析，通过岩性、结构、构造等反映的沉积特征，划分出以下沉积亚相及微相。

4.1.3.1　兵马沟组下段（序列Ⅰ）

（1）泥石流微相主要由紫红色、土黄色巨厚层的砾岩夹紫红色中-厚层含砾粗砂岩

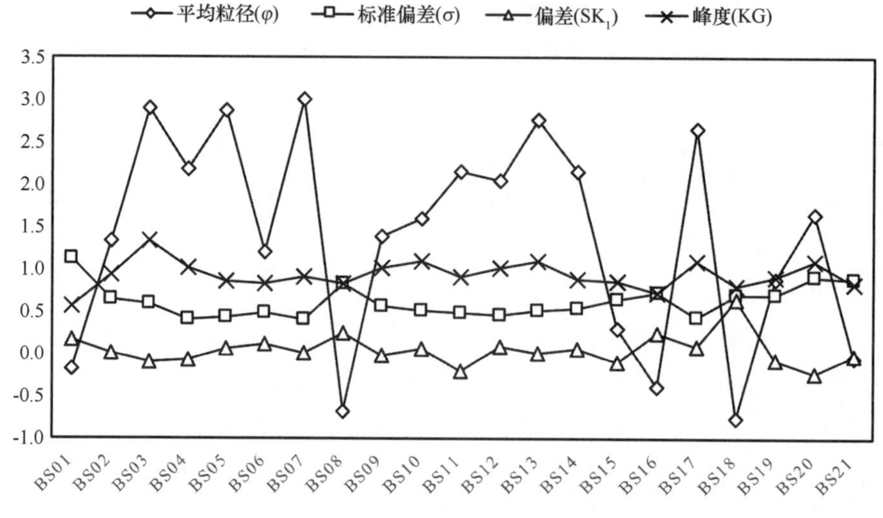

图 4-1　伊川万安山剖面兵马沟组上段砂岩粒度分析参数变化

组成（彩图 20A~C），该类型的沉积物受季节性洪水控制。砾岩中的砾石含量 50%左右，成分复杂，以安山岩等火山岩砾石为主，另有较多的 TTG 质片麻岩砾、花岗岩砾、片麻岩砾、石英岩砾等；砾石分布杂乱、直径变化较大，分选差，以磨圆度较差的砾石为主；杂基支撑，杂基为次棱角状-次圆状的砂质和泥质，基底胶结，具有粗略的分层或块状层理，显示一套近源、快速的泥质碎屑流沉积。

（2）辫状河道微相，沉积物较泥质碎屑流沉积明显变细，主要由紫红色砾岩、含砾砂岩及粗砂岩组构成（彩图 20D~F），砂砾混杂，紫红色细砾岩中夹灰白色砂岩透镜体，含砾砂岩-粗砂岩中发育槽状交错层理，中砂岩中发育平行层理。砾径较泥石流沉积变小，6 cm 左右，颗粒支撑、成熟度较低、差-中等分选，自下而上显示正粒序；砂岩粒度特征反映该段沉积具有丰富的物质供给（图 4-1），处于较强的水动力条件，水体能量变化较频繁且快速，具备辫状河水上河道沉积的特征。

兵马沟组下段（序列Ⅰ）沉积序列中主要识别出泥石流微相及辫状河道微相，其在剖面上的发育符合扇三角洲平原亚相的特征。

4.1.3.2　兵马沟组中段（序列Ⅱ）

（1）水下分流河道微相是辫状河水上河道微相在水下延伸的位置，呈分叉状分布，厚度较薄。由紫红色含砾砂岩-粗砂岩-中砂岩-粉砂岩组成下粗上细的层序，中间夹有紫红色、灰绿色泥岩，粗砂岩中可见槽状交错层理，中-细砂岩中见平行层理。砂岩杂基含量较辫状河水上分流河道减少，粒度明显变细，分选性中等-较好，磨圆度较好。该段整体颗粒物变细，下部砂岩中含有紫红色泥砾，上部出露的灰绿色泥岩指示水下沉积环境。

（2）支流间湾微相在水下分流河道两侧发育，岩性为深紫色细砂岩-灰绿色粉砂质泥岩互层，以泥质沉积为主，含少量粉砂岩和细砂岩，沉积物分选较好，粉砂岩中见水平层理，具有支流间湾微相的特征。

(3) 河口砂坝在水下分流河道的前方发育，岩性为深紫色中砂岩，紫红色、灰绿色粉砂质泥岩互层，砂岩中发育平行层理及小型交错层理，部分层理可见泥岩撕裂屑、紫红色泥砾。

兵马沟组中段（序列Ⅱ）中识别出水下分流河道、支流间湾及河口砂坝 3 个微相（彩图 21，彩图 22A、彩图 22B），其在剖面上的发育符合扇三角洲前缘亚相的沉积特征，该段位于岸线至正常浪基面之间的浅水区，是陆地径流和海水相互作用的区域。据兵马沟组上段砂岩粒度分析，平均粒径、标准偏差、偏度及峰度等参数特征表明，兵马沟组具有扇三角洲前缘亚相中发育多重韵律沉积的特征（图 4-1）。

4.1.3.3 兵马沟组上段（序列Ⅲ）

兵马沟组上段（序列Ⅲ）可见紫红色与灰绿色薄层粉砂岩与灰绿色泥质岩的互层（彩图 22C、彩图 22D），泥质岩中发育水平层理，符合前扇三角洲亚相沉积特征。前扇三角洲位于海平面的浪基面以下，是向下与陆架泥或者深水盆地过渡的区域，水动力能量较弱，在兵马沟组上段，前扇三角洲亚相发育不完整。

4.1.3.4 马鞍山组（五佛山群）

马鞍山组下部为肉红色、浅紫红色厚层状（含砾）石英砂岩，砾石成分以石英砾及片麻岩砾石为主；上部为肉红色、紫红色、灰白色厚层状含铁质砂球石英砂岩、石英砂岩夹紫红色砂质泥岩、长石石英砂岩、海绿石石英砂岩、白云质石英砂岩；上部石英砂岩中常见泥裂、波痕、板状斜层理、单向斜层理及交错层理，沉积特征表明马鞍山组总体属后滨-前滨相沉积环境（彩图 23）。

伊川万安山剖面出露的兵马沟组总体为一套由陆到海的扇三角洲相沉积，自下而上识别出扇三角洲平原、扇三角洲前缘及前扇三角洲三个亚相；其中扇三角洲平原亚相中识别出泥石流微相及辫状河道微相，扇三角洲前缘亚相中识别出水下分流河道微相、支流间湾微相及河口砂坝微相（彩图 24）。

4.1.4 地球化学特征对沉积环境的指示

沉积岩的地球化学参数及其比值的变化反映了沉积及成岩时的古氧相、古盐度及古气候等特征，可以有效地指示沉积环境特征（Bhatia，1983；Bhatia and Crook，1986；Cullers，1994，2000；Custodio，2002；Rimmer，2004；Tribovillard et al.，2006；Adegoke et al.，2014）。

目前，多种地球化学参数用于对古代及现代沉积盆地的古氧相条件的判别，钒（V）

是一种氧化还原敏感元素，在还原环境中富集，因此 V/（V+Ni）比值是恢复水体氧化还原条件的重要指标（Hatch and Leventhal，1992；Calvert and Pedersen，1993；Jones and Manning，1994；Cullers，1994，2000；Crusius et al.，1996；Dean et al.，1997；Algeo and Maynard，2004；Rimmer，2004）。Hatch 和 Leventhal（1992）研究指出，V/（V+Ni）比值为 0.46～0.60 时指示水体分层弱的贫氧环境，V/（V+Ni）比值为 0.54～0.72 时指示水体分层不强的厌氧环境，V/（V+Ni）比值为 0.84～0.89 时指示水体分层强的厌氧环境。伊川万安山剖面兵马沟组砂岩的 V/（V+Ni）比值为 0.54～0.77（平均 0.70），泥质岩 V/（V+Ni）比值为 0.66～0.94（平均 0.77），总体指示厌氧环境，水介质条件处于还原环境（Hatch and Leventhal，1992）。

Ce_{aonm}指数同样被用于古水介质的氧化还原条件的判别，以 $Ce_{anom}>-0.1$ 显示 Ce 富集，指示缺氧环境；$Ce_{anom}<-0.1$ 表示 Ce 亏损，显示氧化环境（Elderfield and Greaves，1982）。砂岩样品 Ce_{anom} 指数均大于 0.1，显示 Ce 富集，为缺氧还原环境，与 V/（V+Ni）比值的分析结果一致。

硼（B）的含量与沉积水体的盐度呈正相关，而镓（Ga）则富集于淡水沉积物，两者化学性质的差别大，因此，B/Ga 的值可以较好地指示沉积环境的古盐度特征，$B/Ga<5$指示淡水环境；$B/Ga>5$ 指示咸水环境（邓宏文和钱凯，1993）。根据课题组前期研究，伊川万安山剖面兵马沟组砂岩 B/Ga 值 2.44～21.50，泥质岩 B/Ga 值 3.16～16.59，该比值上下波动，总体有增大的趋势，反映出沉积水体由淡水向咸水环境的过渡（郑德顺等，2016b，2017）。

Sr/Ba 值同样常被用于沉积水体的古盐度判别（邓宏文和钱凯，1993；Custodio，2002；刘刚和周东升，2007）。伊川万安山剖面兵马沟组砂岩的 Sr/Ba 值 0.04～12.87，该比值自下而上逐渐增大，在样品 B063 所在层位该比值骤增至 12.87，显示明显的海相沉积特征，与 B/Ga 值显示出相同的变化特征。本课题组前期研究中的样品 Sr/Ba 值显示出相同的变化特征。

伊川万安山剖面兵马沟组沉积物的地球化学特征显示出处于还原环境的水介质条件，结合古盐度特征及沉积相分析确立的中上部扇三角洲前缘-前扇三角洲亚相环境，显示出兵马沟组沉积期水体环境逐渐加深，古盐度增大，具有海侵层序的特征。

4.1.5 沉积演化

在兵马沟组沉积初期（序列Ⅰ），沉积的主体处于近海平原区域，以大量粗粒碎屑物质为主，在地表径流营力作用下，岩体被剥蚀并输送到沉积区形成巨厚层混杂砾石组成的粗粒沉积，砾石分选差、成分复杂；地形随着搬运距离的增加而逐渐变缓，携带碎屑物质的洪流在近山水岸形成扇体，在扇体之外，形成分枝状辫状河道沉积。大量的砂岩透镜体及槽状交错层理表明该时期的沉积仍处于较强的水动力环境，河道具有较差的稳定性。

在兵马沟组沉积中期（序列Ⅱ），沉积主体位于岸线至正常浪基面之间的过渡区域，沉积作用受控于以陆相水流为主，同时受到海水作用的双重影响。流水携带碎屑物经由河道汇入海中，形成三角洲体系一系列的水下分流河道，在水下分流河道的两侧发育有支流间湾沉积，在水下分流河道的前方发育一些范围较小的河口砂坝。该时期水动力整体减弱，水体深度逐渐加深，然而间歇性的洪流依然是沉积形成的主导营力，在该段上部发育多重砂岩-泥质岩的韵律层序。

在兵马沟组沉积后期（序列Ⅲ），海平面持续上升，发育前扇三角洲沉积，主要表现为厚层泥岩与薄层砂岩的互层。兵马沟组与上覆五佛山群马鞍山组呈不整合接触，五佛山群底部存在底砾岩，代表两者之间具有沉积间断，五佛山群的砂岩显示滨-浅海相沉积环境。

4.2 济源小沟背剖面兵马沟组沉积相分析

4.2.1 沉积学特征

野外剖面实测表明，济源小沟背剖面出露的兵马沟组整体为一套由紫红色巨厚-厚层砾岩、含砾粗砂岩及粗砂岩组成的粗粒沉积物。砾岩中的砾石成分复杂，包括安山岩砾、石英岩砾及变质岩砾；砾径多 3~25 cm，最大可超过 50 cm；分选较差，半棱角状-次圆状磨圆；杂基支撑或砾石支撑，杂基为不等粒砂级颗粒和泥质（彩图 25A）。该套沉积自下而上砾岩中的砾径逐渐减小，磨圆度逐渐变好，下部以安山岩砾石占绝对优势，向上石英岩砾的含量增多。含砾粗砂岩及粗砂岩颜色为灰紫色、紫红色，呈厚层-中厚层状，上部可见土黄色砂岩（彩图 25B）。含砾粗砂岩中的砾石成分主要为安山岩砾及石英砾，砾径大部分 0.5~1 cm，最大 3 cm。砂岩中发育有不明显的平行层理（彩图 25B）、楔状交错层理（彩图 25C）及砂质透镜体（彩图 25E），上部含砾砂岩中可见定向排列的砾石（彩图 25F），砾岩、含砾粗砂岩与粗砂岩构成多个沉积旋回。

砂岩碎屑组分以石英及岩屑为主，长石含量较少，颗粒多为次棱角状-次圆状磨圆，中等分选，硅质胶结，颗粒支撑。下部砂岩中石英平均含量 26%，长石平均含量 13%，岩屑平均含量 49%，岩屑类型包括火山岩屑及变质岩屑，岩屑含量较高（彩图 26）；中部砂岩中石英平均含量 49%，长石平均含量 23%，岩屑平均含量 28%，岩屑类型包括火山岩屑及变质岩屑，石英含量较下部增高（彩图 27）；上部砂岩中石英平均含量 50%，长石平均含量 16%，岩屑平均含量 34%，岩屑类型包括火山岩屑及变质岩屑（彩图 28）。

兵马沟组之上平行不整合覆盖有汝阳群云梦山组，厚度约 116 m，其底部为厚层砾岩、砂砾岩，砾石成分主要为石英岩及安山岩。上部主体为灰白色中-厚层中-粗粒石英砂岩夹紫红色铁质石英砂岩，砂岩层面发育波痕。

4.2.2 砂岩粒度特征

基于10件来自济源地区兵马沟组砂岩样品的粒度分析，统计结果显示如下特征（图4-2）：

（1）砂岩平均粒径具有大-小-大的变化特征（1.26φ~2.41φ），表明粒度特征呈现出由细到粗再到细的趋势，或与水动力强弱变化相关，同时粒径的变化显示砂岩样品来自不同的沉积环境；

（2）砂岩的标准偏差整体显示中等-较好-中等的分选性（0.50~0.90），或与周期性变化的水流有关，分选性自下而上整体变好，是水动力强度变化的结果，同时分选性的差异显示砂岩来自不同沉积环境，与平均粒径的变化特征相符；

（3）砂岩偏度没有明显规律，存在近对称、正偏态及负偏态；

（4）砂岩的峰度显示中等峰态（0.90φ~1.11φ），砂岩的偏度及峰度特点显示沉积物中有新物质的加入，与沉积物粒径变化复杂有关，同时与水动力的变化相关；

（5）砂岩的萨胡函数 Y 值均显示出重力流沉积的特征（Y<9.843 3）（朱筱敏，2008）；

（6）概率累积曲线特征显示，下部样品（X31、X101）显示一段式或似一段式，显示中等分选性，分选较差的碎屑颗粒悬浮式搬运，对应重力流沉积特征，表明了重力流存在于沉积过程（盛和宜，1993；袁静等，2011）；下部样品（X42）显示三段式，主要为跳跃次动体，另有滚动及少量悬浮次动体；中部样品（X241）显示多段式台阶状分布，反映出较弱的水体能量，显示碎屑流沉积，或是受水动力变化的影响；中上部样品（X401）呈现二段式，显示牵引流沉积（袁静等，2011）。概率累计曲线特征表明兵马沟组沉积时期水动力能量逐渐减弱。

4.2.3 沉积相分析

基于对济源小沟背剖面兵马沟组的野外剖面实测及室内岩石薄片显微镜分析，通过岩性、结构、构造等反映的沉积特征，识别出以下沉积亚相及微相。

（1）泥石流沉积微相出现在济源兵马沟组的中下部，由紫红色巨厚层-块状砾岩构成，杂基支撑，局部发育有厚约20 cm的透镜状含砾粗砂岩、粗砂岩；砾岩中砾石分选较差，次棱角状-次圆状磨圆，砾径最大超过45 cm，较小的约2 cm，砾石成分包括安山岩砾、石英岩砾、变质岩砾等。砾石间填充砂级颗粒及泥质，呈悬浮状在砂泥基质中分布，可见叠瓦状排列（彩图25A）。该段中粒径较细砂岩或因泥石流中携带了较丰富的

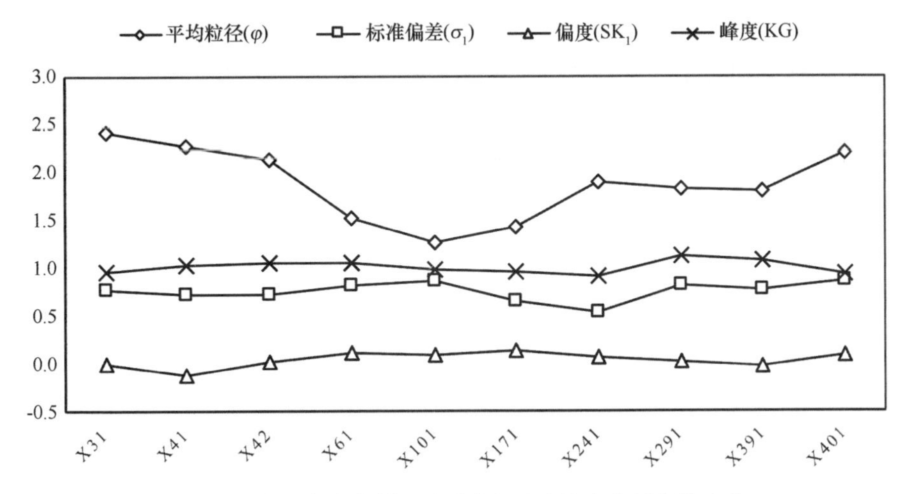

图 4-2 济源小沟背剖面兵马沟组砂岩粒度分析参数变化

细粒物质所致。

(2) 分流河道沉积微相中岩性包括砾岩、含砾砂岩及粗砂岩（彩图 25B、彩图 25C），以含砾砂岩为主。沉积物的分选自差至中等，成熟度较低；砾石磨圆度表现为次棱角状—次圆状；砾石成分以安山岩砾为主，同时可见石英岩砾及变质岩砾等。砂岩中发育平行层理及楔状交错层理，局部可见叠瓦状排列的砾石。该段沉积的底部砂砾混杂，显示整体下粗上细的正粒序，中部发育层状细砾岩，表明在该段沉积时处于较强的水动力环境，水体能量变化快速、物源供给丰富。

(3) 漫流沉积微相以砂、砾岩组成的混杂堆积为主要特征（彩图 25D），沉积物分选较差；砾石成分主要为安山岩砾及石英岩砾，次圆状磨圆；可见透镜状砂体及交错层理。

(4) 分流河道微相由紫红色含砾粗砂岩和肉红色粗砂岩构成，砂岩中发育平行层理、交错层理以及单个厚度较小的砂岩透镜体（彩图 25E），该段沉积在横向上向两端变薄至尖灭，整体自下而上由砾岩-含砾粗砂岩-粗砂岩构成下粗上细的正粒序层序。

(5) 碎屑流沉积微相，该段特征与泥石流沉积微相沉积物相似，岩性主要为紫红色砾岩（彩图 25F），中间夹有分流河道微相中形成的透镜状砂体；砾岩中的砾石成分以安山岩砾及石英岩砾为主，石英岩含量增多；砾石分选性较差，磨圆度较好，直径一般为 8～10 cm，最大可达 35 cm，该段砾径较泥石流微相中的砾石小；镜下可见填隙物为不等粒的砂级颗粒及泥质，砾石以悬浮状在填隙物中分布。

济源小沟背剖面的兵马沟组总体表现为一套冲积扇相沉积，其中冲积扇相可识别出扇根及扇中亚相，扇根亚相中识别出泥石流沉积，扇中亚相中识别出分流河道沉积、漫流沉积及碎屑流沉积微相（彩图 29）。

4.2.4 沉积演化

在济源兵马沟组沉积初期，主要表现为冲积扇沉积特征。源区岩体被剥蚀，大量碎屑物质在地表径流营力作用下被输送到沉积区，形成由巨厚层砾岩构成的粗粒沉积。砾岩的成熟度低、分选及磨圆较差、成分复杂；砾岩中见中-薄层砂岩，显示近源、快速堆积的泥石流微相特征。地形随着搬运距离的增加而逐渐变缓，水动力逐渐减弱，携带碎屑物质的流体在相对平坦的地带发育分流河道沉积，沉积物中砾岩中的砾径减小，砾石比例降低，含砾砂岩及粗砂岩的比重增大，砂岩中发育较多平行层理及楔状交错层理，显示牵引流特点。

在济源兵马沟组沉积后期，碎屑物质经由河道进入稳定水体，该时期的沉积作用同时受控于陆上水流及持久水体相互作用，发育一系列分流河道，主要发育粒径较小的砾岩，砾石成分中石英岩砾石增多，砂岩含量增多。该段显示出重力流的特点。

总体而言，济源地区兵马沟组下部发育冲积扇相沉积，在沉积过程中随着搬运距离的增大，水体能量逐渐减弱，发育以碎屑流为主的沉积。兵马沟组与上覆汝阳群之间为平行不整合接触，汝阳群底部存在底砾岩，代表两者之间存在沉积间断，汝阳群的砂岩显示滨海相沉积环境。

4.3 渑池段村剖面兵马沟组沉积相分析

4.3.1 沉积学特征

野外剖面实测表明，渑池地区出露的兵马沟组总厚度 156.60 m，与下伏熊耳群火山岩呈不整合接触，与上覆汝阳群云梦山组呈平行不整合接触。

该组下部岩性组合为紫红色及肉红色含砾砂岩-粗砂岩-中砂岩-细砂岩（彩图30A），局部发育紫红色粉砂质泥岩夹灰绿色泥质粉砂岩。紫红色粉砂质泥岩呈透镜状出露，紫红色、肉红色细粒石英砂岩中发育平行层理，紫红色石英砂岩层面见波痕（彩图30B~彩图 3D）。砾石成分以石英砾为主，分选一般，磨圆度较好，砾径约 0.5 cm；下部的砂岩中石英平均含量 69%，长石平均含量 18%，岩屑平均含量 13%，砂岩组分以石英为主，长石及岩屑含量较低，石英磨圆较好，颗粒支撑（彩图 31）。

中部主要岩性为紫红色薄层中-细粒石英砂岩、紫红色厚层泥质岩与灰绿色薄层泥质岩互层出现，组成多重韵律层；肉红色、紫红色中-细粒石英砂岩中发育平行层理，紫红色中-细粒石英砂岩层面发育波痕、微生物成因沉积构造（Microbially Induced Sedimentary Structure，MISS），部分层位夹薄层粗砂岩（彩图 32）；中部的砂岩中石英平均含量45%，长石平均含量53%，岩屑平均含量2%，砂岩组分以石英及长石为主，岩屑含量低（彩图31）。

上部岩石组合主要为中-粗砂岩，见紫红色砾岩及含砾砂岩。紫红色、肉红色及砖红色中-细粒石英砂岩中发育大量平行层理、交错层理；紫红色、肉红色含砾石英砂岩-粗粒石英砂岩中发育槽状、楔状交错层理，中间见较多肉红色砂岩呈透镜体出现。砾石成分以石英质为主，砾径0.3~5.0 cm，磨圆较差，分选较好。上部的砂岩中石英平均含量59%，长石平均含量1%，岩屑平均含量39%，砂岩组分以石英及岩屑为主，长石含量较低，上部砂岩中的岩屑含量较中下部砂岩大量增多（彩图33）。

4.3.2　砂岩粒度特征

基于12件来自渑池地区兵马沟组砂岩样品的粒度分析，统计结果显示如下特征（表4-1和图4-3）：

表4-1　渑池段村剖面兵马沟组砂岩粒度参数统计

样品	平均粒径 φ	标准偏差 σ_1	偏度 SK_1	峰度 KG	$Y_{A:B}$
B002	-1.16	0.70	0.06	0.96	4.46
B003	-1.83	0.98	-0.07	0.84	2.27
B009	-0.22	0.59	-0.05	1.13	5.32
B022	-2.27	0.80	0.27	1.00	5.25
B030	-1.40	0.80	0.36	0.93	6.13
B033	-1.00	0.51	0.20	1.16	6.67
B039	-2.61	0.88	0.14	1.02	4.15
B040	-2.18	0.95	-0.18	0.93	1.78
B042	-1.98	0.88	-0.05	0.94	2.89
B046	-1.73	0.83	-0.14	0.96	2.65
B047	-1.33	0.74	0.03	0.90	3.81
B049	-1.92	0.82	-0.09	0.97	2.85

（1）下部砂岩平均粒径反复变化，上部粒度特征呈现出由细到粗再到细的趋势，与水动力强弱变化相关；

（2）砂岩整体显示中等-较好-中等的分选性（分选系数0.51~0.98），或与周期性变化的水流有关，分选性自下而上整体变好，是水动力强度变化的结果；

（3）砂岩偏度没有明显规律，存在近对称、正偏态及负偏态；

（4）砂岩的峰度显示中等峰态（0.84φ~1.16φ），砂岩的偏度及峰度特点显示沉积物中具有新物质的加入，与沉积物粒径变化复杂有关，同时与水动力的变化相关；

（5）砂岩的萨胡函数 Y 值均显示出重力流沉积的特征（Y<9.843 3）（朱筱敏，2008）。

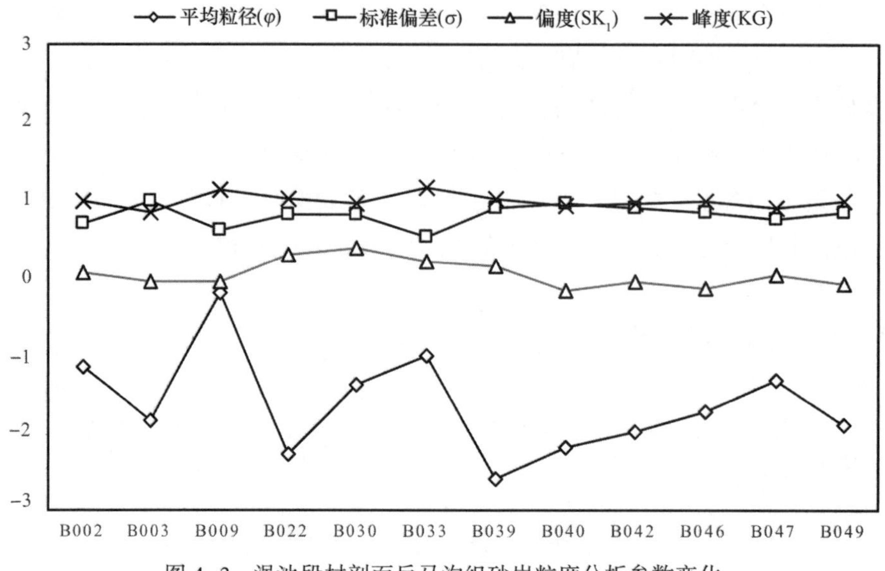

图 4-3 渑池段村剖面兵马沟组砂岩粒度分析参数变化

4.3.3 沉积相特征

基于对渑池段村剖面兵马沟组的野外剖面实测识别出的岩石组合和沉积构造等特征，结合砂岩岩石薄片显微镜分析，识别出以下沉积微相（彩图 34）。

4.3.3.1 兵马沟组下段

（1）底部由紫红色含砾砂岩和中粗砂岩构成，显示下粗上细的正粒序层序，该部分沉积主体为中-粗粒砂岩，发育厚度较薄的砂岩透镜体，横向变薄至尖灭，砂岩中发育平行层理，显示出水下分流河道沉积特征。

（2）支流间湾沉积发育在水下分流河道两侧，由互层的粉砂岩和灰绿色泥岩组成，由于水下分流河道频繁迁移，该部分沉积物常遭受侵蚀破坏，呈大小不一的透镜体出现。

（3）河口砂坝位于水下分流河道的前方，底部为紫红色含砾砂岩，砾石磨圆度较好，主体为分选较好的粉砂岩及中粒砂岩，含砂量高，中夹多层薄层灰绿色及紫红色泥岩，砂岩中发育平行层理，砂岩层面见波痕。

4.3.3.2 兵马沟组中段

（1）该部分由薄层细砂岩与厚层泥岩韵律互层组成，砂岩成熟度高，显示出前缘席状砂的沉积特征。该部分为扇三角洲前缘地带分布广、厚度薄的砂体，当波浪和沿岸流作用加强时，先期形成的河口砂坝受改造并重新分布，沉积物经过反复淘洗及筛选，粒度细，成熟度高。此时水体相对较深，以泥岩沉积为背景，河流作用短暂加强时发育席状砂体。

（2）该段沉积主体为中-粗粒砂岩，砂岩中发育平行层理及楔状交错层理，显示水下分流河道的沉积特征。

（3）该段沉积主体为紫红色、肉红色细砂岩、粉砂岩，中间夹薄层灰绿色、紫红色粉砂质泥岩，砂岩中发育平行层理、交错层理，砂岩层面可见波痕及微生物成因沉积构造，显示出河口砂坝沉积特征。

4.3.3.3 兵马沟组上段

该部分岩性为紫红色含砾石英砂岩、粗粒石英砂岩，砾石以石英质砾为主，分选一般，磨圆较差，含砾砂岩-砂岩发育丰富的楔状交错层理、平行层理、透镜体等沉积构造，显示出水下分流河道沉积特征。

兵马沟组与上覆汝阳群云梦山组呈平行不整合接触，云梦山组底部为紫红色砾岩，其上部发育砖红色粗粒砂岩，砂岩中见平行层理，为一套滨海相沉积。

4.3.4 沉积演化

渑池地区兵马沟组主要发育一套扇三角洲前缘沉积（彩图34），该地区处于陆相水流与海水相互作用地带，以水下重力流沉积及水下分流河道沉积为主。该组沉积早期，海水侵入，由远处山地延伸而来的辫状河进入海水之后形成水下分流河道沉积，受到季节性的水流影响，水下分流河道在不断变换河道的同时形成支流间湾沉积；随着沉积物逐渐积累，在河流和海水的双重作用下，在水下分流河道前方形成河口沙坝；伴随海水的继续侵入，水体加深，此时泥岩为该段的背景沉积，河口砂坝沉积物经历反复淘洗、筛选，分选变好，反复运移一段时间后沉降，形成前缘席状砂与泥质岩韵律层。之后，伴随海平面下降后水体变浅，河流作用逐渐增强，水下分流河道沉积再次发育，并在其前端附近形成河口沙坝。兵马沟组与上覆汝阳群之间的平行不整合接触及汝阳群底部砾岩表明两者之间发生了沉积间断，之后沉积了云梦山组的滨海相砂岩。

4.4 鲁山草庙沟剖面兵马沟组沉积相分析

据张元国等（2011）剖面实测，鲁山草庙沟剖面出露的兵马沟组总厚度 39.36 m，厚度较薄，与下伏太华杂岩呈断层接触，与上覆汝阳群云梦山组呈平行不整合接触。

该组底部砾岩颜色丰富，成分复杂，含有大量安山岩砾、杏仁状安山岩砾、安山玢岩砾、正长岩砾等火山岩砾石，以及石英砾、磁铁石英岩砾和片岩砾，具有底砾岩的特征；砾石分选较差，直径 0.5~2.0 cm，最大可至 20~30 cm，分选性不明显；砾石混杂排列，以磨圆较好的砾石为主，其余为次圆状-次棱角状磨圆。

含砾石英砂岩中含有少量石英岩砾及花岗岩砾，块状构造，基底胶结砂质泥岩中砾石含量少，块状构造，基底胶结，显示由粗到细的正粒序特征。砂质泥岩中砾石含量少，发育平行层理、泥裂。

鲁山草庙沟剖面出露的兵马沟组整体上为一套以紫红色为主的沉积物，识别两个不完整的由砾岩-含砾砂岩-砂岩-砂质泥岩构成的沉积旋回。

兵马沟组下部旋回Ⅰ中识别出旋回中部的暗紫色长石石英砂岩及旋回上部的暗紫色砂质泥岩，其中暗紫色长石石英砂岩段可见斜层理，显示河漫滩沉积特征；暗紫色砂质泥岩段发育泥裂及印模。下部旋回Ⅰ显示河漫亚相的沉积特征。

兵马沟组上部旋回Ⅱ中仅能识别出旋回下部与中部的杂色砾岩及含砾石英砂岩，其中含砾石英砂岩中可见斜层理，该段显示河床亚相沉积特征。

鲁山草庙沟剖面兵马沟组的沉积学特征表明，该组下部旋回为河漫亚相沉积，上部旋回为河床亚相沉积，整体为一套河流相沉积（彩图 35）。上覆汝阳群云梦山组的肉红色石英砂岩显示为滨海相沉积。

4.5 舞钢铁古坑剖面兵马沟组沉积相分析

据符光宏（1981）野外剖面实测，舞钢地区出露的兵马沟组总厚 25.88 m，与下伏太华群二云混合片麻岩呈不整合接触，与上覆汝阳群云梦山组呈角度不整合接触。该组岩性包括砾岩、砂砾岩、含砾砂岩、石英砂岩及页岩（彩图 36）。自下而上识别出两个明显的沉积旋回，单个旋回自下而上岩石粒度都具有下粗上细的正粒序特征，砾石的分布具有递变层理特征。

旋回Ⅰ由砾岩-砂砾岩-砂、泥页岩构成。旋回Ⅰ下部紫红色中-厚层砾岩中的砾石成分包括熊耳群火山岩、石英岩、片麻岩等，砾径 3~6 cm，较大者 5~10 cm，磨圆较好，排列较好，铁质及砂、泥质胶结，砾石的分选、磨圆特征表明该组沉积物中的砾石具有一定的搬运距离；砂砾岩、含砾砂岩中发育板状交错层理、槽状交错层理，砂岩顶面见不对称波痕，旋回Ⅰ下部以砾岩、砂砾岩为主的粗粒沉积物符合河床亚相沉积的特征。旋回Ⅰ上部岩性组合为中-薄层粗粒石英砂岩与灰绿色薄层砂岩、砂质页岩互层，砂岩中发育槽状交错层理、板状交错层理，砂岩顶面见不对称波痕，符合边滩沉积特征。

旋回Ⅱ由含砾粗砂岩-砂岩-页岩构成。旋回Ⅱ下部的紫红色中-厚层含砾砂岩中砾石成分以石英质（安山岩杏仁体）及石英岩砾为主，砾径 0.2~0.7 cm，磨圆好，砾石间以碎屑、铁质、泥质胶结，砂岩中发育槽状交错层理、板状交错层理，显示河床滞留沉积的特征。旋回Ⅱ中部为中厚层含砾粗粒长石石英砂岩，砂岩中可见槽状交错层理、板状交错层理，砂岩顶面见不对称波痕，显示边滩沉积特征。岩性组合及沉积构造特征显示出旋回Ⅰ上部及旋回Ⅱ中、下部具有河道沉积的特征。

旋回Ⅱ上部为灰紫色薄层细粒石英砂岩与暗紫色砂质页岩互层，该段砂岩中顶面见泥裂和印模，顶部为暗紫色页岩夹中-薄层细粒石英砂岩，旋回Ⅱ上部总体显示河漫亚相沉积特征。

舞钢铁古坑剖面出露的兵马沟组的沉积特征表明，该组底部为河床滞留沉积，中、下部显示河道沉积特征，上部发育河漫沉积，总体显示为一套河流相沉积（彩图36）。其上部汝阳群云梦山组底部为灰白色砾岩、紫红色石英砂岩，显示滨海相沉积。

4.6 华北克拉通南缘中元古代早期地层沉积相对比

华北克拉通南缘豫西地区的济源小沟背、伊川万安山、渑池段村、鲁山草庙沟及舞钢铁古坑等地局部出露中元古界兵马沟组沉积（彩图37）。野外踏勘及剖面实测表明，兵马沟组在不同的地区不整合覆盖于熊耳群火山岩之上，或角度不整合覆盖于（鲁山为断层接触）登封群、太华群等华北克拉通结晶基底之上；在嵩箕地层小区与上覆五佛山群马鞍山组呈不整合接触，在渑池-确山小区与上覆汝阳群云梦山组呈平行不整合接触，兵马沟组底部及顶部均发育一套厚层砾岩。

在伊川万安山剖面兵马沟组表现为一套扇三角洲相沉积，总厚度656 m，自下而上识别出扇三角洲平原-扇三角洲前缘-前扇三角洲亚相三个序列。下部底砾岩之上发育一套由砾岩夹粗砂岩的扇三角洲平原亚相沉积；沉积序列向上过渡到大套含有大量交错层理的含砾砂岩-砂岩，砂岩中见多层灰绿色的泥页岩夹层，为扇三角洲前缘沉积特征；顶部前扇三角洲亚相后期被剥蚀。沉积学特征表明，该组总体上是一套近源、快速的沉积。

在济源小沟背剖面（伊川北部）兵马沟组表现为一套冲积扇相沉积，总厚约663 m。底部为一套紫红色砾岩，之上发育粗粒沉积物，由分选差、成分复杂的砾岩-砂砾岩及含砾砂岩-粗砂岩组成的冲积扇沉积；随扇体的推进，在沉积的过程中搬运距离增大，发育以碎屑流为主的沉积，砾岩中的砾径逐渐减小，磨圆度逐渐变好。沉积学特征表明，该组在济源地区同样是一套近源、快速的沉积。

在渑池段村剖面（伊川西北部）兵马沟组同样表现为一套扇三角洲前缘亚相沉积，总厚156 m，该段下部及上部主要发育水体较浅的水下分流河道微相，中间出现了相对深水的砂泥韵律层，渑池地区兵马沟组的沉积学特征显示该地区距物源区较远，碎屑显示较远的搬运距离，从东向西沉积汇集于此。

在鲁山草庙沟剖面（伊川东南部）兵马沟组中识别两个不完整的沉积旋回，总厚39 m，旋回Ⅰ中仅能识别出旋回中上部的河漫亚相沉积，旋回Ⅱ中仅保留了旋回中下部的河床亚相沉积，该组沉积总体显示河流环境。

在舞钢铁古坑剖面（伊川东南部）兵马沟组自下而上识别出两个沉积旋回，单个旋回自下而上岩石粒度都具有下粗上细的正粒序特征，总厚 25 m。自下而上识别出河床、河道及河漫沉积，该组沉积特征总体显示河流环境。

华北克拉通南缘分布的中元古界兵马沟组由砾岩-砂砾岩-砂岩组成，总体为一套冲积扇-扇三角洲相的沉积，分布局限，地层厚度自济源—伊川-渑池-鲁山-舞钢方向迅速减薄。沉积物组成上，砾岩所占比例呈现出济源>伊川>鲁山>舞钢的趋势；泥质岩所占比例呈现出相反的趋势。兵马沟组的沉积物特征在济源、伊川、渑池、鲁山、舞钢 5 个地区显示出的差异，与其所处区域位置有关，靠近山麓地区的沉积盆地内显示出粗粒为主的沉积物特征，靠近沉积中心区的盆地内显示出以细粒沉积物为主的特征。

4.7 小结

本章对华北克拉通南缘分布的中元古代早期兵马沟组进行了详细的剖面测量、沉积相划分及沉积环境演化研究，并对各地区的该套地层进行了沉积相对比：

（1）伊川万安山剖面兵马沟组总体为一套由陆到海过渡的扇三角洲相沉积，包含扇三角洲平原、扇三角洲前缘及前扇三角洲三个亚相，扇三角洲平原亚相中识别出泥石流及辫状河道微相，扇三角洲前缘亚相中识别出水下分流河道、支流间湾沉积、河口砂坝微相；

（2）济源小沟背剖面兵马沟组总体为一套冲积扇相沉积，其中冲积扇相识别出扇根及扇中亚相，扇根亚相中识别出泥石流沉积，扇中亚相中识别出分流河道沉积、漫流沉积及碎屑流沉积微相；

（3）渑池段村剖面兵马沟组主要发育一套扇三角洲前缘沉积，该地区处于陆相水流与海水相互作用的地带，识别出水下分流河道、支流间湾、河口砂坝、前缘席状砂等微相；

（4）鲁山草庙沟及舞钢铁古坑剖面出露的兵马沟组仅能识别出部分沉积旋回，在两地均显示出河流相沉积特征；

（5）华北克拉通南缘分布的中元古界兵马沟组总体为一套冲积扇-扇三角洲相的沉积，地层厚度自济源-伊川-渑池-鲁山-舞钢方向迅速减薄；砾岩所占比例呈现出济源>伊川>鲁山>舞钢的趋势，泥质岩所占比例呈现出相反的趋势；兵马沟组的沉积物特征在五个地区的差异，与其所处区域位置有关，靠近山麓地区的沉积盆地内显示出粗粒为主的沉积物特征，靠近沉积中心区的盆地内显示出细粒沉积物为主的特征。

5 华北克拉通南缘中元古代早期地层物源区示踪与构造背景判别

物源分析是盆地分析和古地理分析中不可或缺的内容，对确定沉积物物源区的性质、碎屑物的搬运通道以及盆地的沉积过程和大地构造演化等方面都具有重大意义（王建刚和胡修棉，2008）。综合运用沉积学方法、地球化学、单颗粒碎屑锆石 U-Pb 定年进行碎屑沉积岩的物质来源、沉积环境和大地构造演化过程的研究，为全面识别物源特征、构造演化提供了依据（闫义等，2002；Li et al.，2008；Spalletti et al.，2008；Fralick et al.，2009）。本研究运用砾石统计、碎屑锆石及全岩地球化学等方法，对华北克拉通南缘济源、伊川及渑池 3 个典型区域的中元古代早期地层进行物源分析及源区构造背景判别。

5.1 伊川地区中元古界兵马沟组

5.1.1 砾石与物源区示踪

通过对砾石的成分、大小、磨圆、分选、圆度等参数进行统计，可以有效地反映砾岩的源区及搬运过程（Boggs，1969；Frostick and Reid，1980；和政军等，2007；Lindsey et al.，2005，2007；Miao et al.，2010；McLaren and Bowles，1985；Schleyer，1987；Sciunnach et al.，2010；Wolcott，1988；郑勇和孔屏，2013；张倬元等，2000；Sun et al.，2002；韩建恩等，2005；傅开道等，2006；林秀斌等，2009；廖林等，2012；刘聃等，2012）。

伊川地区万安山剖面中元古界兵马沟组下部发育厚层紫红色砾岩、砂砾岩，砾石成分复杂多样、大小不一、杂乱分布。本书选取该剖面砾岩段 18 个统计点进行砾石统计，分析砾石的成分、大小、圆度、磨圆度等特征，在此基础上讨论砾石对物源区的示踪。统计点照片见彩图 38～彩图 40。

砾石统计方法参考林秀斌等（2009）所述，在野外单个统计点圈出 1 m×1 m 的区域，对砾石的长轴及短轴长度、成分、磨圆度进行统计，本书所统计的兵马沟组下部砾岩段 18 个点中砾径均较大，因此测量单位精确至厘米级。

数据整理中，依据砾石长轴直径，参考 McLane（1995）的划分标准将砾石分为小砾（$D\leqslant6.4$ cm）、中砾（6.4 cm<$D\leqslant25.6$ cm）及巨砾（D>25.6 cm）三大类。圆度参数 X 为砾石长轴与短轴的长度比，将其分为 $1\leqslant X<2$ 和 $X\geqslant2$ 两大类。磨圆度参照 McLane（1995）的标准分为极圆状、圆状、次圆状、次棱角状、棱角状及极棱角状 6 个等级。研究区复杂的砾石成分按照 18 个点的统计情况分为安山岩、石英岩、花岗岩、TTG 质片麻岩、片麻岩、片岩、石英砂岩、细砂岩、粉砂岩、泥岩 10 类。18 个统计点的砾石统计结果见表 5-1 及彩图 41。

表 5-1 伊川万安山剖面兵马沟组下部砾石统计结果

统计点	点 1		点 2		点 3		点 4		点 5		点 6	
	F	F%	F	F%	F	F%	F	F%	F	F%	F	F%
成分												
安山岩	123	86	79	68	66	63	94	62	50	57	65	56
石英岩	17	12	14	12	8	8	18	12	7	8	11	9
花岗岩	0	0	0	0	5	5	0	0	9	10	8	7
片麻岩	0	0	6	5	8	8	2	1	10	11	16	14
TTG 质片麻岩	3	2	17	15	2	2	34	23	2	2	2	2
片岩	0	0	0	0	2	2	3	2	1	1	4	3
石英砂岩	0	0	0	0	9	9	0	0	8	9	1	1
细砂岩	0	0	0	0	1	1	0	0	0	0	4	3
粉砂岩	0	0	0	0	3	3	0	0	0	0	6	5
泥岩	0	0	0	0	0	0	0	0	0	0	0	0
小计	143	100	116	100	104	100	151	100	87	100	117	100
磨圆度												
极圆	0	0	0	0	0	0	0	0	0	0	0	0
圆	30	21	31	27	17	16	14	9	6	7	12	10
次圆	41	29	34	29	35	34	61	40	33	38	30	26
次棱角	35	24	17	15	0	0	41	27	34	39	35	30
棱角	35	24	34	29	51	49	35	23	14	16	39	33
极棱角	2	1	0	0	1	1	0	0	0	0	1	1
小计	143	100	116	100	104	100	151	100	87	100	117	100
圆度												
$1\leqslant X<2$	112	78	85	73	72	69	108	72	69	79	84	72
$X\geqslant2$	31	22	31	27	32	31	43	28	18	21	33	28
小计	143	100	116	100	104	100	151	100	87	100	117	100

续表

统计点	点 1		点 2		点 3		点 4		点 5		点 6	
	F	F%	F	F%	F	F%	F	F%	F	F%	F	F%
粒径												
小砾	103	72	49	42	51	49	102	68	46	53	62	53
中砾	40	28	61	53	53	51	46	30	37	43	54	46
巨砾	0	0	6	5	0	0	3	2	4	5	1	1
小计	143	100	116	100	104	100	151	100	87	100	117	100

统计点	点 7		点 8		点 9		点 10		点 11		点 12	
	F	F%	F	F%	F	F%	F	F%	F	F%	F	F%
成分												
安山岩	85	48	67	49	106	61	85	48	67	49	106	61
石英岩	31	18	28	20	19	11	31	18	28	20	19	11
花岗岩	0	0	1	1	0	0	0	0	1	1	0	0
片麻岩	24	14	5	4	13	7	24	14	5	4	13	7
TTG 质片麻岩	34	19	37	27	35	20	34	19	37	27	35	20
片岩	2	1	0	0	1	1	2	1	0	0	1	1
石英砂岩	0	0	0	0	0	0	0	0	0	0	0	0
细砂岩	0	0	0	0	0	0	0	0	0	0	0	0
粉砂岩	0	0	0	0	0	0	0	0	0	0	0	0
泥岩	0	0	0	0	0	0	0	0	0	0	0	0
小计	176	100	138	100	174	100	176	100	138	100	174	100
磨圆度												
极圆	0	0	0	0	0	0	0	0	0	0	0	0
圆	6	3	10	7	14	8	6	3	10	7	14	8
次圆	51	29	47	34	53	30	51	29	47	34	53	30
次棱角	69	39	42	30	47	27	69	39	42	30	47	27
棱角	50	28	39	28	60	34	50	28	39	28	60	34
极棱角	0	0	0	0	0	0	0	0	0	0	0	0
小计	176	100	138	100	174	100	176	100	138	100	174	100
圆度												
$1 \leqslant X<2$	123	70	91	66	132	76	123	70	91	66	132	76
$X \geqslant 2$	53	30	47	34	42	24	53	30	47	34	42	24
小计	176	100	138	100	174	100	176	100	138	100	174	100

续表

统计点	点 7		点 8		点 9		点 10		点 11		点 12	
	F	F%	F	F%	F	F%	F	F%	F	F%	F	F%
粒径												
小砾	130	74	88	64	118	68	130	74	88	64	118	68
中砾	45	26	50	36	56	32	45	26	50	36	56	32
巨砾	1	1	0	0	0	0	1	1	0	0	0	0
小计	176	100	138	100	174	100	176	100	138	100	174	100

统计点	点 13		点 14		点 15		点 16		点 17		点 18	
	F	F%	F	F%	F	F%	F	F%	F	F%	F	F%
成分												
安山岩	141	64	91	47	124	58	141	64	91	47	124	58
石英岩	32	14	26	13	40	19	32	14	26	13	40	19
花岗岩	0	0	0	0	0	0	0	0	0	0	0	0
片麻岩	3	1	14	7	2	1	3	1	14	7	2	1
TTG 质片麻岩	41	18	55	28	36	17	41	18	55	28	36	17
片岩	4	2	6	3	4	2	4	2	6	3	4	2
石英砂岩	1	0	2	1	3	1	1	0	2	1	3	1
细砂岩	0	0	0	0	0	0	0	0	0	0	0	0
粉砂岩	0	0	0	0	0	0	0	0	0	0	0	0
泥岩	0	0	0	0	3	1	0	0	0	0	3	1
小计	222	100	194	100	212	100	222	100	194	100	212	100
磨圆度												
极圆	0	0	0	0	0	0	0	0	0	0	0	0
圆	15	7	14	7	13	6	15	7	14	7	13	6
次圆	53	24	39	20	43	20	53	24	39	20	43	20
次棱角	86	39	52	27	69	33	86	39	52	27	69	33
棱角	59	27	81	42	84	40	59	27	81	42	84	40
极棱角	9	4	8	4	3	1	9	4	8	4	3	1
小计	222	100	194	100	212	100	222	100	194	100	212	100
圆度												
$1 \leqslant X < 2$	162	73	123	63	146	69	162	73	123	63	146	69
$X \geqslant 2$	60	27	71	37	66	31	60	27	71	37	66	31
小计	222	100	194	100	212	100	222	100	194	100	212	100
粒径												
小砾	152	68	127	65	165	78	152	68	127	65	165	78
中砾	68	31	67	35	47	22	68	31	67	35	47	22
巨砾	2	1	0	0	0	0	2	1	0	0	0	0
小计	222	100	194	100	212	100	222	100	194	100	212	100

18 个砾石统计点的分析结果（表 5-1，彩图 41）显示，兵马沟组砾岩段中的砾石主要成分为安山岩、石英岩、TTG 质片麻岩、片麻岩等。其中安山岩砾的比例为 47%~86%，平均含量 60%；石英岩砾占砾石总量 8%~23%，平均含量 13%；TTG 质片麻岩砾占砾石总量 2%~28%，平均含量 17%；片麻岩砾占砾石总量 1%~14%；花岗岩砾占砾石总量的 1%~9%，石英砂岩砾占砾石总量 1%~9%，片岩砾占砾石总量的 1%~4%，细砂岩及粉砂岩占砾石总量的 3%~5%，此外还有少量泥砾。

砾石的磨圆度不仅可以示踪源区的性质，同时可以只是沉积物搬运介质的条件。伊川兵马沟组砾石磨圆度的统计结果（表 5-1，彩图 41）显示，棱角状的砾石占 16%~49%，次棱角状的砾石占 15%~39%，次圆状砾石占 17%~40%。

砾石圆度计算结果显示，18 个统计点中，圆度（$1 \leqslant X<2$）近圆形砾石占总量的 63%~79%，圆度（$X>2$）长条形的砾石占 21%~37%，所占比重较少。

砾石的粒径主要为小砾及中砾，结合剖面实测，不同层位仍含有一定数量的巨砾，砾径最大可达 50 cm。统计结果（表 5-1，彩图 41）显示，18 个统计点中，有 16 个统计点以小砾为主，2 个统计点以中砾为主，小砾占总量的 42%~83%，中砾占总量的 17%~53%，砾石自下而上小粒径所占砾石总量的比例逐渐增大。

利用计算 φ 值做出概率分布图及累积概率曲线，可以计算出反映沉积物粒径分布、分选等信息的统计量，进而分析沉积物的搬运和沉积过程。本书选取 18 个砾石统计点的砾石长轴数值进行 φ 值转化，绘制概率分布图及概率累积曲线，并对累积密度分布曲线进行正态分布拟合（图 5-1）。

利用 φ 值计算均值、标准方差、偏斜度和峰度（Folk and Ward，1957）（表 5-2）。均值 $=(\Phi16+\Phi50+\Phi84)/3$，标准方差 $=(\Phi84-\Phi16)/4+(\Phi95-\Phi05)/4$，偏斜度 $=(\Phi16+\Phi84-2\Phi50)/(2\Phi84-\Phi16)+(\Phi05+\Phi95-2\Phi50)/(2\Phi95-\Phi05)$，峰度 $=(\Phi95-\Phi05)/2.44(\Phi75-\Phi25)$。

计算结果表明，均值为-5.73~-6.93，根据 McLane（1995）的沉积物颗粒粒径分类标准（表 5-3），伊川万安山剖面兵马沟组砾石平均粒度偏向中砾，但仍以小砾为主。标准方差为 0.83~1.15，据 Folk 和 Ward（1957），砾石显示中等至较差的分选性。利用偏斜度及峰度变化可以有效判断沉积物的粒度分布曲线特征，计算结果显示偏斜度为-0.08~0.31，据 Folk 和 Ward（1957），偏向性显示出近对称或偏向细粒的特点，表明砾石整体以小砾为主，但存在砾径较大的砾石；峰度为 0.68~1.10，峰尖宽度显示中等峰度及宽峰的特点，表明砾石整体中等至较差分选性。

根据砾石统计结果，伊川地区万安山剖面兵马沟组砾岩中砾石成分以安山岩占绝对优势（47%~86%），另有大量石英岩砾、TTG 质片麻岩砾、片麻岩砾、花岗岩砾、片岩砾等，砾石成分显示混合物源区特征，与毗邻熊耳群火山岩及华北克拉通结晶基底成分一致。统计参数特征显示中等至较差的砾石分选性，磨圆度整体较好，兵马沟组下部砾岩显示出近源快速堆积的沉积过程，与该段沉积相分析结果一致。

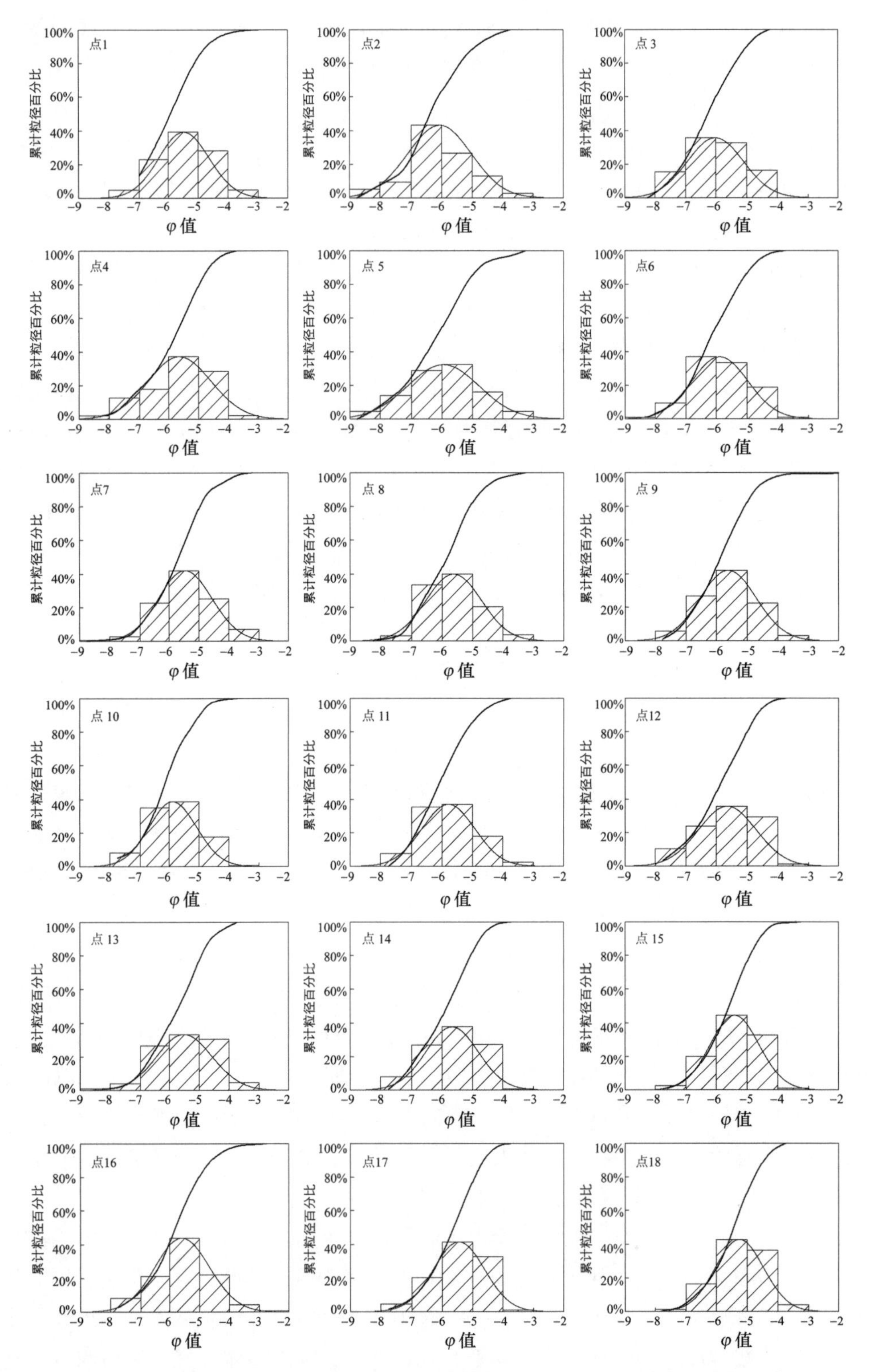

图 5-1 伊川万安山剖面兵马沟组砾岩中砾石概率分布、累积概率分布及拟合曲线

表 5-2 伊川万安山剖面兵马沟组砾石粒度统计参数

统计点	均值	平均粒度	标准方差	分选性	偏斜度	偏向性	峰度	峰尖宽度
点 1	-6.02	中	0.83	中等	0.09	近对称	0.70	宽峰
点 2	-6.88	中	1.00	差	-0.08	近对称	0.84	宽峰
点 3	-6.60	中	0.93	中等	0.09	近对称	0.94	中等峰度
点 4	-6.50	中	1.15	差	0.31	偏向细粒	0.90	中等峰度
点 5	-6.93	中	1.11	差	0.09	近对称	0.68	宽峰
点 6	-6.52	中	1.00	差	-0.06	近对称	1.03	中等峰度
点 7	-6.02	中	0.91	中等	-0.01	近对称	0.91	中等峰度
点 8	-6.13	中	0.87	中等	0.21	偏向细粒	0.97	中等峰度
点 9	-6.16	中	0.83	中等	0.15	偏向细粒	0.94	中等峰度
点 10	-6.45	中	0.89	中等	-0.05	近对称	1.10	中等峰度
点 11	-6.27	中	0.77	中等	0.14	偏向细粒	1.05	中等峰度
点 12	-6.31	中	1.02	差	0.08	近对称	0.91	中等峰度
点 13	-6.11	中	0.92	中等	0.18	偏向细粒	0.83	宽峰
点 14	-6.18	中	0.87	中等	0.18	偏向细粒	0.87	宽峰
点 15	-5.87	小	0.87	中等	-0.02	近对称	0.92	中等峰度
点 16	-6.18	中	0.93	中等	-0.03	近对称	0.88	宽峰
点 17	-6.01	中	0.94	中等	-0.10	近对称	0.93	中等峰度
点 18	-5.73	小	0.84	中等	0.03	近对称	0.85	宽峰

表 5-3 砾石粒径分类标准（据 McLane，1995）

粒径/mm	φ 值	温氏分级
4 096	-12	巨砾
1 024	-10	巨砾
256	-8	中砾
64	-6	小砾
16	-4	小砾
4	-2	小砾

表 5-4　砾径累积概率分布统计量分类（Folk and Ward，1957）

统计参数	范围	分类
标准方差	<0.35	分选极好
	0.35~0.50	分选好
	0.50~0.71	分选中等好
	0.71~1.00	分选中等
	1.00~2.00	分选差
	2.00~4.00	分选非常差
	>4.00	分选极差
偏斜度	1.00~0.30	强偏向细粒
	0.30~0.10	偏向细粒
	0.10~-0.10	近对称
	-0.10~-0.30	偏向粗粒
	-0.30~-1.00	强偏向粗粒
峰度	<0.67	非常宽峰
	0.67~0.90	宽峰
	0.90~1.11	中等峰度
	1.11~1.50	尖峰
	1.50~3.00	非常尖峰
	>3.00	极尖峰

古流向的测定主要根据砾岩的扁平砾石最大扁平面与定向排列砾石长轴方向测量，根据研究团队在伊川万安山剖面对兵马沟组底部砾岩 4 个点位中对砾石最大扁平面的倾向的统计，古水流数据经过地层产状校正后，有效数值变化于 320°~120°，主体为指示北东向 10°~70°，表明伊川万安山剖面兵马沟组的古水流来自东北方向（图 5-2A），与黄秀等（2008）所阐述物源方向一致（图 5-2B）。

5.1.2　砂岩类型及沉积物成熟度

SiO_2/Al_2O_3值可以用于判断沉积物的成熟度，沉积物中石英成分增大时，长石及基性矿物含量相对降低，该比值变化与成熟度高低成正比（Roser and Korsch，1986）。伊川地区兵马沟组砂岩样品的 SiO_2/Al_2O_3值为 2.65~6.99，比值较低，显示相对较低的成熟度（Cox et al.，1995）。此外，由于富含 Ti、V 的矿物（如角闪石、辉石）比富含（Zr、La）的矿物（如磷灰石、锆石）更容易被风化，因此，La/V 值及 Zr/TiO_2值越大，显示成熟度越高。如附表 3 所示，伊川兵马沟组砂岩样品的 La/V 值为 0.09~1.16，大部分较低；泥岩样品 La/V 值为 0.37~3.54，说明泥岩样品成熟度较砂岩样品高。根据

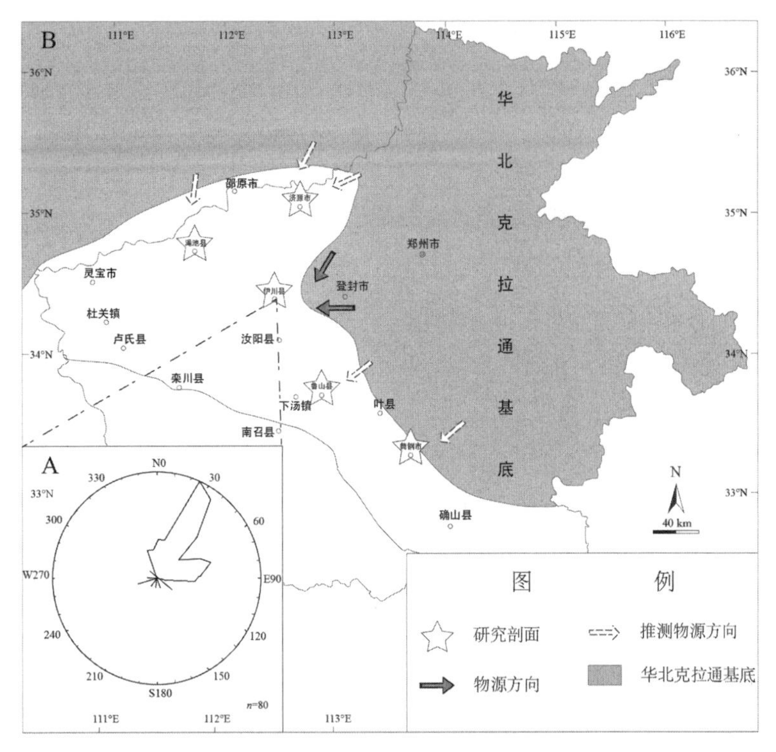

图 5-2 伊川万安山剖面兵马沟组古流向玫瑰花图

A. 伊川万安山剖面兵马沟组古流向玫瑰花图；B. 中元古代早期兵马沟组物源方向示意图（据黄秀等，2008）

Herron（1988）提出的 lg（Fe_2O_3/K_2O）-lg（SiO_2/Al_2O_3）岩石类型判别图（图 5-3），伊川地区兵马沟组砂岩类型以杂砂岩和铁砂岩为主。

成分成熟度通常与沉积物形成的气候背景和构造背景有关（毛光周等，2011），成分变异指数 ICV（Index of Compositional Variability）通常用于判别碎屑岩成分成熟度（Cox et al.，1995）。通常情况下，ICV 值较低的碎屑岩来自成分成熟度高且含有较高黏土矿物的源区，显示了被动构造背景下沉积物的再循环；而 ICV 值较高的碎屑岩指示构造环境较活跃背景下的初次沉积（Kamp and Leake，1985）。伊川兵马沟组砂岩样品 ICV 值为 0.60~1.42（平均 1.23），分布在 1 左右，表明物源区为再旋回的物质，沉积于相对稳定的构造背景（Cox et al.，1995）。

5.1.3 砂岩碎屑组分

砂岩中的碎屑组分和结构特征可以直接反映出物源区的构造环境。使用 Gazzi-Dickinson 的点计法对伊川万安山剖面兵马沟组 17 件砂岩样品岩石薄片进行了砂岩碎屑组分统计，统计结果见表 5-5。兵马沟组砂岩中石英含量为 20%~51%，长石含量为 24%~71%，岩屑含量为 5%~52%，岩屑类型以火山岩屑为主，含部分变质岩屑。总体看来，伊川万安山剖面兵马沟组的砂岩中长石、石英含量较高。将兵马沟组砂岩碎屑成分统计

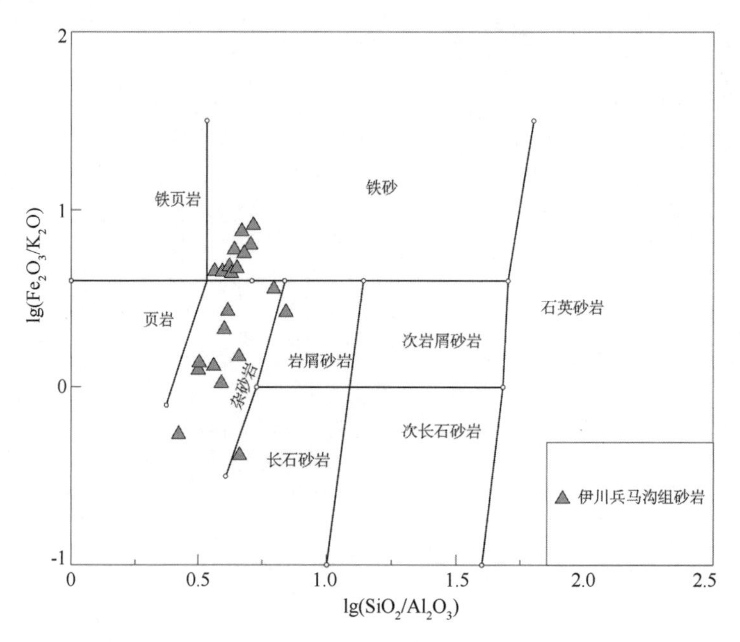

图 5-3 伊川万安山剖面兵马沟组砂岩类型判别图解（据 Herron，1988）

结果投到 Dickinson（1983）三角图解中，在 Q-F-L 图解中，兵马沟组的砂岩样品落入火山弧物源区及隆起基底物源区的范围内或附近区域（图 5-4）。隆起基底物源区地势起伏，碎屑物质被快速侵蚀，近距离搬运至沉积盆地内，火山弧物源区的火山岩同时为兵马沟组提供物源，显示出混合物源区的特征，结合区域地质背景，兵马沟组砂岩的物源目标指向华北克拉通结晶基底及熊耳群火山岩。

表 5-5 伊川万安山剖面兵马沟组砂岩组分统计结果

样品	Q	F	Lv	Lm	L	小计	Q%	F%	L%	Lv%	Lm%
B003	331	190	113	17	130	651	51	29	20	87	13
B007	131	206	191	47	176	513	26	40	34	109	27
B009	133	252	128	34	162	547	24	46	30	79	21
B011	149	188	70	29	99	436	34	43	23	71	29
B015	229	255	61	11	72	556	41	46	13	85	15
B022	133	266	116	31	150	549	24	48	27	77	21
B028	190	238	11	24	43	471	40	51	9	26	56
B031	173	191	31	36	67	431	40	44	16	46	54
B035	109	291	10	10	20	420	26	69	5	50	50
B038	87	315	24	19	43	445	20	71	10	56	44
B040	131	306	42	22	64	501	26	61	13	66	34
B043	106	222	43	35	78	406	26	55	19	55	45

续表

样品	Q	F	Lv	Lm	L	小计	Q%	F%	L%	Lv%	Lm%
B045	146	255	39	42	81	482	30	53	17	48	52
B048	95	259	63	37	100	454	21	57	22	63	37
B053	103	212	57	39	96	411	25	52	23	59	41
B055	130	249	27	60	87	466	28	53	19	31	69
B063	99	97	211	0	211	407	24	24	52	100	0

注：Q. 石英总量；F. 长石总量；L. 岩屑总量；Lv. 火山岩屑；Lm. 变质岩屑

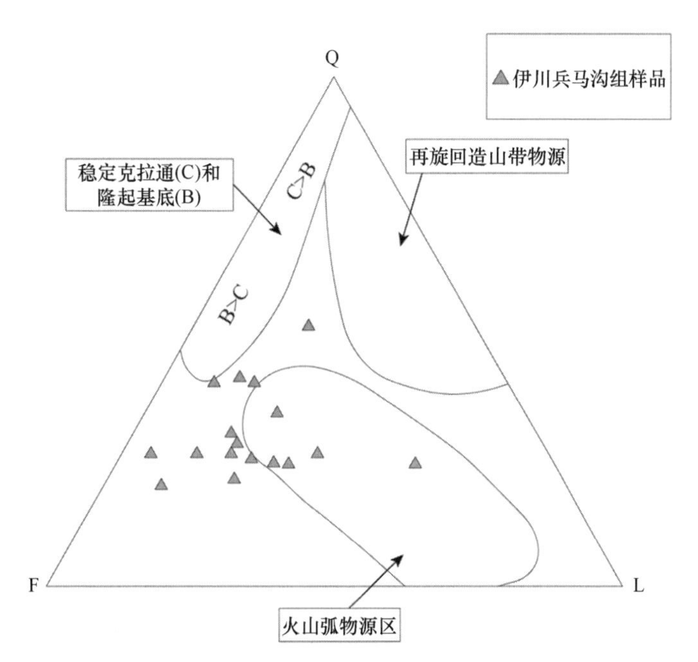

图 5-4　伊川万安山剖面兵马沟组砂岩 Q-F-L 图解（据 Dickinson，1983）

Q. 石英；F. 长石；L. 岩屑

5.1.4　源区风化强度

物源区母岩中所含的矿物成分在母岩风化作用或成岩过程中，会发生明显的变化，风化作用使不稳定的元素氧化物丢失，而相对稳定的元素氧化物含量相对增加，所以在盆地碎屑沉积物的研究中，可以通过风化指数来判断母岩的风化强度（Johnsson，1993），因此，化学蚀变 CIA（Chemical Index of Alternation）常用于反映物源区物质遭受化学风化的强度（Nesbitt and Young，1982）。通常认为，CIA 在 50~65 区间反映寒冷干燥气候下低等化学风化程度，在 65~85 区间反映温暖湿润气候下中等化学风化程度，在 85~100 区间反映炎热干燥气候下强烈的化学风化程度。伊川兵马沟组砂岩样品的 CIA

值为 56.90~81.23（平均 64.09），反映了遭受轻度至中等强度化学风化作用的砂岩源区（Nesbitt and Young，1982，1984；Fedo et al.，1995）（图 5-5）。

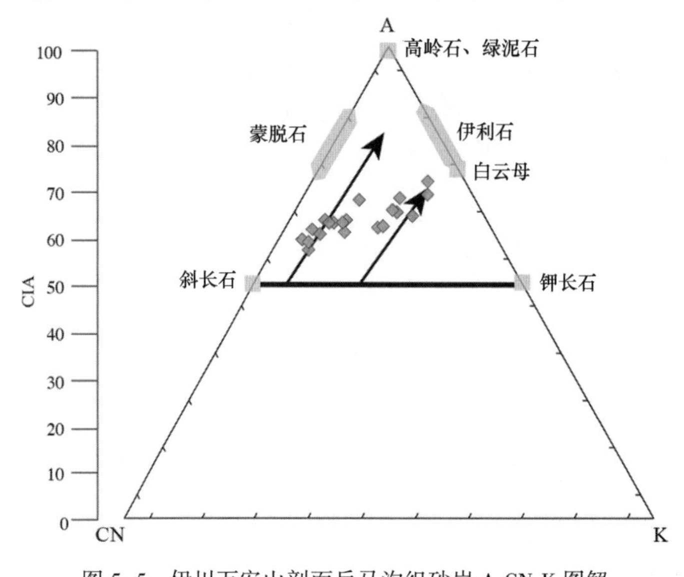

图 5-5　伊川万安山剖面兵马沟组砂岩 A-CN-K 图解

A = Al_2O_3；CN = CaO^*+Na_2O；K = K_2O；CaO^* 仅指硅酸盐矿物中的 CaO，氧化物为摩尔分数

（据 Nesbitt and Young，1982，1984；Fedo et al.，1995）

5.1.5　碎屑锆石对物源区的制约

本书对在伊川地区万安山剖面兵马沟组采集的 3 个砂岩样品以及五佛山群马鞍山组底部的一个砂岩样品进行了 LA-ICP-MS U-Pb 年代学测试，年龄峰值显示如下特征（彩图 42）。

兵马沟组底部砂岩样品 B001 碎屑锆石年龄结果显示 2 700 Ma 及 2 500 Ma 两个主年龄峰值（彩图 42），物源以新太古代地质体为主；B003 显示 2 500 Ma 一个主峰值，及少部分 2 100 Ma 的锆石年龄（彩图 42），反映出物源组成中加入了少部分古元古代地质体；兵马沟组顶部砂岩样品 B063 碎屑锆石年龄结果显示 2 500 Ma 的主峰值，以及 2 100 Ma 的次峰值（彩图 42），反映出物源组成仍以新太古代地质体为主，古元古代地质体所占比例自下而上逐渐增多。这些碎屑锆石年龄均代表了来自华北克拉通基底的物质。

2 700 Ma 的年龄峰值对应了华北克拉通新太古代重要的陆壳生长期（Zheng et al.，2004；Wu et al.，2005，2008；第五春荣等，2007，Diwu et al.，2008；Zhai and Santosh，2011）；太华群（2 800~2 700 Ma）TTG 片麻岩、斜长角闪岩、石榴二辉麻粒岩、富铝富碳质片麻岩、大理岩、石英岩等在伊川周边的鲁山地区广泛分布（Kröner et al.，1988；Sun et al.，1994；Diwu et al.，2010；Huang et al.，2010）。

2 500 Ma 的年龄记录在华北克拉通广泛存在，对应了华北克拉通新太古代末期的构造岩浆事件，该时期是华北克拉通重要的陆壳增生以及克拉通化阶段（Guan et al.，2002；彭澎和翟明国，2002；Wu et al.，2005；Darby and Gehrels，2006；Zhao et al.，2008；Zhai and Santosh，2011）。2 650~2 500 Ma 的地质体在嵩山地区广泛分布，以登封杂岩中的 TTG 质片麻岩及表壳岩为主，另包含部分富钾花岗岩（2 500 Ma），以及华北克拉通南缘的变质岩（Jahn et al.，1988；Kröner et al.，1988；Sun et al.，1992，1994；Zhao et al.，1998，2001，2005；Wilde et al.，2002；Kusky and Li，2003；Zhai et al.，2005；第五春荣等，2007，2008；Diwu et al.，2011；Liu et al.，2008，2009；万渝生等，2009；Kusky，2011；杨崇辉等，2009；Zhai and Santosh，2011；Zhou et al.，2011）。华北克拉通在 2 350~1 950 Ma 发育了多个古元古代构造活动带，如晋豫活动带，嵩山群表壳岩形成于 2 350~1 960 Ma（Zhai et al.，2003；翟明国和彭澎，2007；Liu et al.,2012a）。1 900~1 850 Ma 的年龄记录了华北东部地块与西部地块碰撞拼合的构造热事件（Zhao et al.，2001，2005，2008，2010；Guo et al.，2002，2005；Wilde et al.，2002，2005；Wu et al.，2005；Liu et al.，2006，2011a，2011b，2012b；Faure et al.，2007；Zhang et al.，2009；Zhao and Zhai，2013；Yang et al.，2014a，2016；Lu，et al.，2015；Yang and Santosh，2015a，2015b）。

碎屑锆石年龄特征表明，伊川地区兵马沟组的物源主要以华北克拉通基底物质为主。兵马沟组的碎屑锆石年龄分布中并没有出现典型的熊耳群年龄记录，但是兵马沟组下部砾岩中大量的安山岩砾石表明，熊耳群的确为兵马沟组提供物源。由于熊耳群火山岩的岩性以安山岩及玄武质安山岩为主，其锆石很难在兵马沟组的碎屑锆石年龄分布中形成峰值后被记录，因此熊耳群并不能为兵马沟组提供 1 800 Ma 左右的年龄记录。

五佛山群底部马鞍山组的样品 B065 碎屑锆石年龄结果显示 1 850 Ma 的主峰值年龄及 2 500 Ma 的次峰值年龄（彩图 42），表明马鞍山组的物源以 2 100~1 700 Ma 古元古代地质体为主，新太古代地质体在物源组成中所占比重下降。华北克拉通是伊川地区马鞍山组的物源区，其碎屑锆石年龄记录了 1 850 Ma 及 2 500 Ma 的构造热事件。马鞍山组的碎屑锆石年龄有大量 1 800 Ma 左右的，判断并非由熊耳群提供，已知研究表明可能来自华北中部造山带（Zhang et al.，2016）。胡国辉等（2012a）在五佛山群马鞍山组底部采集的石英砂岩样品（WFS-11）碎屑锆石显示 1 920 Ma 的主峰值，马鞍山组顶部的岩屑砂岩（WFS-1）显示 1 940 Ma 的主峰值；Zhang 等（2016）在临汝地区五佛山群马鞍山组下部样品（AGQ 13-08）及在登封地区马鞍山组上部的样品（WFS-13-01）碎屑锆石显示了 1 800 Ma 及 2 500 Ma 的峰值年龄。

通过对比伊川兵马沟组及五佛山群马鞍山组的碎屑锆石年龄分布可知，兵马沟组碎屑锆石显示显著的新太古代年龄，物源主要来自华北克拉通结晶基底；五佛山群马鞍山组的物源以古元古代地质体为主，同时也有来自新太古代地质体的物质供给。兵马沟组至上覆马鞍山组碎屑锆石年龄峰值的变化，显示物源区发生了改变（图 5-6）。

兵马沟组底部至顶部 3 个样品之间碎屑锆石存在差异，底部样品显示 2 700 Ma 及

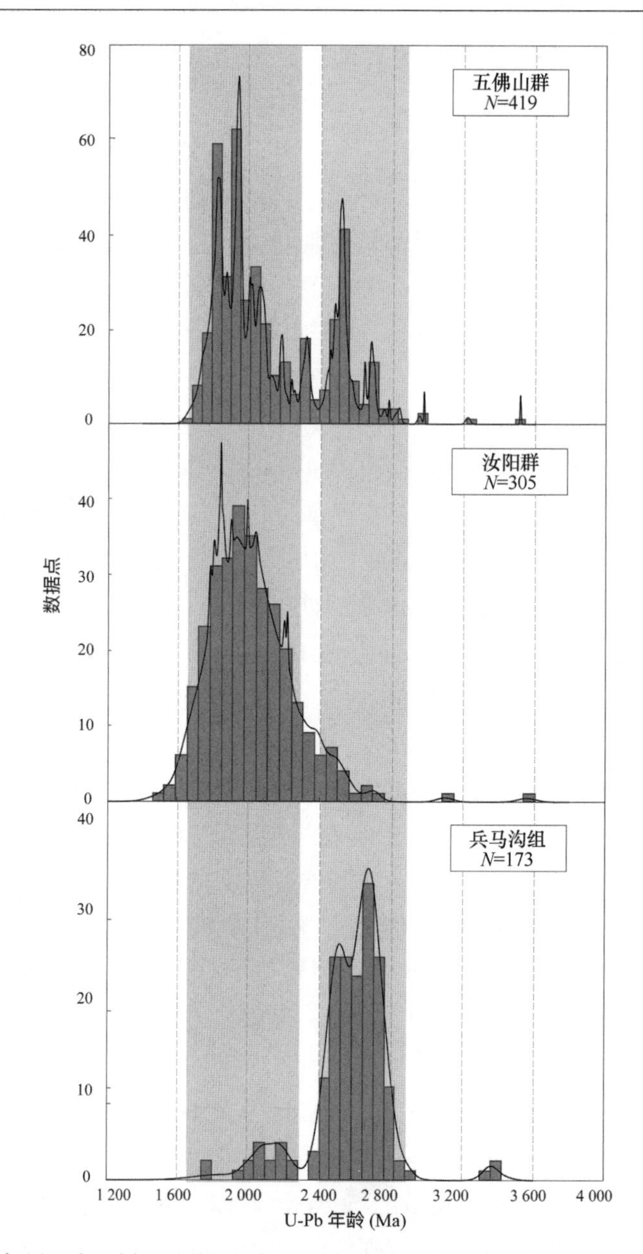

图 5-6 伊川万安山剖面兵马沟组与上覆中-新元古代沉积盖层碎屑锆石年龄对比

五佛山群数据引自胡国辉等（2012a）、Zhang 等（2016）；汝阳群数据引自 Hu 等（2014）

2 500 Ma的主峰值；厚层砾岩上部砂岩的碎屑锆石年龄以 2 500 Ma 为主，含少量 2 100 Ma左右的锆石年龄，其顶部样品碎屑锆石年龄主峰值为 2 500 Ma，2 100 Ma 的锆石年龄形成次峰值。因此，根据碎屑锆石年龄峰值（~2 100 Ma 和~2 500 Ma）由底到顶逐渐占优势的规律，结合兵马沟组底部大量来自熊耳群火山岩的砾石，判断在兵马沟组沉积期间，物源区的熊耳群和变质基底依次发生了深剥蚀作用（彩图 43）。熊耳群喷发结束后开始遭受风化剥蚀，由于伊川兵马沟组位于裂谷盆地边缘，熊耳群覆盖较薄，在其被剥蚀之后，其下伏华北克拉通基底中的古元古代（2 100 Ma）及新太古代（2 500 Ma）地质体依次遭受深剥蚀作用。

5.1.6　主量、微量及稀土元素对物源区的制约

Roser 和 Korsch（1988）提出运用主量元素判别函数来确定物源区的类型。根据伊川万安山剖面兵马沟组砂岩的主量元素投点，砂岩样品落入中性岩、长英质火成物源区以及石英岩沉积物源区，显示兵马沟组砂岩的物源来自混合物源区（图 5-7）。

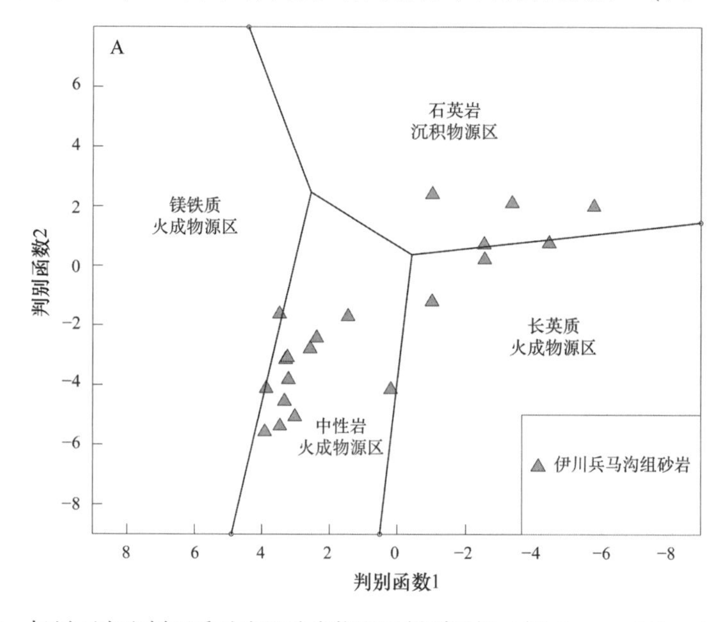

图 5-7　伊川万安山剖面兵马沟组砂岩物源区判别图解（据 Roser and Korsch，1988）

沉积物中的 REE 不因沉积及成岩作用的影响而发生分馏，较好地保存了母岩的稀土元素特征，因此，稀土元素的配分模式被认为是可靠的物源区示踪参数（Taylor and McLennan，1985；McLennan，1989；McLennan et al.，1995）。如前文所述，伊川地区兵马沟组沉积岩的稀土元素球粒陨石标准化配分模式显示轻稀土元素富集、中度 Eu 负异常的特征，与全球大陆平均上地壳相似（Taylor and McLennan，1985），显示出长英质-中基性物源区特征。

Gd/Yb 值及 Sm/Nd 值可以用于判别沉积地层的相对时间，Gd/Yb 值随地层时代的变新而减小，太古界地层的 Gd/Yb > 2，后太古界地层的 Gd/Yb < 2（Taylor and McLennan，1985；McLennan et al.，1993）。$(Gd/Yb)_N$ 值显示兵马沟组沉积岩来自混合的物源区，同时具有来自太古代及后太古代的物质供给（Taylor and McLennan，1985；McLennan et al.，1993）。

微量元素可以有效判别物源的差异（毛光周等，2011）。微量元素 Th 及 Sc 在沉积

循环的过程中不容易发生分馏，基本不受变质作用的影响（McLennan and Taylor, 1991），因此，细粒碎屑岩中微量元素Th、Sc的含量及Th/Sc值可以用于源区示踪。伊川兵马沟组砂岩样品的Th/Sc值为0.47～1.77（平均0.78），泥岩样品Th/Sc值为0.56～0.60（平均0.59），低于大陆平均上地壳的Th/Sc值（平均1）（Taylor and McLennan, 1985）。此外，由于锆石（$ZrSiO_4$）在沉积循环中可以保持稳定性，因此，Zr/Sc值与锆石的富集程度呈正相关，有效地显示锆石的富集（McLennan, 1989）。地球化学分析结果显示，伊川地区兵马沟组砂岩及泥岩样品的Zr/Sc值与Th/Sc值呈较好的正相关，因此，伊川地区兵马沟组沉积岩样品化学成分的变化可以有效反映物源区的物质组成，而不是由于锆石富集造成的结果。如彩图44A所示，伊川兵马沟组的砂岩及泥岩样品没有经历充分的沉积再旋回，沉积岩主要来自长英质物源区。

REE、Al、Th、Y、Sc、Ti、Zr、Ta、Nb这些高场强元素，Cs、Ga、Rb这部分大离子亲石元素在岩石的风化过程中不活泼，被固体物质吸附或与其结合，并与颗粒物一起被搬运后沉积（Taylor and McLennan, 1985），是源区示踪以及构造背景判别的重要指示标志（Bhatia and Taylor, 1981; Taylor and McLennan, 1985; Girty et al., 1994）。利用Co/Th-La/Sc及图解可以反映沉积物源区的特征（Allegre and Minster, 1978; Bhatia, 1985; Gu et al., 2002），伊川兵马沟组的砂岩主要来自长英质火山岩物源区，泥质岩样品落入长英质火山岩及花岗岩源区（彩图44B）。在La/Yb-REE图解中（彩图44C），伊川兵马沟组砂岩样品落入花岗岩、沉积岩物源区，泥质岩落入花岗岩源区，表明源岩主要为花岗岩及古老的沉积岩。

已有研究表明，五佛山群沉积岩的物源区以华北克拉通古元古代所形成或者被改造的上地壳长英质及中性岩物源区为主，含少部分太古宙花岗质岩石和基性火山岩（胡国辉等，2012b）。利用La/Th-Hf可以判别源岩的属性（Gu et al., 2002），伊川兵马沟组沉积岩与来自其上覆五佛山群的沉积岩具有明显不同的源区属性，指示源区曾经发生了改变（彩图44D）。

5.1.7 源区构造背景判别

细粒沉积岩中的稀土元素，包含了上地壳演化的重要信息（Taylor and McLennan, 1985; McLennan and Taylor, 1991; 杨国臣等，2010）。La、Th、Sc、Ti、Zr、Co等元素相关性是物源区构造背景判别的一种有效手段（Bhatia and Crook, 1986）。依据碎屑岩组分与构造环境之间的关系，碎屑岩源区的构造背景可以划分为活动大陆边缘（ACM）、被动大陆边缘（PM）、大陆岛弧（CIA）及大洋岛弧（OIA）（Bhatia and Cwok, 1986）。Th-Co-Zr/10及Th-Sc-Zr/10判别图解常被用于判别源区的构造背景（Bhatia and Crook, 1986; Xu et al., 2010; Wang et al., 2012; Zhang and Liu, 2015）。如彩图45所示，伊川兵马沟组砂岩及泥质岩样品基本落入大陆岛弧或其附近区域，表明该地区的兵马沟组具有与大陆岛弧构造背景相关的物源区。伊川兵马沟组沉积岩样品的 La、Ce、ΣREE 含量以及 La/Yb、LaN/Yb_N、ΣLREE/ΣHREE、Eu/Eu^* 值均显示出物源区具有与岛弧相关的地球化学特征（Bhatia，1985）。

大部分来自五佛山群的砂岩，汝阳群的砂岩以及长城群的粉砂岩在 Th-Co-Zr/10 及 Th-Sc-Zr/10 判别图解（彩图 45）中基本落入被动大陆边缘区域，因此，这些来自兵马沟组上覆中-新元古代地层的沉积岩具有与兵马沟组沉积岩截然不同的源区构造背景（Wan et al.，2011；胡国辉等，2012b；Hu et al.，2014）。

综上所述，伊川地区兵马沟组下部厚层砾岩中砾石包括来自熊耳群的安山岩砾石以及华北克拉通基底的 TTG 质花岗片麻岩、花岗岩、片麻岩、石英岩等，显示了混合的物源区特征，熊耳群及华北克拉通结晶基底同时为兵马沟组沉积岩提供物源。五佛山群底部底砾岩中的砾石以石英岩砾石为主，与兵马沟组的砾岩成分具有明显区别。碎屑锆石年龄分布特征显示，兵马沟组的碎屑锆石以显著的新太古代（2 500 Ma）年龄为主，上部样品具有古元古代（2 100 Ma）的次年龄峰值，表明兵马沟组碎屑锆石的物源主要来自华北克拉通结晶基底。此外，兵马沟组沉积期间，物源区发生了演化。兵马沟组上覆五佛山群底部马鞍山组的碎屑锆石以古元古代的年龄（1 800 Ma）为主，新太古代年龄（2 500 Ma）比例降低，物源区主要来自中部造山带。碎屑锆石年龄随着时间的变化而发生演化，兵马沟组至五佛山群碎屑锆石年龄峰值的变化，显示物源区发生了改变。地球化学特征显示，兵马沟组的物源区具有大陆岛弧构造背景相关的特征，源区以长英质火山岩为主，还包括花岗岩及古老的沉积岩源区，与上覆中-新元古代五佛山群源区不同。

5.2　济源地区中元古界兵马沟组

5.2.1　砾石与物源区示踪

济源小沟背剖面兵马沟组的岩性主要为紫红色巨厚层砾岩、含砾粗砂岩和砂岩。巨厚层砾岩局部呈叠瓦状排列；砾岩中砾石成分复杂，包括安山岩砾石、石英岩砾石及各类变质岩砾石（彩图 46）。砾径 3～25 cm，最大可达 50 cm，分选性较差。砾石磨圆度多呈次棱角-次圆状，杂基支撑或砾石支撑，杂基主要为不等粒的砂粒及泥质。兵马沟组砾岩中的砾石自下而上砾径逐渐减小，磨圆度变好，石英岩砾石的含量逐渐增加，但仍以安山岩砾石占优势。

济源地区兵马沟组砾岩中砾石成分复杂，该地层的物源来自熊耳群火山岩及华北克拉通结晶基底。上部砾石成分中石英岩的成分增大，显示了来自华北克拉通基底的物质更多地进入兵马沟组沉积物中。砾石分选性及磨圆度特征表明济源地区兵马沟组距离物源区相对较近，搬运距离较短，沉积物经历了近源、快速的堆积过程，与该段沉积相分析结果的冲积扇沉积特征一致。

5.2.2 砂岩类型及沉积物成熟度

SiO_2/Al_2O_3值揭示了沉积物中石英、长石及黏土矿物的富集程度，可以用于判断沉积物的成熟度，该比值变化与成熟度高低成正比（Roser and Korsch，1986）。济源地区兵马沟组砂岩样品的 SiO_2/Al_2O_3值为 6.13～14.36，中等的 SiO_2/Al_2O_3值显示相对较低的成熟度（Cox et al.，1995）。此外，$Fe_2O_3^T/K_2O$ 反映了砂岩在风化过程中矿物的稳定程度，同时也是区分岩屑和长石的参数，济源兵马沟组的砂岩 $Fe_2O_3^T/K_2O$ 比值为 0.5～3.5（Herron，1988）。

根据 Herron（1988）提出的 lg（Fe_2O_3/K_2O）–lg（SiO_2/Al_2O_3）岩石类型判别图（图 5-8），济源地区兵马沟组砂岩类型以成熟度低的岩屑砂岩为主，还包括长石砂岩、次长石砂岩，表明济源地区兵马沟组砂岩经历了近源快速堆积过程。

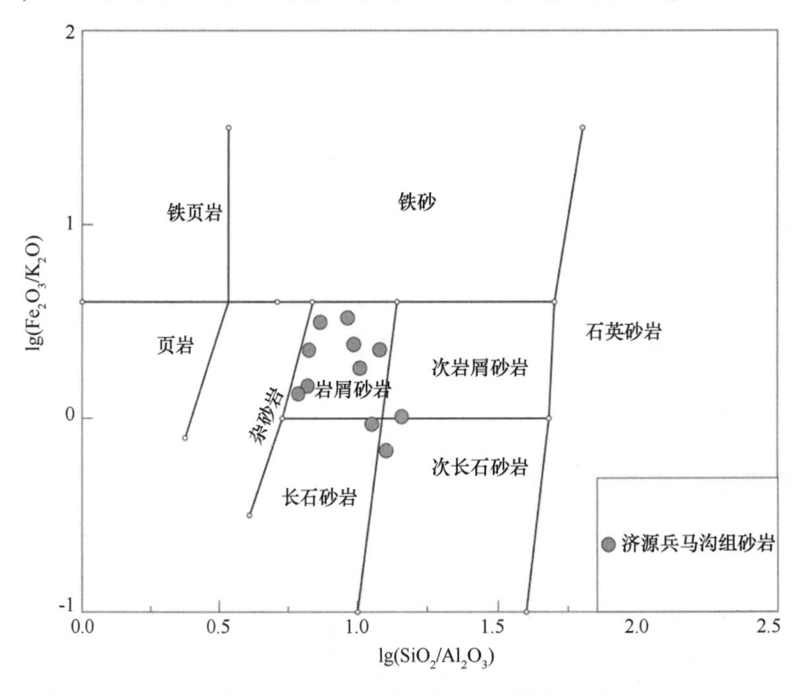

图 5-8 济源小沟背剖面兵马沟组砂岩类型判别图解（据 Herron，1988）

成分成熟度通常与沉积物形成的气候背景和构造背景有关（毛光周等，2011），成分变异指数 ICV（Index of Compositional Variability）通常用于判别碎屑岩成分成熟度（Cox et al.，1995）。在通常情况下，ICV 值较低的碎屑岩来自成分成熟度高且含有较高黏土矿物的源区，显示了被动构造背景下沉积物的再循环；而 ICV 值较高的碎屑岩指示构造环境较活跃背景下的初次沉积（Kamp and Leake，1985）。济源兵马沟组砂岩样品ICV值为0.8~1.3（平均1.07），大部分样品ICV>1，表明其为第一次旋回沉积物，另有部分再旋回物质的混入（Cox et al.，1995）。

5.2.3 砂岩碎屑组分

砂岩中的碎屑组分和结构特征可以直接反映出物源区的构造环境。使用Gazzi-Dickinson的点计法对济源小沟背剖面兵马沟组17件砂岩样品岩石薄片进行砂岩碎屑组分统计，统计结果见表5-6。兵马沟组砂岩中石英含量为23%~57%，长石含量为12%~29%，岩屑含量为18%~57%，岩屑类型以火山岩屑为主，含部分变质岩屑。总体来看，济源小沟背剖面兵马沟组的砂岩中石英及岩屑含量较高。将兵马沟组砂岩碎屑成分统计结果投到Dickinson（1983）三角图解中，在Q-F-L图解中，兵马沟组的砂岩样品主要落入火山弧物源区及其附近区域（图5-9）。因此，火山弧物源区为兵马沟组砂岩提供了主要物源，结合区域地质背景，兵马沟组砂岩的物源主要来自熊耳群火山岩。

表5-6 济源小沟背剖面兵马沟组砂岩组分统计结果

样品	Q	F	Lv	Lm	L	小计	Q%	F%	L%	Lv%	Lm%
X31	235	111	276	184	460	806	29	14	57	60	40
X41	186	212	203	118	321	719	26	29	45	63	37
X42	163	121	228	104	332	723	23	17	46	69	31
X61	518	289	51	132	183	990	52	29	18	28	72
X171	449	211	230	36	266	926	48	23	29	86	14
X241	514	298	61	153	214	1026	50	29	21	29	71
X291	433	165	140	154	294	892	49	18	33	48	52
X391	464	166	125	52	177	807	57	21	22	71	29
X401	274	77	159	123	282	633	43	12	45	56	44

注：Q. 石英总量；F. 长石总量；L. 岩屑总量；Lv. 火山岩屑；Lm. 变质岩屑

5.2.4 源区风化强度

物源区母岩中所含的矿物成分在母岩风化作用或成岩过程中，会发生明显变化，风化作用使不稳定的元素氧化物丢失，而相对稳定的元素氧化物相对含量增加，所以在盆地碎屑沉积物的研究中，可以通过风化指数来判断母岩的风化强度（Johnsson，1993），因此，化学蚀变指数CIA（Chemical Index of Alternation）常用于反映物源区物质遭受化学风化的强度（Nesbitt and Young，1982）。通常认为，CIA值在50~65区间反映寒冷干

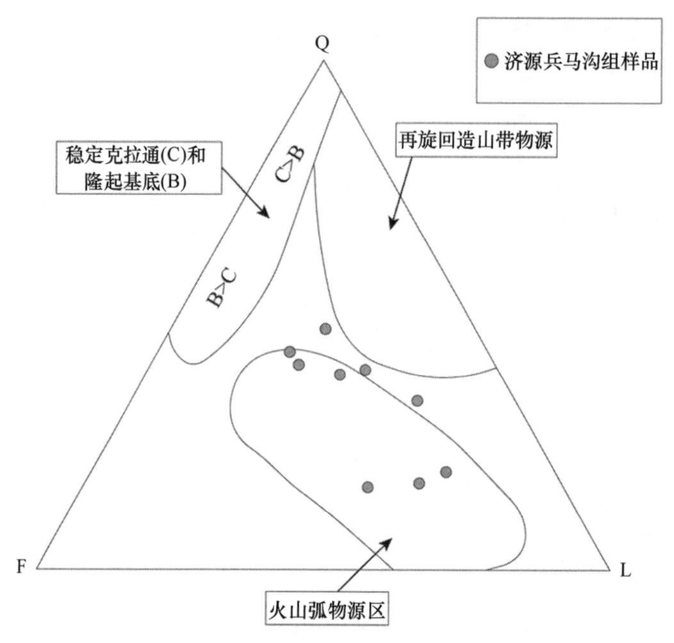

图 5-9 济源小沟背剖面兵马沟组砂岩 Q-F-L 图解（据 Dickinson，1983）

Q. 石英；F. 长石；L. 岩屑

燥气候下低等化学风化程度，在 65~85 区间反映温暖湿润气候下中等化学风化程度，在 85~100 区间反映炎热干燥气候下强烈的化学风化程度。济源兵马沟组砂岩样品的 CIA 值为 52.51~67.80（平均 60.56），反映了源区遭受的化学风化作用较弱（Nesbitt and Young，1982，1984；Fedo et al.，1995），所有样品的 CIA<70，反映了寒冷干燥的气候条件下低等的化学风化程度。

5.2.5 主量元素对物源区的制约

Roser 和 Korsch（1988）提出了运用主量元素判别函数来确定物源区的类型。根据济源兵马沟组砂岩主量元素投点，砂岩样品分别落入中性岩火成物源区、石英岩沉积物源区、长英质火成物源区（图 5-10）。根据剖面测量中对砾石的统计可知，济源地区兵马沟组砾岩、砂砾岩中的砾石以安山岩砾石和石英岩砾石为主，另有大量的变质岩砾石。研究区剖面附近出露有熊耳群及嵩山群，其中熊耳群火山岩以安山岩、杏仁状安山岩为主，嵩山群是一套浅变质碎屑岩夹碳酸盐岩组合，石英岩含量较多。从济源地区兵马沟组砾石成分特征与砂岩地球化学特征可以看出，其反映的源岩特征，与济源地区兵马沟组周边熊耳群和华北克拉通基底的地层特征一致。

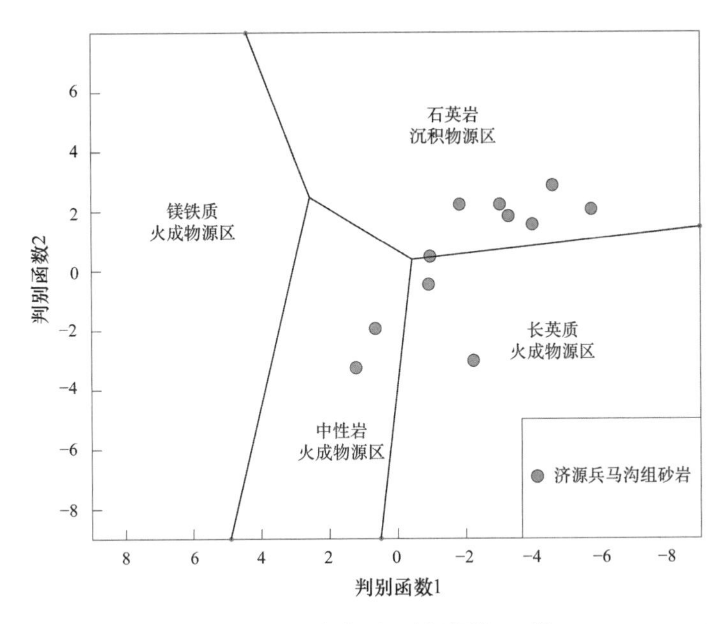

图 5-10　济源小沟背剖面兵马沟组砂岩物源区判别图解（据 Roser and Korsch，1988）

5.2.6　源区构造背景判别

不同构造背景下碎屑岩中的 K_2O/Na_2O 值以及 SiO_2 的含量明显发生变化，因此，K_2O/Na_2O-SiO_2 判别图可以识别活动大陆边缘、大洋岛弧及被动大陆边缘三种构造环境（Roser and Korsch，1986）。如图 5-11 所示，济源兵马沟组砂岩样品显示出被动大陆边缘物源区的特点，部分样品落入活动大陆边缘物源区，显示出混合物源区的特征。

在不同构造环境下，$Fe_2O_3^T$+MgO、TiO_2 及 Al_2O_3/SiO_2、K_2O/Na_2O 和 $Al_2O_3/$（Na_2O+CaO）是差异最大的几个地球化学参数，根据这些化学变异特征可以识别出活动大陆边缘、大陆岛弧、大洋岛弧和被动大陆边缘四种类型（Bhatia，1983）。兵马沟组砂岩中（$Fe_2O_3^T$+MgO）含量为 2.48%~7.50%，平均 4.97%，TiO_2 在 0.18%~0.77% 区间变化，平均 0.51%，Al_2O_3/SiO_2 值为 0.08~0.16。据 w（$Fe_2O_3^T$+MgO）%−w（TiO_2）% 判别图（图 5-12A），济源地区兵马沟组砂岩样品点大部分落入大陆岛弧区域，少量落入活动大陆边缘和被动大陆边缘物源区；在 w（$Fe_2O_3^T$+MgO）%−w（TiO_2）% / w（TiO_2）% 判别图中（图 5-12B），大部分样品点位于活动大陆边缘附近，其他均落入被动大陆边缘物源区。两者均显示出济源兵马沟组的砂岩具有以大陆岛弧及活动大陆边缘为主，具有小部分被动大陆边缘的物源区的特征。

综上所述，济源兵马沟组砂岩的成分成熟度及结构成熟度低，砾石粒径、磨圆度及分选性反映出源区具有近源、快速剥蚀、搬运、堆积的特征。地球化学特征显示，济源兵马沟组的砂岩物源区主要来自火山岛弧物源区，结合研究区的区域地质背景，沉积物的物源判断主要为熊耳群火山岩及华北克拉通结晶基底。

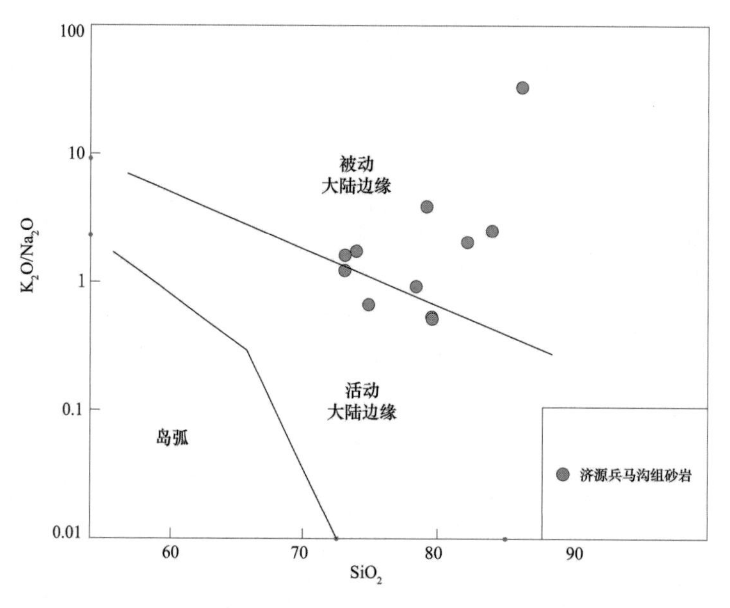

图 5-11　济源小沟背剖面兵马沟组砂岩 K_2O/Na_2O-SiO_2图解（据 Roser and Korsch，1986）

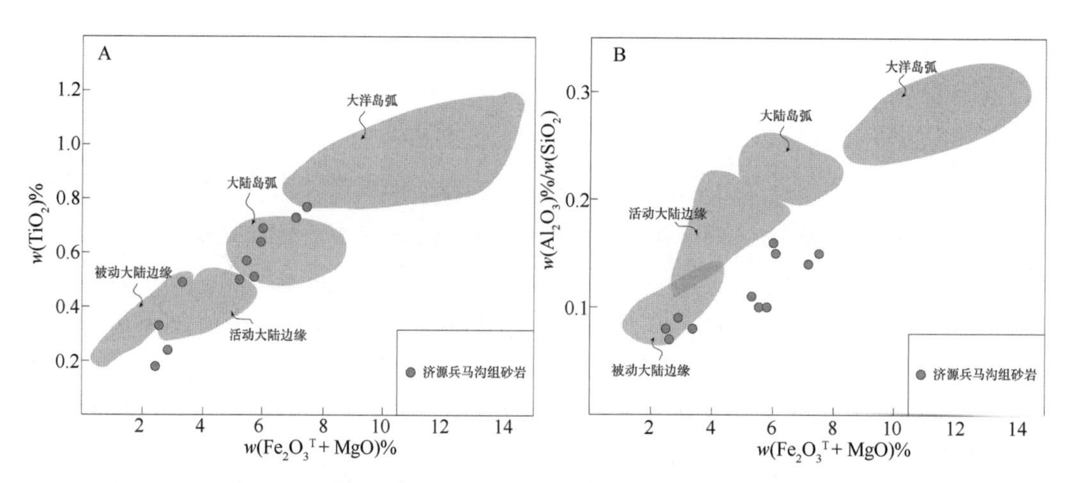

图 5-12　济源小沟背剖面兵马沟组砂岩构造背景判别图解（据 Bhatia et al.，1983）

A. w（$Fe_2O_3^T$+MgO）%-w（TiO_2）%判别图；B. w（$Fe_2O_3^T$+MgO）%-w（TiO_2）% / w（TiO_2）%判别图

5.3 渑池地区中元古界兵马沟组

5.3.1 砂岩类型及沉积物成熟度

SiO_2/Al_2O_3值揭示了沉积物中石英、长石及黏土矿物的富集程度，可以用于判断沉积物的成分成熟度，随石英含量的增多，长石和基性矿物的减少，成熟度增高，该比值变化与成熟度高低成正比（Roser and Korsch，1986）。渑池地区兵马沟组砂岩样品中B002及B003的Al_2O_3远低于其他样品（0.97%，1.32%），SiO_2含量97%左右，反映出样品较高的沉积物成熟度（Roser and Korsch，1986）；其余12个样品的SiO_2/Al_2O_3值为3.95~25.14，部分较高的SiO_2/Al_2O_3值显示相对较高的成熟度（Roser and Korsch，1986）。砂岩岩石薄片中可见石英成分高，磨圆好，成熟度高，显示了长距离的搬运作用，碎屑物质来自稳定的克拉通物源区（Dickinson and Suczek，1979）。此外，碎屑锆石显示，古老的地壳物质（>2 500 Ma）及新生地壳物质或地壳改造再循环物质（2 300~2 100 Ma）对渑池兵马沟组的砂岩提供物源。

根据Herron（1988）提出的lg（Fe_2O_3/K_2O）-lg（SiO_2/Al_2O_3）岩石类型判别图（图5-13），渑池地区兵马沟组砂岩类型包括岩屑砂岩、长石砂岩、杂砂岩、铁砂岩、次岩屑砂岩及次长石砂岩，与伊川及济源地区有所区别。

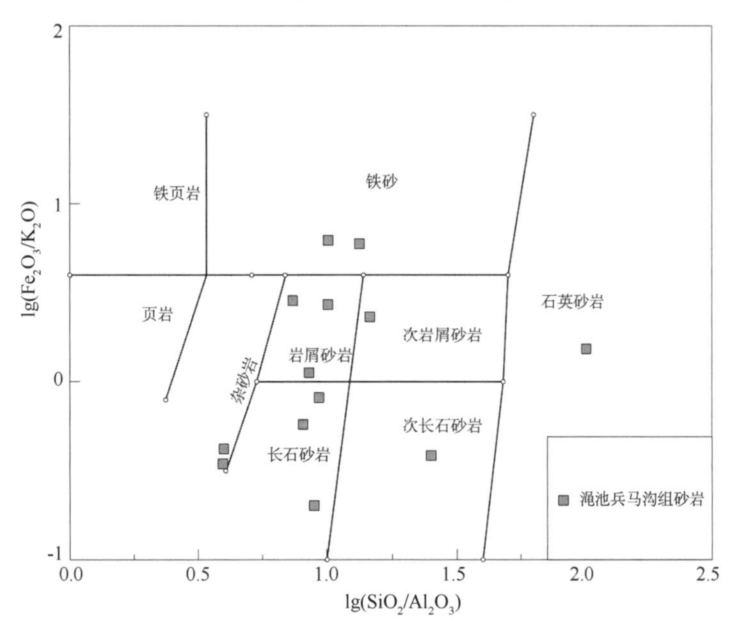

图5-13 渑池段村剖面兵马沟组岩石类型判别图解（据Herron，1988）

成分成熟度通常与沉积物形成的气候背景和构造背景有关（毛光周等，2011），成分变异指数 ICV（Index of Compositional Variability）通常用于判别碎屑岩成分成熟度（Cox et al.，1995）。通常情况下，ICV 值较低的碎屑岩来自成分成熟度高且含有较高黏土矿物的源区，显示了被动构造背景下沉积物的再循环；而 ICV 值较高的碎屑岩指示构造环境较活跃背景下的初次沉积（Kamp and Leake，1985）。渑池兵马沟组砂岩样品 ICV 值为 0.08~3.83（平均 1.04），下部大部分样品 ICV 大于 1 或接近 1，表明其为第一次旋回沉积物，另有部分再旋回物质的混入；上部样品除 B038 外，ICV 值为 0.08~0.21，远低于 1，表明沉积物成分成熟度高，显示稳定构造背景下沉积物的再循环（Cox et al.，1995）。

5.3.2 砂岩碎屑组分

砂岩中的碎屑组分和结构特征可以直接反映出物源区的构造环境。使用 Gazzi-Dickinson 的点计法对渑池段村剖面兵马沟组 17 件砂岩样品岩石薄片进行砂岩碎屑组分统计，统计结果见表 5-7。兵马沟组中下部砂岩石英含量为 45%~89%，长石含量为 10%~53%，岩屑含量为 2%~20%，石英含量高，长石及岩屑含量低；兵马沟组上部砂岩石英含量为 44%~69%，长石含量不超过 3%，岩屑含量较下部增多，为 31%~55%，石英及岩屑含量高，长石含量低。

表 5-7 渑池段村剖面兵马沟组砂岩组分统计结果

样品	Q	F	Lv	Lm	L	小计	Q%	F%	L%	Lv%	Lm%
B002	455	53	6	14	20	528	86	10	4	30	70
B003	389	57	0	68	68	514	76	11	13	0	100
B009	259	151	33	40	73	483	54	31	15	45	55
B022	229	79	48	29	77	385	59	21	20	62	38
B030	263	308	2	10	12	583	45	53	2	17	83
B033	556	56	1	11	12	624	89	9	2	8	92
B039	308	0	97	60	157	465	66	0	34	62	38
B040	263	14	127	51	178	455	58	3	39	71	29
B042	335	1	84	69	153	489	69	0	31	55	45
B046	299	3	111	34	145	447	67	1	32	77	23
B047	189	4	209	30	239	432	44	1	55	87	13
B049	198	11	117	54	171	380	52	3	45	68	32

注：Q. 石英总量；F. 长石总量；L. 岩屑总量；Lv. 火山岩屑；Lm. 变质岩屑。

将兵马沟组砂岩碎屑成分统计结果投到 Dickinson（1983）三角图解中，在 Q-F-L 图解中，兵马沟组的中下部砂岩样品主要落入稳定克拉通和隆起基底物源区及其附近区域，上部砂岩样品落入再旋回造山带物源区（图 5-14），兵马沟组中下部与上部的砂岩具有不同的物源区特征。结合区域地质背景，判断兵马沟组中下部砂岩的物源主要来自华北克拉通结晶基底，上部砂岩物源主要来自中部造山带。

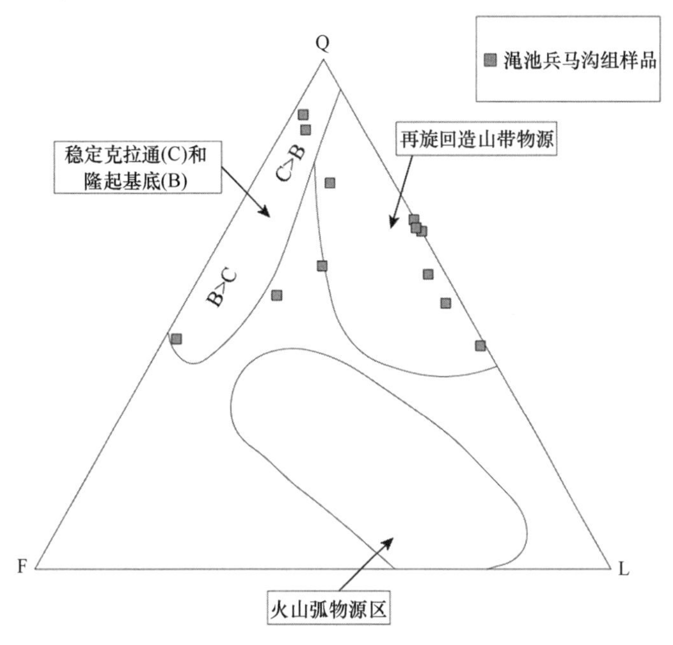

图 5-14 渑池段村剖面兵马沟组砂岩 Q-F-L 图解（据 Dickinson，1983）

5.3.3 源区风化强度

物源区母岩中所含的矿物成分在母岩风化作用或成岩过程中，会发生明显的变化，风化作用使不稳定的元素氧化物丢失，而相对稳定的元素氧化物相对含量增加，所以在盆地碎屑沉积物的研究中，可以通过风化指数来判断母岩的风化强度（Johnsson，1993），因此，化学蚀变 CIA（Chemical Index of Alternation）常用于反映物源区物质遭受化学风化的强度（Nesbitt and Young，1982）。通常认为，CIA 值在 50~65 区间反映寒冷干燥气候下低等化学风化程度，在 65~85 区间反映温暖湿润气候下中等化学风化程度，在 85~100 区间反映炎热干燥气候下强烈的化学风化程度。渑池兵马沟组下部砂岩样品的 CIA 值为 63.10~68.56（平均 66.11），反映了源区在温暖湿润气候下遭受了中等程度的化学风化作用（Nesbitt and Young，1982，1984；Fedo et al.，1995）；渑池兵马沟组上部砂岩样品，除 B038 外，CIA 值为 94.43~97.34（平均 95.63），显示出源区在炎热干燥气候下遭受了强烈的化学风化作用。

5.3.4 碎屑锆石对物源区的制约

本书对在渑池段村剖面兵马沟组采集的两个砂岩样品进行了 LA-ICP-MS U-Pb 年代学测试，年龄峰值显示如下特征。

兵马沟组底部砂岩样品 B002 碎屑锆石年龄结果显示 1 850 Ma 及 2 500 Ma 两个主年龄峰值，以及 2 700 Ma 及 2 100 Ma 两个次峰值（彩图 47）；顶部砂岩样品 B049 碎屑锆石年龄结果显示 1 850 Ma 及 2 400 Ma 两个主年龄峰值（彩图 47），碎屑锆石年龄主要分布于 2 400~2 600 Ma 区间。

2 700 Ma 的年龄峰值对应了华北克拉通新太古代重要的陆壳生长期（Zheng et al., 2004；Wu et al., 2005, 2008；第五春荣等，2007；Diwu et al., 2008；Zhai and Santosh, 2011）。2 800~2 700 Ma 的地质体在鲁山地区出露分布广泛，包括太华群（2 800~2 700 Ma）的 TTG 片麻岩、斜长角闪岩、石榴二辉麻粒岩、富铝富碳质片麻岩、大理岩、石英岩等（Kröner et al., 1988；Sun et al., 1994；Diwu et al., 2010；Huang et al. ,2010）。

2 500 Ma 的年龄记录在华北克拉通广泛存在，对应了华北克拉通新太古代末期的构造岩浆事件，该时期是华北克拉通重要的陆壳增生以及克拉通化阶段（Guan et al., 2002；彭澎和翟明国，2002；Wu et al., 2005；Darby and Gehrels, 2006；Zhao et al., 2008；Zhai and Santosh, 2011）。

2 650~2 500 Ma 的地质体在嵩山地区广泛出露分布，以登封杂岩中的 TTG 质片麻岩及表壳岩为主，另包含部分富钾花岗岩（2 500 Ma），以及华北克拉通南缘的变质岩（Jahn et al., 1988；Kröner et al., 1988；Sun et al., 1992, 1994；Zhao et al., 1998, 2001, 2005；Wilde et al., 2002；Kusky and Li, 2003；Zhai et al., 2005；第五春荣等，2007, 2008；Diwu et al., 2011；Liu et al., 2008, 2009；万渝生等，2009；杨崇辉等，2009；Kusky, 2011；Zhai and Santosh, 2011；Zhou et al., 2011）。

华北克拉通在 2 350~1 950 Ma 期间发育了多个古元古代构造活动带，如晋豫活动带（Zhai et al., 2003；翟明国和彭澎，2007）；嵩山群表壳岩形成于 2 350~1 960 Ma（Liu et al., 2012a）。渑池兵马沟组中 2 400~2 000 Ma 的碎屑锆石判断应来自晋豫活动带（翟明国和彭澎，2007）。

1 850 Ma 的峰值记录了华北西部陆块与东部陆块沿中部造山带发生碰撞拼合最终形成华北克拉通统一结晶基底的过程（Zhao et al., 2001, 2005；Guo et al., 2002, 2005；Wilde et al., 2002, 2005；Wu et al., 2005；Liu et al., 2006, 2011a, 2011b, 2012b；Zhao and Zhai, 2013；Yang et al., 2014a, 2016；Lu et al., 2015；Yang and Santosh, 2015a, 2015b）。

碎屑锆石年龄特征表明，渑池地区兵马沟组的物源主要以华北克拉通基底物质为主，记录了2 500 Ma及1 850 Ma的构造热事件（图5-15）。汝阳群底部云梦山组的碎屑锆石年龄结果显示1 900 Ma的主峰值年龄及少部分2 500 Ma的次峰值年龄（Hu et al.，2014），表明云梦山组的物源以2 200～1 800 Ma古元古代地质体为主，年龄大于2 450 Ma的太古代地质体在物源组成中所占比重较低（图5-15）。

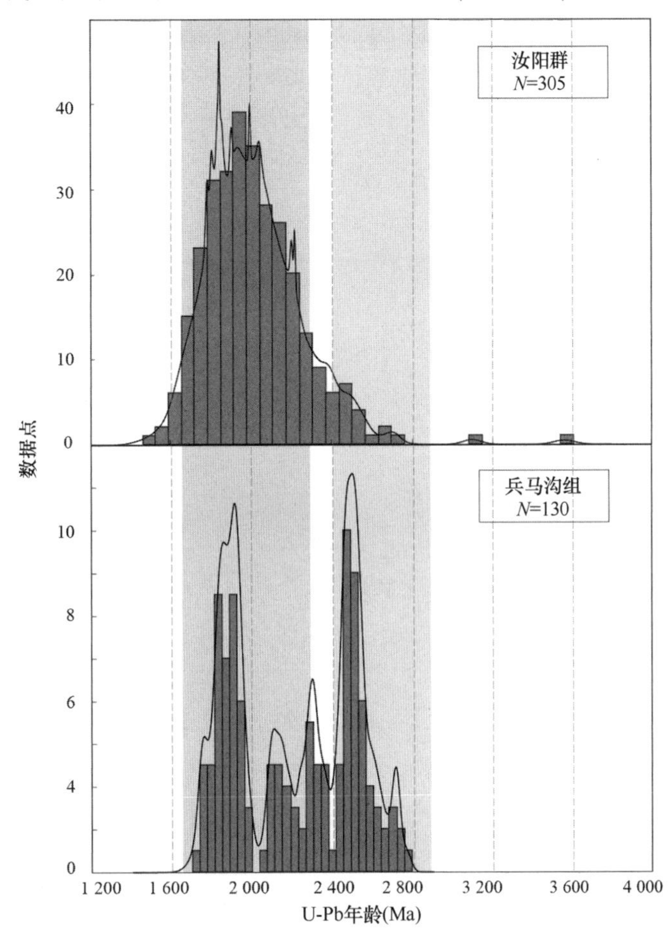

图5-15 渑池段村剖面兵马沟组与汝阳群云梦山组碎屑锆石年龄对比

汝阳群数据引自Hu等（2014）

通过对比渑池兵马沟组及上覆汝阳群云梦山组的碎屑锆石年龄分布可知，兵马沟组同时有来自古元古代及古老的新太古代地质体的物源供给，物源主要来自华北克拉通结晶基底；汝阳群云梦山组的物源以显著的古元古代地质体为主，新太古代地质体的物源供给显著降低（图5-15）。由此可见，兵马沟组至汝阳群碎屑锆石年龄峰值的变化，显示物源区发生了改变。此外，渑池兵马沟组底部至顶部两个样品之间碎屑锆石也存在差异，底部样品显示1 850 Ma及2 500 Ma的次峰值，顶部样品碎屑锆石年龄以2 400 Ma为主，1 850 Ma的峰值年龄所占比重降低，表明兵马沟组沉寂期间，物源虽有变化，但物源区变化不大。

5.3.5 主量、微量及稀土元素对物源区的制约

Roser 和 Korsch（1988）提出了运用主量元素判别函数来确定物源区的类型。根据渑池兵马沟组砂岩主量元素投点，该组底部 B002 砂岩样品落入长英质火成物源区，B003～B030 砂岩样品落入石英岩沉积物源区；该组上部 B039～B049 砂岩样品落入镁铁质火成物源区（图 5-16）。

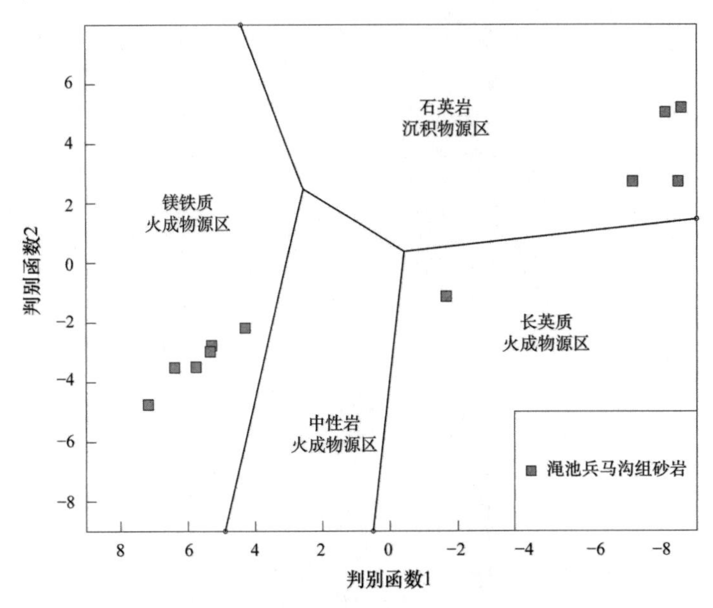

图 5-16 渑池段村剖面兵马沟组砂岩物源区判别图解（据 Roser and Korsch，1988）

沉积物中的 REE 不受沉积及成岩作用的影响而发生分馏，较好地保存了母岩的稀土元素特征，因此，稀土元素的配分模式被认为是可靠的物源区示踪参数（Taylor and McLennan，1985；McLennan，1989；McLennan et al.，1995）。如前文所述，渑池地区兵马沟组沉积岩的稀土元素球粒陨石标准化配分模式显示轻稀土元素富集、中度 Eu 负异常的特征，与全球大陆平均上地壳相似（Taylor and McLennan，1985）。

Gd/Yb 值及 Sm/Nd 值可以用于判别沉积地层的相对时间，Gd/Yb 值随地层时代的变新而减小，太古界地层的 Gd/Yb > 2，后太古界地层的 Gd/Yb < 2（Taylor and McLennan，1985；McLennan et al.，1993）。$(Gd/Yb)_N$ 值显示渑池兵马沟组沉积岩来自混合的物源区，同时具有来自太古代及后太古代的物质供给（Taylor and McLennan，1985；McLennan et al.，1993），与碎屑锆石结果一致。

微量元素可以有效判别物源的差异（毛光周等，2011）。微量元素 Th 及 Sc 在沉积循环的过程中不容易发生分馏，基本不受变质作用的影响（McLennan and Taylor，1991），因此，细粒碎屑岩中微量元素 Th、Sc 的含量及 Th/Sc 值可以用于源区示踪。渑

池兵马沟组砂岩样品的 Th/Sc 值为 0.44~8.05（平均 3.01），大部分高于大陆平均上地壳的 Th/Sc 值（平均 1）（Taylor and McLennan，1985）。泥岩样品比值为 0.89~1.24（平均 1.03），低于大陆平均上地壳的 Th/Sc 值（平均 1）（Taylor and McLennan，1985）。此外，由于锆石（$ZrSiO_4$）在沉积循环中可以保持稳定，因此，Zr/Sc 的值与锆石的富集程度呈正相关，有效地显示锆石的富集（McLennan，1989）。如彩图 48A 渑池兵马沟组的泥岩样品没有经历充分的沉积再旋回，主要来自长英质火山岩物源区；砂岩样品部分显示长英质火山岩物源区特征。

REE、Al、Th、Y、Sc、Ti、Zr、Ta、Nb 这些高场强元素，Cs、Ga、Rb 这部分大离子亲石元素在岩石的风化过程中不活泼，被固体物质吸附或与其结合，并与颗粒物一起被搬运后沉积（Taylor and McLennan，1985），是源区示踪以及构造背景判别的重要指示标志（Bhatia and Taylor，1981；Taylor and McLennan，1985；Girty et al.，1994）。利用 Co/Th-La/Sc 及图解可以反映沉积物源区的特征，渑池兵马沟组的泥质岩主要来自长英质火山岩物源区，砂岩样品显示长英质火山岩及少部分花岗岩源区的特征（彩图 48B）（Allegre and Minster，1978；Bhatia，1985；Gu et al.，2002）。在 La/Yb-REE 图解中（彩图 48C），渑池兵马沟组泥质岩样品落入花岗岩物源区；砂岩分布于花岗岩及沉积岩物源区，表明其源岩主要为花岗岩及古老的沉积岩。

已有研究表明，汝阳群碎屑岩的地球化学特征显示与后太古代沉积岩一致，物源区以古元古代上地壳长英质物源为主，而后太古宙物质很少（Taylor and McLennan，1985；Hu et al.，2014）。利用 La/Th-Hf 可以判别源岩的属性（Gu et al.，2002），渑池兵马沟组的大部分沉积岩与来自其上覆汝阳群的沉积岩具有不同的源区属性，显示源区曾经发生了改变（彩图 48D）。

5.3.6 源区构造背景判别

碎屑沉积岩的地球化学特征取决于其物质组成，而物质成分与其源岩的属性相关。碎屑沉积物的化学组分易受风化作用、成岩作用及变质作用等后期因素的影响，从而使沉积物地球化学成分与源区构造背景之间的关系复杂，然而沉积岩中部分元素的地球化学特征可以有效判别源区的构造背景（Bhatia，1983；McLennan，1989；Sun et al.，2008）。

在不同构造环境下，$Fe_2O_3^T$+MgO、TiO_2 及 Al_2O_3/SiO_2、K_2O/Na_2O 和 Al_2O_3/（Na_2O+CaO）是差异最大的几个地球化学参数，根据这些化学变异特征可以识别出活动大陆边缘、大陆岛弧、大洋岛弧和被动大陆边缘四种类型（Bhatia，1983）。兵马沟组砂岩中（$Fe_2O_3^T$+MgO）含量为 2.48%~7.50%，平均 4.97%，TiO_2 在 0.18%~0.77% 区间变化，平均 0.51%，Al_2O_3/SiO_2 值为 0.08~0.16。据 w（$Fe_2O_3^T$+MgO）%-w（TiO_2）% 判别图（图 5-17A），渑池地区兵马沟组砂岩样品点大部分落入被动大陆边缘物源区，少量落入大陆岛弧物源区附近；在 w ($Fe_2O_3^T$+MgO)%-w (TiO_2)% / w (TiO_2)%判别图中（图5-17B），大部分样品点位于被动大陆边缘物源区，其他均落入大陆岛弧物源区附近。两者均显示出渑池兵马沟组的砂岩以稳定构造背景的物源区为主，同时具有岛弧背景混合物源的特征。

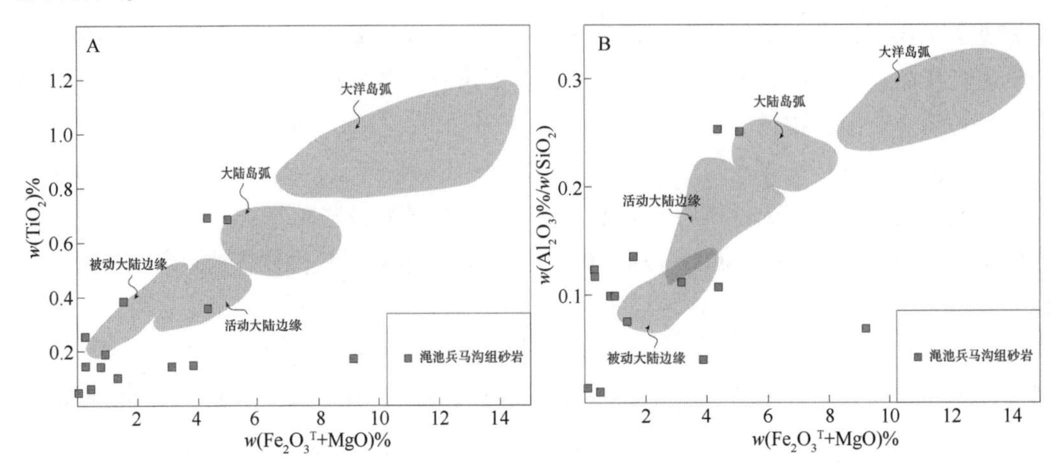

图5-17　渑池段村剖面兵马沟组砂岩构造背景判别图解（据 Bhatia，1983）

A. w ($Fe_2O_3^T$+MgO)%-w (TiO_2)%判别图；B. w ($Fe_2O_3^T$+MgO)%-w (TiO_2)% / w (TiO_2)%判别图

细粒沉积岩中的稀土元素，包含了上地壳演化的重要信息（Taylor and McLennan，1985；McLennan and Taylor，1991；杨国臣等，2010）。La、Th、Sc、Ti、Zr、Co 等元素相关性是物源区构造背景判别的一种有效手段（Bhatia and Crook，1986）。依据碎屑岩组分与构造环境之间的关系，碎屑岩的源区构造背景可以划分为活动大陆边缘（ACM）、被动大陆边缘（PM）、大陆岛弧（CIA）及大洋岛弧（OIA）（Bhatia and Crvok，1986）。Th-Co-Zr/10 及 Th-Sc-Zr/10 判别图解常被用于判别源区的构造背景（Bhatia and Crook，1986；Xu et al.，2010；Wang et al.，2012；Zhang and Liu，2015）。如彩图49所示，在 Th-Co-Zr/10 及 Th-Sc-Zr/10 图解中，渑池兵马沟组的泥质岩样品基本位于活动大陆边缘及大陆岛弧区域，表明该地区兵马沟组中的泥质岩具有与岛弧背景相关的物源区；砂岩样品分布分散，基本位于岛弧及被动大陆边缘或其附近区域，显示该地区的兵马沟组中的砂岩同时具有与岛弧背景及稳定构造背景相关的物源区。

大部分来自五佛山群的砂岩（胡国辉等，2012b），汝阳群的砂岩（Hu et al.，2014）以及长城群的粉砂岩（Wan et al.，2011）在 Th-Co-Zr/10 及 Th-Sc-Zr/10 判别图解（彩图49）中基本落入被动大陆边缘区域，可见，这些来自兵马沟组上覆中-新元古代地层的沉积岩具有与兵马沟组沉积岩截然不同的源区特征。

综上所述，渑池兵马沟组砂岩的成分成熟度及结构成熟度高。地球化学特征显示，渑池兵马沟组的泥质岩具有大陆岛弧物源区特征，砂岩以稳定构造背景的物源为主，同时具有大陆岛弧背景的物源区特征。结合区域地质背景，判断渑池兵马沟组中下部砂岩物源主要来自华北克拉通结晶基底，上部砂岩物源主要来自中部造山带。

5.4 华北克拉通南缘中元古界兵马沟组物源区对比

华北克拉通南缘伊川地区兵马沟组砂岩以杂砂岩为主（图 5-3），济源地区兵马沟组砂岩类型以成熟度低的岩屑砂岩为主（图 5-8），渑池地区兵马沟组砂岩类型包括岩屑砂岩、长石砂岩、杂砂岩、铁砂岩等（图 5-13）。由此可见，济源、伊川、渑池 3 个地区兵马沟组中的砂岩在成分上有所不同。

通过对 3 个兵马沟组砂岩碎屑组分的统计，伊川兵马沟组砂岩碎屑组分以长石和石英为主，岩屑类型包括火山岩屑及变质岩屑，砂岩显示出混合物源区的特征，同时具有来自隆起基底物源区及火山弧物源区的物质供给（图 5-18），结合区域地质背景，兵马沟组砂岩的物源目标指向华北克拉通结晶基底及熊耳群火山岩。济源兵马沟组砂岩碎屑组分以石英及岩屑为主，兵马沟组的砂岩样品主要落入火山弧物源区及其附近区域（图 5-18），结合区域地质背景，兵马沟组砂岩的物源主要来自熊耳群火山岩。渑池兵马沟组中下部砂岩碎屑组分石英含量高，长石及岩屑含量低；兵马沟组上部砂岩石英及岩屑含量高，长石含量低，兵马沟组的中下段砂岩样品主要落入稳定克拉通和隆起基底物源区及其附近区域，其上段砂岩样品落入再旋回造山带物源区（图 5-18），兵马沟组中下段与上段的砂岩具有不同的物源区特征。结合区域地质背景，判断兵马沟组中下段砂岩的物源主要来自华北克拉通结晶基底，上段砂岩物源主要来自中部造山带。由此可见，济源、伊川、渑池 3 个地区兵马沟组砂岩组分具有不同的特征，来自不同的物源区。

伊川兵马沟组下段砾岩显示出近源快速堆积的沉积过程，砾石成分表明该地区的兵马沟组具有同时来自熊耳群火山岩及华北克拉通结晶基底的混合物源区特征（彩图 38、彩图 39、彩图 40），其上覆五佛山群底砾岩中的砾石则以石英质砾石为主（彩图 22A），显示出与下伏兵马沟组不同的源区特征。济源兵马沟组的砾石大小、磨圆度及分选性反映出源区具有近源、快速剥蚀、搬运、堆积的特征，砾石成分显示出混合物源区的特征（彩图 46），判断物源来自熊耳群火山岩及华北克拉通结晶基底。渑池兵马沟组沉积岩中的砾石成分以石英质砾石为主，显示其物源主要来自华北克拉通结晶基底。鲁山地区兵马沟组的砾石成分包括熊耳群火山岩、铁山岭组石英岩、磁铁石英岩及片岩（张元国等，2011），判断物源来自太华群及熊耳群。舞钢兵马沟组的砾石成分包括熊耳群火山岩、太华群片麻岩及石英岩（符光宏，1981），判断物源来自太华群及熊耳群。砾石成分表明五个地区的兵马沟组在物源成分上具有差异。

通过碎屑锆石年龄分布可知，伊川地区兵马沟组碎屑锆石以新太古代年龄（2 500 Ma）为主，具有少量古元古代锆石年龄（2 100 Ma）；而其上覆五佛山群马鞍山组的碎屑锆石年龄显示物源以古元古代地质体（1 850 Ma）为主，新太古代地质体（2 500 Ma）的物质供给减少（胡国辉等，2012a；Zhang et al.，2016），显示物源区发

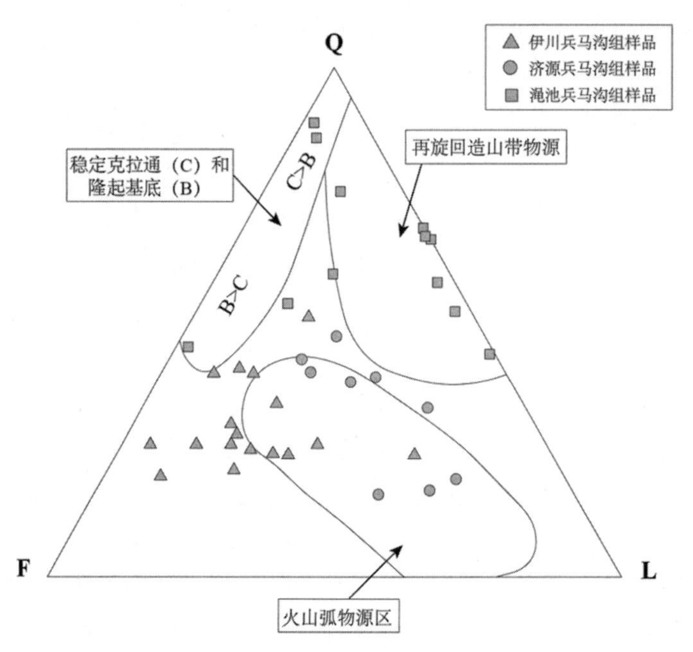

图 5–18　华北克拉通南缘兵马沟组砂岩 Q-F-L 图解（据 Dickinson，1983）

生了变化；兵马沟组底部至顶部碎屑锆石峰值的变化表明兵马沟组沉积期间，物源区发生了深剥蚀作用。

渑池地区兵马沟组的碎屑锆石年龄显示同时有来自古元古代（1 850 Ma、2 400 Ma）及新太古代地质体（2 500 Ma）的物源供给；其上覆汝阳群云梦山组的物源以显著的古元古代地质体（1 900 Ma）为主，新太古代地质体（2 500 Ma）的物源供给显著降低（图 5–19）；渑池兵马沟组底部至顶部碎屑锆石的差异，显示兵马沟组沉积期间物源的变化。

华北克拉通南缘中元古界兵马沟组砂岩的地球化学特征表明，伊川兵马沟组砂岩主量元素特征显示物源来自中性岩物源区、长英质物源区及石英岩物源区（图 5–20），砂岩及泥质岩微量稀土元素特征显示长英质–中基性的物源区（彩图 50），源区具有与大陆岛弧相关的构造背景，与上覆形成于被动大陆边缘构造背景下的五佛山群具有显著差异，显示物源区的改变（胡国辉等，2012b）（彩图 51）。济源兵马沟组的砂岩主量元素特征表明物源主要来自石英岩沉积物源区、中性岩及长英质物源区（图 5–20），兼具岛弧及被动大陆边缘的混合物源区特征，结合研究区的区域地质背景，沉积物的物源主要为熊耳群火山岩及华北克拉通结晶基底。渑池兵马沟组砂岩主量元素特征显示物源来自石英岩物源区及镁铁质物源区（图 5–20），砂岩及泥质岩的微量稀土元素特征显示物源来自长英质物源区（彩图 50），泥质岩具有岛弧物源区特征，砂岩以稳定构造背景的物源为主，同时具有岛弧背景的物源区特征，与上覆形成于被动大陆边缘构造背景下的汝阳群具有显著差异，显示物源区的改变（Hu et al.，2014）（彩图 51）。

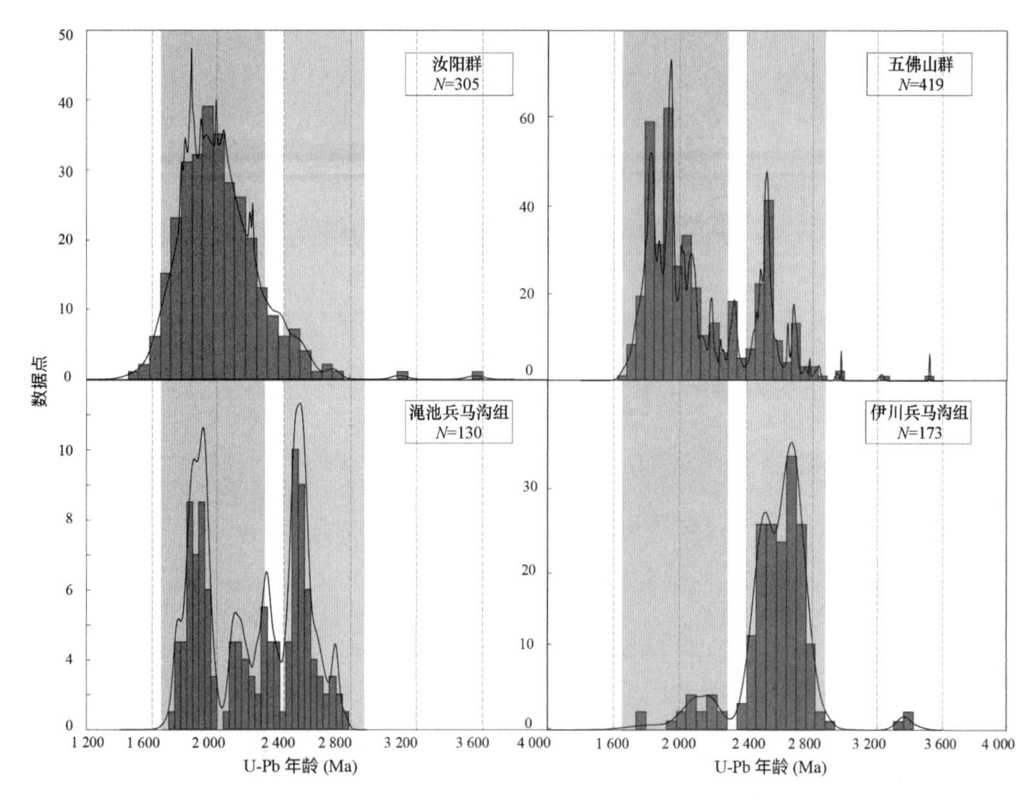

图 5-19 华北克拉通南缘兵马沟组与上覆中-新元古代沉积盖层碎屑锆石年龄对比

五佛山群数据引自胡国辉等（2012a）、Zhang 等（2016）及本书数据；汝阳群数据引自 Hu 等（2014）

华北克拉通南缘济源、伊川及渑池地区发育的中元古界早期地层兵马沟组在物源组成上具有差异。济源及伊川地区的兵马沟组中具有大量来自熊耳群的砾石，物源区具有与岛弧相关的特征，属于近源快速沉积的产物，碎屑锆石、地球化学及砾石特征均表明两者同时有来自熊耳群及华北克拉通结晶基底的物源供给，物源来自其盆地外东北侧源区（现在方位）的就近剥蚀（图 5-2）。渑池兵马沟组沉积岩中的砾石则以石英岩砾为主，碎屑锆石特征显示源区以华北克拉通结晶基底为主，显示出与济源和伊川地区不同的物源区特征，物源区除来自就近的华北克拉通基底及熊耳群分布区的剥蚀，在晚期还主要来自中条山方向的基底再旋回区域（图 5-2）。鲁山及舞钢地区的兵马沟组沉积岩的物源主要来自太华群及熊耳群（符光宏，1981；张元国等，2011），物源来自其盆缘周围源区（图 5-2）。由此可见，华北克拉通南缘五个地区兵马沟组的沉积岩来自不同的物源区。

已有研究表明，五佛山群沉积岩的物源区以华北克拉通古元古代形成或被改造的上地壳长英质及中性岩物源区为主，以及少部分太古宙花岗质岩石和基性火山岩，源区显示被动大陆边缘构造背景（胡国辉等，2012b）；汝阳群碎屑岩的地球化学特征显示与后太古代沉积岩一致，物源区以古元古代上地壳长英质物源为主，而后太古宙物质很少，

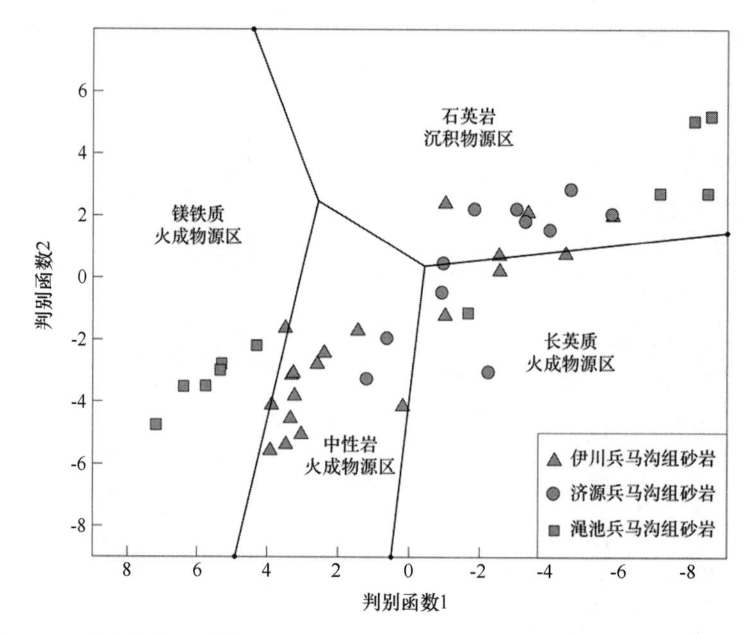

图 5-20 华北克拉通南缘兵马沟组砂岩物源对比（据 Roser and Korsch，1988）

源区显示被动大陆边缘构造背景（Taylor and McLennan，1985；Hu et al.，2014）。通过对比沉积相特征、碎屑锆石年龄分布及地球化学特征，华北克拉通南缘各地区分布的兵马沟组与上覆以中-新元古代地层（五佛山群和汝阳群等）具有不同的物源区特征，表明在兵马沟组沉积期结束后，源区发生转变。

5.5 小结

本章综合运用沉积学、碎屑锆石年代学及地球化学方法，对华北克拉通南缘典型地区出露的中元古界兵马沟组进行物源分析及源区构造背景判别，并进行区域间的对比，取得如下认识。

（1）伊川兵马沟组砂岩的碎屑组分统计，以及砾岩中砾石统计显示了具有来自熊耳群及华北克拉通结晶基底的混合物源区特征；碎屑锆石表明兵马沟组碎屑锆石的物源主要来自华北克拉通结晶基底；兵马沟组沉积期间，物源区熊耳群及变质基底依次发生深剥蚀作用；兵马沟组至上覆地层物源区发生了改变。地球化学特征显示，兵马沟组的物源区具有与大陆岛弧相关的构造背景，与上覆中-新元古代地层（五佛山群和汝阳群等）物源区属于被动大陆边缘的构造背景不同。

（2）济源兵马沟组砂岩的成分成熟度及结构成熟度低，砾石大小、磨圆度及分选性反映出了源区具有近源、快速剥蚀、搬运、堆积的特征。砂岩的碎屑组分统计以及砾岩中砾石成分显示物源主要来自熊耳群火山岩，同时有华北克拉通基底的供给。地球化学特征显示，济源兵马沟组的砂岩以大陆岛弧、活动大陆边缘为主，具少部分被动大陆边缘的物源区特征，结合研究区的区域地质背景，沉积物的物源主要为熊耳群火山岩及华北克拉通结晶基底。

（3）渑池兵马沟组同时有来自古元古代及古老的新太古代地质体的物源供给，物源主要来自华北克拉通结晶基底；兵马沟组沉积期间，物源区虽有变化，但变化不大；渑池兵马沟组砂岩的成分成熟度及结构成熟度高，砂岩碎屑组分统计显示中下段砂岩物源区主要来自华北克拉通结晶基底，其上段砂岩主要来自中部造山带。兵马沟组至汝阳群碎屑锆石年龄峰值的变化，显示物源区发生了改变。地球化学特征显示，渑池兵马沟组的泥质岩具有岛弧物源区特征，砂岩以稳定构造背景的物源为主，同时具有岛弧背景的物源区特征。

（4）区域对比可知，华北克拉通南缘五个地区分布的兵马沟组具有各不相同的物源区，尤其是兵马沟组沉积期后，其上覆中-新元古代地层（五佛山群和汝阳群等）物源区性质转变更大。

6 华北克拉通南缘中元古代早期沉积-构造演化意义

6.1 华北克拉通南缘中元古代早期地层划分

华北克拉通燕辽地区蓟县剖面是我国中-新元古界的标准剖面，自下而上划分为长城系、蓟县系和青白口系（陈晋镳等，1980；Lu et al.，2008）。长城系是华北克拉通稳定沉积盖层的起点，目前自下而上分为常州沟组、串岭沟组、团山子组及大红峪组，长城系顶部大红峪组及团山子组中火山岩年龄为1 622~1 680 Ma，而长城系的底界年龄界定为1 730~1 680 Ma，可以看出其明显晚于华北克拉通南缘分布的熊耳山火山岩（1 800~1 750 Ma）（陆松年和李惠民，1991；李怀坤等，1995，2011；赵太平等，2004；高林志等，2008；Lu et al.，2008；Peng et al.，2008；He et al.，2009；Wang et al.，2010；和政军等，2011a，2011b；彭澎等，2011；Cui et al.，2011，2013；Li et al.，2013；张拴宏等，2013）。因此，一般认为华北克拉通南缘覆盖在熊耳群之上的沉积盖层与长城系层位相当（彩图52）（李钦仲，1985；王同和，1995；赵澄林等，1997）。

华北克拉通南缘熊耳群火山岩主要分布在渑池-确山地层小区及熊耳山地层小区（河南省地质矿产局，1989），谢良鲜等（2014）在伊川九洼村北侧发现熊耳群鸡蛋坪组，岩性以暗红色多斑状流纹岩、少斑状流纹岩、砖红色流纹质凝灰岩组合为主，填补了以往并未在嵩箕地层小区发现的熊耳群火山岩地层记录。华北克拉通南缘中元古界兵马沟组不整合覆盖于熊耳群火山岩之上，其上被中-新元古界五佛山群、中元古代汝阳群不整合覆盖。

根据本书研究：①嵩箕地层小区兵马沟组（伊川万安山剖面）的碎屑锆石年龄显示显著太古宙年龄峰值（2 700 Ma、2 500 Ma），另有少量古元古代年龄（2 100 Ma）；渑池-确山地层小区兵马沟组（渑池段村剖面）的碎屑锆石同时具有古元古代（1 850 Ma、2 400 Ma）及太古宙年龄（2 500 Ma）。华北克拉通南缘五佛山群、汝阳群及官道口群三套地层的物源区以古元古代地质体为主，另含少量的太古宙物源（Zhu et al.，2011；胡国辉等，2012b；Hu et al.，2014；Zhang et al.，2016）。地球化学特征显示，华北克拉通南缘3个地层小区中元古代沉积岩物源以长英质源区为主，另含少量中基性物质

(Zhu et al., 2011；胡国辉等，2012a；Hu et al., 2014；Zhang et al., 2016)。因此，兵马沟组碎屑锆石年龄分布与其上覆五佛山群或汝阳群的碎屑锆石年龄分布特征不同，具有不同物源区；②沉积相分析结果表明，华北克拉通南缘济源、伊川、渑池、鲁山、舞钢地区分布的中元古界兵马沟组总体为一套冲积扇-扇三角洲相沉积，与上覆滨-浅海相沉积为主的五佛山群、汝阳群属于不同的沉积环境；③地球化学特征显示，济源、伊川、渑池3个地区兵马沟组的沉积岩具有不同的物源区，且该套地层与上覆中-新元古代地层（五佛山群或汝阳群）源区属于被动大陆边缘的构造背景不同；④区域上，中元古界兵马沟组与下伏熊耳群火山岩或华北克拉通结晶基底（登封群或太华群）呈不整合接触，与上覆五佛山群或汝阳群呈不整合接触，五佛山群与汝阳群底部均发育厚层砾岩，砾石成分以石英岩为主，与兵马沟组底部发育砾岩成分具有明显差异，表明兵马沟组与上覆地层间存在沉积间断。

已有碎屑锆石年代学研究表明，五佛山群的沉积时代不早于1 655 Ma，汝阳群的沉积时代不早于1 744 Ma（胡国辉等，2012a；Hu et al., 2014）。然而现有研究未在五佛山群、汝阳群及官道口群中获得地层绝对年龄，仅能依靠碎屑锆石年龄数据约束地层的沉积上限。伊川万安山剖面兵马沟组三个砂岩样品中获得了1 798±121 Ma、1 792±147 Ma等较年轻的碎屑锆石年龄（数据见附表4），然而由于颗粒数较少，且年龄误差较大，无法用于限定兵马沟组的最大沉积年龄；马鞍山组的砂岩样品中获得了1 698±47 Ma、1 717±42 Ma、1 724±38 Ma、1 728±43 Ma、1 729±42 Ma等较年轻的碎屑锆石年龄（数据见附表4），支持胡国辉等（2012a）的研究结论。渑池段村剖面兵马沟组的两个砂岩样品中获得了1 710±58 Ma、1 748±35 Ma、1 767±33 Ma、1 772±68 Ma等较年轻的碎屑锆石年龄（数据见附表9），表明兵马沟组的沉积时代不早于1 700 Ma。现有研究未能在兵马沟组及其上覆地层中获取凝灰岩年龄，无法精确厘定该套地层的沉积时代。根据本书研究所得兵马沟组砂岩的碎屑锆石年龄，及其下伏熊耳群目前已知的年龄和上覆地层中获得的碎屑锆石年龄（赵太平等，2004；Peng et al., 2008；He et al., 2009；Wang et al., 2010；Cui et al., 2011，2013；胡国辉等，2012a；Hu et al., 2014），该套地层的沉积时代可以限定在中元古代早期。

华北克拉通南缘发育有完整的早于长城系的熊耳群火山岩和兵马沟组沉积序列，填补了燕辽地区蓟县剖面中1 800~1 650 Ma的地层空白。上述证据表明，在华北克拉通南缘嵩箕地层小区与渑池-确山地层小区分布的兵马沟组与上覆五佛山群或汝阳群存在差异，中元古代早期兵马沟组应作为长城系底部熊耳群之上的一个独立的地层单元，不应归入五佛山群或汝阳群。

6.2 华北克拉通南缘中元古代早期盆地充填模式

华北克拉通南缘中元古代早期兵马沟组沉积期沉积盆地充填可划分为以下4个沉积

序列（彩图53）。

序列Ⅰ位于华北克拉通南缘中元古代早期沉积盆地沉积序列的底部，介于盆地底部与下伏熊耳群或华北克拉通结晶基底不整合面之间，对应济源兵马沟组底部及伊川兵马沟组底部的粗粒沉积。①济源兵马沟组底部为巨厚层的砾岩，砾岩中见中–薄层砂岩，砾岩的成熟度低、砾石分选及磨圆较差、成分复杂，显示近源、快速堆积的冲积扇相中的泥石流微相特征；②伊川兵马沟组底部为一套由紫红色巨厚层砾岩、含砾砂岩及粗砂岩构成的沉积物。巨厚层砾岩中的砾石分选较差，杂乱分布，成分丰富，显示近源、快速堆积的扇三角洲平原亚相中泥石流微相的特征。序列Ⅰ代表了盆地充填的初始阶段，在地表径流营力的作用下，盆地周边岩体被剥蚀并输送到沉积区，形成巨厚层混杂砾石组成的粗粒沉积。

序列Ⅱ位于华北克拉通南缘中元古代早期沉积盆地沉积序列的下部，对应济源兵马沟组底部、伊川兵马沟组底部、鲁山及舞钢兵马沟组。济源兵马沟组底部泥石流沉积上部以含砾砂岩为主，另包括砾岩及粗砂岩；差–中等分选，成熟度较低；砾石次棱角状–次圆状磨圆，成分复杂；发育平行层理及楔状交错层理，局部可见叠瓦状排列的砾石。该段沉积的底部砂砾混杂，显示整体下粗上细的正粒序，中部发育层状细砾岩，显示分流河道特征；分流河道上部包括砂、砾岩组成的混杂堆积，沉积物分选较差，见透镜状砂体及交错层理，显示漫流沉积特征；漫流沉积上部由含砾粗砂岩–粗砂岩构成，砂岩中发育平行层理、交错层理，见砂质透镜体，显示分流河道特征；上部以砾岩为主，中间夹有分流河道微相中形成的透镜状砂体，显示碎屑流沉积特征；该段总体显示冲积扇相的扇中亚相特征。伊川兵马沟组底部泥石流沉积上部主要由紫红色砾岩、含砾砂岩及粗砂岩组构成，砂砾混杂，砂岩中发育平行层理、槽状交错层理、板状交错层理及砂岩透镜体；砾径较泥石流沉积变小，成熟度较低、差–中等分选，自下而上显示正粒序；砂岩粒度特征反映该段沉积具有丰富的物质供给，处于较强的水动力条件，水体能量变化较频繁且快速，具备辫状河道的特征。鲁山兵马沟组下部旋回为河漫亚相沉积，上部旋回为河床亚相沉积，整体为一套河流相沉积。舞钢兵马沟组底部为河床滞留沉积，中、下部显示河道沉积特征，上部发育河漫沉积，总体显示为一套河流相沉积。序列Ⅱ代表了盆地充填早期阶段，地形随着搬运距离的增加而逐渐变缓，携带碎屑物质的洪流在近山水岸形成扇体，在扇体之外形成分支状的河道沉积。大量的砂岩透镜体及槽状交错层理表明该时期的沉积仍处于较强的水动力环境，河道具有较差的稳定性。

序列Ⅲ位于华北克拉通南缘中元古代早期沉积盆地沉积序列的中部，对应济源兵马沟组上部，伊川兵马沟组中部及渑池兵马沟组。伊川兵马沟组中部由含砾砂岩–粗砂岩–中砂岩–粉砂岩组成，砂岩中发育平行层理、槽状交错层理、波状层理，显示水下分流河道特征；在水下分流河道两侧发育细砂岩–灰绿色粉砂质泥岩互层的支流间湾，在水下分流河道前方发育中砂岩–粉砂质泥岩互层的河口砂坝沉积；伊川兵马沟组上部发育多重砂岩–泥质岩的韵律层序，显示间歇性洪流对沉积的主导作用。渑池兵马沟组下部发育由含砾砂岩-中-粗砂岩组成的水下分流河道微相，水下分流河道两侧发育由互层的粉砂岩和灰绿色泥岩组成的支流间湾沉积，在水下分流河道前方发育以分选较好的粉砂岩及中粒砂岩为主体，具有多层薄层灰绿色及紫红色泥岩，发育平行层理、波痕的河口砂坝微相；随着水体加深，泥岩成为背景沉积，发育前缘席状砂沉积；之后伴随水体变浅，河流作用加强，发育水下分流河道及河口砂坝沉积。序列Ⅲ代表盆地沉积的中期，该时期水动力整体减弱，水体深度逐渐加深，位于岸线至正常浪基面之间的过渡区域，沉积作用受控于以陆相水流为主，同时具有海水作用的双重影响。

序列Ⅳ位于华北克拉通南缘中元古代早期沉积盆地沉积序列的上部，对应伊川兵马沟组顶部。伊川兵马沟组顶部为厚层泥岩与薄层砂岩的互层，显示出前扇三角洲亚相沉积特征。序列Ⅳ代表盆地充填晚期，伊川兵马沟组顶部前扇三角洲亚相的缺失表明，兵马沟组沉积晚期，华北克拉通南缘曾发生构造抬升。

序列Ⅰ-Ⅳ显示了华北克拉通南缘中元古代早期兵马沟组沉积期的盆地沉积过程，在兵马沟组沉积结束后，区域上该套地层与上覆五佛山群或汝阳群所代表的上覆沉积序列之间呈不整合接触。兵马沟组上覆序列底部普遍发育厚层砾岩，砾石成分以石英质为主，与兵马沟组底部发育的砾岩成分具有明显差异，以上特征表明，兵马沟组与其上覆沉积序列之间存在沉积间断。之后伴随华北克拉通南缘海侵，沉积盆地内发育中-新元古代五佛山群及汝阳群的滨-浅海相砂岩及白云岩所代表的上覆序列。

华北克拉通南缘中元古代早期沉积的兵马沟组在嵩箕地层小区厚656 m，在渑池-确山小区内，济源（663 m）、渑池（156 m）、鲁山（39 m）及舞钢（25 m）等地的厚度呈现出NW—SE方向急剧减薄的趋势。沉积物组成上，砾岩所占比例呈现出济源>伊川>鲁山>舞钢的趋势；泥质岩所占比例呈现出相反的趋势。渑池、伊川、济源等剖面特征显示水体深度逐渐变浅，此外，熊耳山小区发育的高山河组为一套碎屑岩为主，夹少量碳酸盐岩沉积，上覆官道口群显示为以碳酸盐岩为主的沉积，显示以海相为主的沉积特征（河南省地质矿产厅，1997）。

华北克拉通南缘分布的中元古代早期兵马沟组在济源、伊川、渑池、鲁山及舞钢地区沉积序列发育上的差异，与沉积盆地所处区域位置有关，靠近山麓地区的沉积盆地内显示出粗粒为主的沉积物特征，靠近沉积中心区的盆地内显示出细粒沉积物为主的特征。兵马沟组总体表现为一套冲积扇-扇三角洲相的沉积，其砾石成分、碎屑锆石及地球化学特征表明，济源、伊川、渑池、鲁山及舞钢5个地区出露的兵马沟组具有不同的物源区，因此在兵马沟组沉积期内，区域位置及源区组成的差异是该组在各地发育不同沉积序列的控制因素。

6.3　华北克拉通南缘中元古代早期构造演化

1 850 Ma华北克拉通结晶基底最终形成之后华北克拉通的演化进入了新的发展阶段

(Zhao et al., 2001, 2005; Zhao and Zhai, 2013)。在1 800~1 700 Ma，华北克拉通南缘发育有熊耳群火山-沉积岩系及多期次的A-型花岗岩、正长岩和基性岩墙等（赵太平等，2001，2004；Peng et al., 2008；He et al., 2009，2010；Zhao et al., 2009a；Zhao and Zhou，2009；陆松年等，2003；Wangle et al., 2013；Peng，2015）。现今所见在熊耳山、崤山和外方山地区大量分布的熊耳群火山岩为其隆升剥蚀后的残留，嵩箕小区内，在伊川县九洼村北侧分布有熊耳群鸡蛋坪组；渑池确山小区内，在济源小沟背剖面周围分布有厚约2 964 m的熊耳群许山组，渑池段村剖面周围分布有厚约1 134 m的熊耳群马家河组，鲁山周围分布有厚约3 717 m的熊耳群马家河组，舞钢周围分布的熊耳群马家河组厚度大于906 m（关保德等，1988；谢良鲜，2014）。华北克拉通南缘熊耳群火山岩之上发育的中-新元古代沉积盖层包括嵩箕地层小区兵马沟组、五佛山群、渑池-确山小区兵马沟组（小沟背组）、汝阳群-洛峪群及熊耳山小区高山河组、官道口群。已有研究认为，五佛山群底部马鞍山组砂岩是被动大陆边缘环境下的稳定沉积；上部泥质岩形成于弧后盆地构造环境，可能受到秦岭造山带早期微陆块俯冲碰撞的影响（胡国辉等，2012b；赵太平等，2012）；汝阳群沉形成于被动大陆边缘环境（Hu et al., 2014）；官道口群的底部砂岩同样显示被动大陆边缘的构造背景（胡国辉等，2013）。

本书通过对中元古代早期兵马沟组的研究，取得了如下认识。

（1）伊川兵马沟组砂岩碎屑组分及砾石成分显示了具有来自熊耳群及华北克拉通结晶基底的混合物源区特征；碎屑锆石年龄峰值显示兵马沟组碎屑锆石的物源主要来自华北克拉通结晶基底。兵马沟组下部碎屑锆石显示显著的新太古代年龄峰值（2 700 Ma及2 500 Ma），下部砾石成分显示具有来自熊耳群的物源供给，顶部碎屑锆石以新太古代年龄为主（2 500 Ma），同时显示出古元古代年龄的峰值（2 100 Ma）。兵马沟组的3个碎屑锆石样品年龄峰值（~2 100 Ma和~2 500 Ma）由低到顶逐渐占优势，表明在兵马沟组沉积期间，物源区的熊耳群和变质基底依次发生了深剥蚀作用；兵马沟组至上覆中-新元古代地层物源区发生了改变。地球化学特征显示，兵马沟组的物源区具有与大陆岛弧相关的构造背景，与上覆中-新元古代五佛山群源区属于被动大陆边缘的构造背景不同。

（2）济源兵马沟组砂岩源区具有近源、快速剥蚀、搬运、堆积的特征，砂岩的碎屑组分统计以及砾岩中砾石成分显示物源主要来自熊耳群火山岩，同时有华北克拉通基底的供给。地球化学特征显示，济源兵马沟组的砂岩显示大陆岛弧、活动大陆边缘及被动大陆边缘的物源区特征，与上覆中元古代汝阳群源区属于被动大陆边缘的构造背景不同；结合研究区的区域地质背景，沉积物的物源主要为熊耳群火山岩及华北克拉通结晶基底。

（3）渑池兵马沟组同时有来自古元古代及古老的新太古代地质体的物源供给，物源主要来自华北克拉通的结晶基底；兵马沟组沉积期间，物源区虽有变化，但变化不大；渑池兵马沟组砂岩的成分成熟度及结构成熟度高，砂岩碎屑组分统计显示中下部砂岩物源区主要来自华北克拉通结晶基底，上部砂岩主要来自中部造山带。兵马沟组至汝阳群碎屑锆石年龄峰值的变化，显示物源区发生了改变。渑池兵马沟组泥质岩具有岛弧物源区特征，砂岩以稳定构造背景的物源为主，同时具有岛弧背景的物源区特征。

（4）鲁山及舞钢两地兵马沟组砾石成分显示物源来自太华群及熊耳群。

（5）华北克拉通南缘五个地区分布的兵马沟组为一套从陆到海的冲积扇-河流-扇三角洲相沉积，不同剖面兵马沟组物源的差异表明来自不同的物源区，济源和伊川兵马沟组的物源来自其盆地外东北侧源区（现在方位）的就近剥蚀；鲁山和舞钢兵马沟组物源区来自其盆缘周围源区；渑池兵马沟组的物源区除来自就近的熊耳群分布区的剥蚀，在晚期还主要来自中条山方向的基底再旋回区域。兵马沟组沉积期内，物源虽有变化，但变化不大；兵马沟组沉积期后，其上覆中-新元古代地层（五佛山群和汝阳群）物源区性质转变更大。

基于以上认识，本书认为华北克拉通南缘分布的兵马沟组，其沉积相特征、物源特征、盆地充填模式与中元古代早期的沉积-构造演化相对应。

1 850 Ma 左右华北东、西部陆块沿中部造山带碰撞拼合形成统一的结晶基底，标志着华北克拉通的最终集结（Zhao et al.，2001，2005；Zhao and Zhai，2013）。其后在古元古代末期（1 800 Ma 左右），熊耳群火山岩开始大规模喷发（赵太平等，2002，2004；He et al.，2008，2009；Zhao et al.，2009a）。熊耳群在空间上与华北克拉通基底不一致，在垂向上与基底呈穿插关系。中元古代早期兵马沟组沉积期盆地性质为华北克拉通基底上的裂陷盆地，该套地层与下伏熊耳群火山岩或登封群、太华群等呈不整合接触，在兵马沟组沉积区找不到明显的边界断层。

在兵马沟组沉积期，沉积盆地周围的熊耳群火山岩及华北克拉通的结晶基底为其提供物源，在不同区域位置的兵马沟组沉积盆地内接受的物源性质不同（彩图 54）。盆地边缘高地在构造作用下崩塌，母岩经过搬运、破碎后首先在靠近物源区的盆地内堆积。济源兵马沟组的沉积盆地所处区域位置最接近主源区，其下部发育粗粒的冲积扇的扇根亚相沉积，随着扇体的推进，在沉积过程中随着搬运距离的增大，发育扇中亚相沉积，该地兵马沟组沉积厚度最大，沉积物显示出近源、快速堆积的特征。伊川兵马沟组的沉积盆地所处区域位置靠近主源区，位于山麓与海水之间，发育扇三角洲平原-扇三角洲前缘-前扇三角洲亚相沉积，其下段沉积显示出近源堆积的特征，上段沉积显示进入水体。渑池兵马沟组的沉积盆地所处区域位于沉积中心区，其下部以细粒沉积物为主，由于汇水盆地接受物质来源需要一个过程，在兵马沟组沉积期内，渑池地区该组沉积的厚度较济源、伊川地区急剧减薄。鲁山和舞钢两地发育兵马沟组显示出河流相沉积特征，保留厚度不足 40 m，物源来自太华群及熊耳群，源区性质与济源、伊川及渑池不同，判断来自华北地块南部的低凸起带形成的次源区。

济源、伊川、鲁山及舞钢剖面兵马沟组的物源区来自沉积剖面背后的北侧或东北侧；渑池剖面下段沉积物源主要来自华北克拉通结晶基底，与东侧相似；而其上段沉积的物源来自北或西北方向中央造山带。兵马沟组 5 个剖面的沉积，至少在兵马沟组的上段沉积期，其物源区不同，是来自两个不同的方向，且两侧的物源在所观测的 5 个剖面里，上段没有交叉，表明渑池和东侧的 4 个剖面点之间存在一个谷地，这个沉积谷地可能为早期裂谷形成的低地形区，两侧均向此谷地汇聚沉积物，而沉积物没有越过谷地到达另一侧。在裂谷东侧，济源和伊川剖面兵马沟组中发育有大套的边缘相粗碎屑沉积，反映出二者更靠近源区；而往南的鲁山及舞钢剖面兵马沟组沉积物粒度变细，沉积相以河流相为主，反映出距源区距离较远；西北侧的渑池剖面兵马沟组则为相对细粒沉积，边缘相不发育，距离物源区相对较远。这意味着，渑池代表了当时裂谷盆地的北岸，而伊川、鲁山、舞钢代表了裂谷盆地的南岸，济源可能处于伸向陆内的裂谷顶端。

当兵马沟组沉积盆地周边的近源物源区被夷平后，兵马沟组沉积期结束，形成与上覆地层之间的沉积间断。伴随华北克拉通南缘的连续伸展沉降，形成大规模海侵，盆地内开始接受其上覆的中–新元古代五佛山群及汝阳群的沉积。五佛山群、汝阳群等所代表的滨–浅海相沉积厚度远大于兵马沟组，汝阳群更是在整个南华北盆地形成了华北克拉通的稳定盖层，分布极广，但沉积特征反映出其仍是在克拉通基底上的均衡沉降。该沉积期内长时间维持了滨–浅海相的沉积环境，反映出长期均衡沉积的特征，属于典型的克拉通盆地。该盆地边沉降边接受沉积，但在研究区内从未沉降至深海，从未拉张出洋壳，至最后衰亡、填满，依然是一个陆内浅水盆地。兵马沟组及其上覆五佛山群、汝阳群沉积构成了一个衰亡裂谷的充填层序。

6.4 小结

（1）华北克拉通南缘分布的兵马沟组与上覆五佛山群或汝阳群之间存在区域性不整合，两者在沉积环境及物源区特征上存在差异。结合该组碎屑锆石年龄特征，判断兵马沟组形成于中元古代早期，应作为长城系底部熊耳群之上的一个独立的地层单元，不应归入五佛山群或汝阳群。

（2）华北克拉通南缘中元古代早期兵马沟组沉积期沉积盆地充填可划分为 4 个沉积序列。序列Ⅰ对应济源兵马沟组下部及伊川兵马沟组底部的粗粒沉积，代表了巨厚层混杂砾石组成的粗粒沉积。序列Ⅱ对应济源兵马沟组中上部、伊川兵马沟组底部、鲁山及舞钢兵马沟组沉积，代表了兵马沟组中发育的河道沉积。序列Ⅲ对应伊川兵马沟组中部及渑池兵马沟组沉积，该序列位于岸线至正常浪基面之间的过渡区域，沉积作用受控于陆相水流及海水作用的双重影响；序列Ⅳ对应伊川兵马沟组顶部，顶部前扇三角洲亚相的缺失表明兵马沟组沉积晚期，华北克拉通南缘曾发生构造抬升；序列Ⅰ～Ⅳ显示了华北克拉通南缘中元古代早期兵马沟组沉积期的盆地沉积过程。在兵马沟组沉积结束后，区域上该套地层与上覆五佛山群或汝阳群所代表的沉积序列之间呈不整合接触，表明兵马沟组与其上覆沉积序列之间存在沉积间断。之后伴随华北克拉通南缘海侵，沉积盆地内发育中-新元古代五佛山群及汝阳群的滨-浅海相沉积所代表的上覆沉积序列。

（3）中元古代早期兵马沟组沉积期盆地的构造性质为裂陷盆地。在兵马沟组沉积期，沉积盆地周围的熊耳群火山岩及华北克拉通的结晶基底为其提供物源，在不同区域位置的兵马沟组沉积盆地内接受的物源性质不同。当兵马沟组沉积盆地周边的近源物源区被夷平后，兵马沟组沉积期结束，形成与上覆地层之间的沉积间断。之后伴随华北克拉通南缘的连续伸展沉降，形成大规模海侵，盆地内开始接受其上覆的中-新元古代五佛山群、汝阳群及官道口群沉积。

7 结论及展望

7.1 结论

本书在野外调查与实验分析的基础上，对华北克拉通南缘济源、伊川、渑池等地出露的中元古代早期兵马沟组进行了沉积学、地球化学及碎屑锆石同位素年代学研究，取得以下主要结论。

（1）华北克拉通南缘分布的兵马沟组与上覆五佛山群或汝阳群之间存在区域性不整合，两者在沉积环境及物源区特征上存在差异。结合该组碎屑锆石年龄特征，判断兵马沟组形成于中元古代早期，其沉积时代不早于 1 700 Ma，应作为长城系底部熊耳群之上的一个独立的地层单元，不应归入五佛山群或汝阳群。

（2）华北克拉通南缘分布的中元古界兵马沟组总体为一套冲积扇-扇三角洲相沉积，地层厚度自济源-伊川-渑池-鲁山-舞钢方向迅速减薄。砾岩所占比例呈现出济源>伊川>鲁山>舞钢的趋势；泥质岩所占比例呈现出相反的趋势。兵马沟组沉积物特征在五个地区的差异，与其所处区域位置有关，靠近山麓地区的沉积盆地内显示出粗粒为主的沉积物特征，靠近沉积中心区的盆地内显示出细粒沉积物为主的特征。伊川兵马沟组为一套由陆到海的扇三角洲相沉积，自下而上识别出扇三角洲平原-扇三角洲前缘-前扇三角洲亚相沉积；济源兵马沟组为一套冲积扇相沉积，识别出扇根、扇中亚相；渑池兵马沟组识别出一套扇三角洲前缘沉积，该地区处于陆相水流与海水相互作用的地带，识别出水下分流河道、支流间湾、河口砂坝、前缘席状砂等微相；鲁山及舞钢的兵马沟组表现为河流相沉积。

（3）根据对华北克拉通南缘中元古代早期兵马沟组沉积中的砂岩碎屑组分、砾石统计、地球化学特征及碎屑锆石年龄特征，5 个研究剖面分布的兵马沟组具有各不相同的物源区。伊川兵马沟组具有来自熊耳群及华北克拉通结晶基底的混合物源区特征，源区具有与大陆岛弧相关的构造背景，与上覆中-新元古代地层被动大陆边缘的源区构造背景不同，兵马沟组至上覆地层物源区发生了改变。济源兵马沟组砂岩物源区主要来自熊耳群火山岩，同时有华北克拉通结晶基底的供给。渑池兵马沟组物源主要来自华北克拉通结晶基底及中部造山带；砂岩的成分成熟度及结构成熟度高，以稳定构造背景的物源为主，同时具有岛弧背景的物源区特征；泥质岩具有岛弧物源区特征。鲁山及舞钢地区兵马沟组砾岩中砾石成分显示物源来自熊耳群及太华群。区域对比可知，华北克拉通南缘伊川、济源、渑池、鲁山、舞钢5个剖面点分布的兵马沟组具有各不相同的物源区及物源方向。济源、伊川、鲁山及舞钢剖面兵马沟组的物源区来自沉积剖面背后的北侧或东北侧方向；渑池剖面下段沉积物源主要来自华北克拉通结晶基底，与东侧相似；而其上段沉积的物源来自北或西北方向中央造山带。

（4）根据伊川剖面兵马沟组的砾石统计及碎屑锆石年龄峰值（~2 100 Ma 和 ~2 500 Ma）由低到顶逐渐占优势的规律，在兵马沟组沉积期间，源区熊耳群和变质基底依次发生深剥蚀作用。

（5）华北克拉通南缘中元古代早期兵马沟组沉积期沉积盆地充填可划分为4个沉积序列。序列Ⅰ对应济源兵马沟组底部及伊川兵马沟组底部的粗粒沉积，代表了巨厚层混杂砾石组成的粗粒沉积。序列Ⅱ对应济源兵马沟组中上部、伊川兵马沟组底部、鲁山及舞钢兵马沟组沉积，代表了兵马沟组中发育的河道沉积。序列Ⅲ对应伊川兵马沟组中部及渑池兵马沟组沉积，该序列表现为扇三角洲前缘沉积特征，位于岸线至正常浪基面之间的过渡区域，沉积作用受陆相水流及海水作用的双重影响；序列Ⅳ对应伊川兵马沟组顶部遭受剥蚀的扇三角洲亚相，表明兵马沟组沉积晚期，华北克拉通南缘曾发生构造抬升；序列Ⅰ~Ⅳ显示了华北克拉通南缘中元古代早期兵马沟组沉积期的盆地沉积过程。在兵马沟组沉积结束后，区域上该套地层与上覆五佛山群或汝阳群所代表的沉积序列之间呈不整合接触，表明兵马沟组与其上覆沉积序列之间存在沉积间断。之后伴随华北克拉通南缘海侵，沉积盆地内发育中-新元古代五佛山群及汝阳群的滨-浅海相沉积所代表的上覆沉积序列。

（6）中元古代早期兵马沟组沉积期盆地的构造性质为裂陷盆地。在兵马沟组沉积期，沉积盆地周围的熊耳群火山岩及华北克拉通结晶基底为其提供物源，在不同区域位置的兵马沟组沉积盆地内接受的物源性质不同。当兵马沟组沉积盆地周边的近源物源区被夷平后，兵马沟组沉积期结束，裂谷盆地并未连续持续沉降，造成兵马沟组与上覆地层之间存在较长时间的沉积间断。之后伴随华北克拉通南缘连续伸展沉降，形成大规模海侵，盆地内开始接受其上覆的中-新元古代五佛山群、汝阳群及官道口群的沉积。该盆地边沉降边接受沉积，但在研究区内从未沉降至深海，从未拉张出洋壳，至最后衰亡、填满，依然是一个陆内浅水盆地。兵马沟组及其上覆五佛山群、汝阳群沉积构成了一个衰亡裂谷的充填层序。

7.2 展望

（1）在汝阳市下汤镇、栾川及舞阳地区汝阳群云梦山组底部以及卢氏地区高山河组底部均发现有玄武安山质熔岩夹层，其岩石学和地球化学特征与熊耳群火山岩一致（关保德等，1993，1996）。野外调查发现前人对其认识存在偏差（汪校锋等，2015；刘文斌等，2015），上述地区的这层火山岩的产状、性质、年龄有待进一步对比和确定，以限定兵马沟组的沉积年龄上限及汝阳群和官道口群开始沉积的时间。

（2）受限于技术手段的精度，碎屑锆石年龄以无法满足精确限定地层沉积年龄的需求。近年来新建立起来的磷钇矿定年方法，可以直接获得沉积年龄（郭春丽和吴福元，2003；刘志超等，2011），下一步可在华北克拉通南缘兵马沟组沉积岩内寻找磷钇矿进行定年。

参考文献

白瑾, 黄学光, 王慧初, 等, 1996.中国前寒武纪地壳演化[M]. 北京地质出版社.

陈晋镳, 张慧民, 朱士兴, 等, 1980. 蓟县震旦亚界研究[M]. 天津: 天津科学技术出版社, 56-114.

陈晋镳, 张鹏远, 高振家, 等, 1999.中国地层典——中元古界[M]. 北京: 地质出版社, 1-89.

陈衍景, 富士谷, 强立志, 1992.评熊耳群和西洋河群形成的构造背景[J]. 地质论评, 38(4): 325-333.

陈衍景, 富士谷, 1992.豫西金矿成矿规律[M]. 北京: 地震出版社, 1-234.

陈衍景, 翟明国, 蒋少涌, 2009. 华北大陆边缘造山过程与成矿研究的重要进展和问题[J]. 岩石学报, (11): 2695-2726.

程胜利, 劳子强, 张翼, 2003. 嵩山地质博览[M]. 北京: 地质出版社, 91-121.

程裕淇, 张寿广, 1982. 略论我国不同变质时期的变质岩系、变质带和若干有关问题[J]. 中国区域地质, (2): 1-14.

程裕淇, 1994. 中国区域地质概论[M]. 北京: 地质出版社, 90-163.

程岳宏, 于兴河, 韩宝清, 等, 2010. 东濮凹陷北部古近系沙三段地球化学特征及地质意义[J]. 中国地质, 37(2): 357-366.

崔敏利, 张宝林, 彭澎, 等, 2010. 豫西崤山早元古代中酸性侵入岩锆石/斜锆石 U-Pb 测年及其对熊耳火山岩系时限的约束[J]. 岩石学报, 5: 1541-1549.

邓宏文, 钱凯, 1993. 沉积地球化学与环境分析[M]. 兰州: 甘肃科学技术出版社.

第五春荣,孙勇,林慈銮,等, 2010. 河南鲁山地区太华杂岩 LA-(MC)-ICP-MS 锆石 U-Pb 年代学及 Hf 同位素组成[J]. 科学通报,55(21): 2112-2123.

第五春荣,孙勇,林慈銮,等, 2007. 豫西宜阳地区 TTG 质片麻岩锆石 U-Pb 定年和 Hf 同位素地质学[J]. 岩石学报,(2): 253-262.

第五春荣,孙勇,袁洪林,等, 2008. 河南登封地区嵩山石英岩碎屑锆石 U-Pb 年代学、Hf 同位素组成及其地质意义[J]. 科学通报,(16): 1923-1934.

符光宏, 1981. 舞阳地区兵马沟组的发现及意义[J]. 河南区测, 1: 23-28.

傅开道, 方小敏, 高军平, 等, 2006. 青藏高原北部砾石粒径变化对气候和构造演化的响应[J]. 中国科学(D 辑), 36(8): 733-742.

高林志, 张传恒, 刘鹏举, 等, 2009. 华北—江南地区中、新元古代地层格架的再认识[J]. 地球学报, (4):433-446.

高林志,尹崇玉,王自强, 2002. 华北地台南缘新元古代地层的新认识[J]. 地质通报, 21(3): 130-135.

高林志,张传恒,史晓颖,等, 2008. 华北古陆下马岭组归属中元古界的锆石 SHRIMP 年龄新证据[J]. 科学通报, 21: 2617-2623.

高山, 周炼, 凌文黎, 等, 2005. 华北克拉通南缘太古—元古宙界线安沟群火山岩的年龄及地球化学[J].

地球科学, 3: 259-263.
高维, 张传恒, 高林志, 等, 2008. 北京密云环斑花岗岩的锆石 SHRIMP U-Pb 年龄及其构造意义[J]. 地质通报, (06):793-798.
耿元生, 万渝生, 沈其韩, 2002. 华北克拉通早前寒武纪基性火山作用与地壳增生[J]. 地质学报, (02): 199-208.
耿元生, 杨崇辉, 宋彪, 等, 2004. 吕梁地区 18 亿年的后造山花岗岩: 同位素年代和地球化学制约[J]. 高校地质学报. 10(4): 477-487.
关宝德, 吕国芳, 王耀霞, 1996. 河南华北地台南缘前寒武纪-早寒武世地质和成矿[M]. 武汉: 中国地质大学出版社.
关保德, 耿午辰, 戎治权, 等, 1988. 河南东秦岭北坡中-上元古界[M]. 郑州: 河南科学技术出版社, 41-49.
郭春丽, 吴福元. 2003. 碎屑沉积岩沉积作用的高精度定年——自生磷钇矿离子探针 U-Pb 年龄测定[J]. 地学前缘, (02):65-72.
韩建恩, 余佳, 孟庆伟, 等, 2005. 西藏阿里地区札达盆地第四纪砾石统计及其意义[J]. 地质通报, 24(7): 630-636.
何世平, 王洪亮, 徐学义, 等, 2007. 北祁连东段红土堡基性火山岩锆石 LA-ICP-MS U-Pb 年代学及其地质意义[J]. 地球科学进展, 22(2): 143-151.
和政军, 牛宝贵, 张新元, 等, 2011a. 北京密云元古宙常州沟组之下环斑花岗岩古风化壳岩石的发现及其碎屑锆石年龄[J]. 地质通报, 31(5): 798-802.
和政军, 牛宝贵,张新元, 2007. 晚侏罗世承德盆地砾岩碎屑源区分析及构造意义[J]. 岩石学报, 23(3): 655-666.
和政军, 张新元, 牛宝贵, 等, 2011b. 北京密云元古宙环斑花岗岩古风化壳及其与长城系常州沟组的关系[J]. 地学前缘, 18(4): 123-130.
河北省地质矿产厅, 1989. 中华人民共和国地质矿产部地质专报——区域地质第 15 号 河北省北京市天津市区域地质志[M]. 北京: 地质出版社.
河南省地质矿产局, 1989. 中华人民共和国地质矿产部地质专报——区域地质第 17 号 河南省区域地质志[M]. 北京: 地质出版社.
河南省地质矿产厅, 1997. 全国地层多重划分对比研究[M]//席文祥, 裴放主编,41 河南省岩石地层. 武汉: 中国地质大学出版社.
胡波, 翟明国, 郭敬辉, 等, 2009. 华北克拉通北缘化德群中碎屑锆石的 LA-ICP-MSU-Pb 年龄及其构造意义[J]. 岩石学报. 25(01): 193-211.
胡波, 翟明国, 彭澎, 等, 2013. 华北克拉通古元古代末-新元古代地质事件——来自北京西山地区寒武系和侏罗系碎屑锆石 LA-ICP-MS U-Pb 年代学的证据[J]. 岩石学报, 29(7): 2508-2536.
胡国辉, 赵太平, 周艳艳, 等, 2012a. 华北克拉通南缘五佛山群沉积时代和物源区分析: 碎屑锆石 U-Pb 年龄和 Hf 同位素证据[J]. 地球化学, 41(04): 326-342.
胡国辉, 赵太平, 周艳艳, 等, 2013. 华北克拉通南缘中-新元古代沉积地层对比研究及其地质意义[J]. 岩石学报,9(7): 2491-2507.
胡国辉, 周艳艳, 赵太平, 2012b. 河南嵩山地区元古宙五佛山群沉积岩的地球化学特征及其对物源区和构造环境的制约[J]. 岩石学报, 28(11): 3692-3704.

胡健民, 孟庆任, 李文厚, 1991. 1 400 Ma 以前的后生动物实体化[J]. 西安地质学院学报, 13(2): 1-6.
胡健民, 孟庆任, 李文厚, 1996. 豫西前寒武纪汝阳群蠕虫状遗迹化石[J]. 科学通报, 41(20): 1868-1870.
胡受奚, 林潜龙, 陈泽铭, 等, 1988. 华北与华南古板块拼合带地质和成矿[M]. 南京: 南京大学出版社.
黄秀, 周洪瑞, 王自强,等, 2008. 豫西地区中元古代蓟县纪沉积相[J]. 古地理学报, 10(6):10.
贾承造, 1988. 东秦岭板块构造[M]. 南京:南京出版社.
蒋宗胜, 王国栋, 肖玲玲,等, 2011. 河南洛宁太华变质杂岩区早元古代变质作用 P-T-t 轨迹及其大地构造意义[J]. 岩石学报, 27(12):17.
劳子强, 王世炎, 张良, 等, 1996. 嵩山地区前寒武纪地质构造特征及演化[M]. 北京: 中国环境科学出版社.
劳子强, 王世炎, 1999. 河南省嵩山地区登封群研究的新进展[J]. 中国区域地质, (1): 10-17.
劳子强, 1989. 登封群剖面特征及其划分[J]. 河南地质, (3): 20-26.
雷振宇, 李永铁, 1997. 豫西中元古界汝阳群高频旋回高分辨率层序地层研究[J]. 沉积学报, 15(S1): 41-45.
李厚民, 陈毓川, 王登红, 等, 2007. 小秦岭变质岩及脉体锆石 SHRIMP U-Pb 年龄及其地质意义[J]. 岩石学报, (10): 2504-2512.
李怀坤, 朱士兴, 相振群,等, 2010. 北京延庆高于庄组凝灰岩的锆石 U-Pb 定年研究及其对华北北部中元古界划分新方案的进一步约束[J]. 岩石学报, 26(07): 2131-2140.
李怀坤, 李惠民, 陆松年, 1995. 长城系团山子组火山岩颗粒锆石 U-Pb 年龄及其地质意义[J]. 地球化学, (1): 43-48+101.
李怀坤, 苏文博, 周红英, 等, 2011. 华北克拉通北部长城系底界年龄小于 1 670 Ma: 来自北京密云花岗斑岩岩脉锆石 LA-MC-ICPMS U-Pb 年龄的约束[J]. 地学前缘, 18(3): 108-120.
李钦仲, 1985. 华北地台南缘(陕西部分)晚前寒武纪地层研究[M]. 西安: 西安交通大学出版社.
李三忠, 李玺瑶, 戴黎明, 等, 2015. 前寒武纪地球动力学(Ⅵ): 华北克拉通形成[J]. 地学前缘, 22(6): 77-96.
李三忠, 赵国春, 孙敏, 2016. 华北克拉通早元古代拼合与 Columbia 超大陆形成研究进展[J]. 科学通报, (9): 919-925.
廖林, 陈汉林, 程晓敢, 等, 2012. 帕米尔东北缘新生代隆升活动: 来自奥依塔格剖面砾石统计的证据[J]. 地球科学(中国地质大学学报), 37(4): 791-804.
林慈銮, 2006. 河南鲁山地区太古代片麻岩系的地球化学. 锆石年代学及其构造环境[D]. 西安: 西北大学.
林潜龙, 1989. 河南古板块构造概述[J]. 河南地质, 7(4): 21-27.
林秀斌, 陈汉林, Wyrwoll K H, 等, 2009. 青藏高原东北部隆升: 来自宁夏同心小洪沟剖面的证据[J]. 地质学报, 83(4): 455-467.
刘聃, 陈汉林, 林秀斌, 等, 2012. 南天山西部山前新生代晚期三期构造活动: 来自乌鲁克恰提剖面砾石统计的证据[J]. 岩石学报, 28(8): 2414-2422.
刘刚, 周东升, 2007. 微量元素分析在判别沉积环境中的应用——以江汉盆地潜江组为例[J]. 石油实验地质, 29(3): 307-310.
刘鸿允, 郝杰, 李曰俊, 等, 1999. 中国中东部晚前寒武纪地层与地质演化[M]. 北京: 科学出版社,

1-200.

刘文斌，申开洪，廖诗进，等，2015. 华北陆块南缘汝阳群次火山岩SHRIMP锆石U-Pb年龄及其地质意义[J]. 地质通报，34(8)：1517-1525.

刘志超，吴福元，郭春丽，等，2011. 磷钇矿U-Pb年龄激光原位ICP-MS测定[J]. 科学通报，56(33)：2772.

卢俊生，王国栋，王浩，等，2014. 河南鲁山太华变质杂岩前寒武纪变质作用[J]. 岩石学报，30(10)：3062-3074.

陆松年，李惠民，1991. 蓟县长城系大红峪组火山岩的单颗粒锆石U-Pb法准确定年[J]. 地球学报，(1)：10.

陆松年，李怀坤，李惠民，等，2003. 华北克拉通南缘龙王(石童)碱性花岗岩U-Pb年龄及其地质意义[J]. 地质通报，(10)：762-768.

陆松年，李怀坤，相振群，2010. 中国中元古代同位素地质年代学研究进展述评[J]. 中国地质，4：1002-1013.

陆松年，杨春亮，李怀坤，等，2002. 华北古大陆与哥伦比亚超大陆[J]. 地学前缘，(4)：225-233.

吕国芳，关保德，王耀霞，1993. 豫西高山河组云梦山组火山岩特点及其构造背景[J]. 河南地质，1：37-43.

马杏垣，索书田，闻立峰，1981. 前寒武纪变质岩构造的构造解析[J]. 地球科学，1：67-74.

马旭东，秦正，邢永强，等，2007. 豫西卢氏官道口群古构造环境[A]. 河南省地质调查与研究通报，2007年卷(上册).

毛光周，刘池洋，2011. 地球化学在物源及沉积背景分析中的应用[J]. 地球科学与环境学报，33(4)：337-348.

孟庆任，胡健民，1993. 豫西晚元古代洛峪群沉积作用及环境演化[J]. 沉积学报，11(2)：1-10.

倪志耀，王仁民，童英，等，2003. 河南洛宁太华岩群斜长角闪岩的锆石$^{207}Pb/^{206}Pb$和角闪石$^{40}Ar/^{39}Ar$年龄[J]. 地质论评，49(4)：361-366.

潘桂棠，陆松年，肖庆辉，等，2016. 中国大地构造阶段划分和演化[J]. 地学前缘，23(6)：1-23.

彭澎，刘富，翟明国，等，2011. 密云岩墙群的时代及其对长城系底界年龄的制约[J]. 科学通报，56(35)：6.

彭澎，翟明国，2002. 华北陆块前寒武纪两次重大地质事件的特征和性质[J]. 地球科学进展，17(6)：818-825.

彭澎，2005. 华北克拉通中部1.8 Ga镁铁质岩墙群的成因和构造意义[D]. 北京：中科院地质与地球物理研究所.

乔秀夫，高劢，1997. 中国北方青白口系碳酸岩Pb-Pb同位素测年及意义[J]. 地球科学，22(1)：1-7.

乔秀夫，王彦斌，2014. 华北克拉通中元古界底界年龄与盆地性质讨论[J]. 地质学报，88(9)：1623-1637.

任富根，李惠民，殷艳杰，等，2002. 豫西地区熊耳群的地质年代学研究[J]. 前寒武纪研究进展，25(1)：41-47.

沈其韩，许惠芬，张宗清，等，1992. 中国早前寒武纪麻粒岩[M]. 北京：地质出版社，389-400.

盛和宜，1993. 粒度分析在扇三角洲分类中的应用[J]. 石油实验地质，15(2)：185-191.

苏文博，李怀坤，HUFF W D，等，2010. 铁岭组钾质斑脱岩锆石SHRIMP U-Pb年代学研究及其地质意义[J]. 科学通报, 55(22):2197-2206.

苏文博, 李怀坤, 徐莉, 等, 2012. 华北克拉通南缘洛峪群-汝阳群属于中元古界长城系——河南汝州洛峪口组层凝灰岩锆石 LA-MC-ICPMSU-Pb 年龄的直接约束[J]. 地质调查与研究, 02: 96-108.

孙大中, 胡维兴, 1993. 中条山前寒武纪年代构造格架和年代地壳结构[J]. 北京: 地质出版社.

孙枢, 陈志明,王清晨, 1982. 豫陕中-晚元古代沉积盆地(二)[J]. 地质科学,(1): 5-12.

孙枢, 从柏林, 李继亮, 1981. 豫陕中-晚元古代沉积盆地(一)[J]. 地质科学,16(4): 314-322.

孙枢, 张国伟, 陈志明, 1985. 华北断块南部前寒武纪地质演化[M]. 北京: 冶金工业出版社.

孙勇, 张国伟, 杨司祥, 等, 1996. 北秦岭早古生代二郎坪蛇绿岩片的组成和地球化学[J]. 中国科学 (D辑), S1: 49-55.

涂绍雄, 1996. 河南鲁山太华变质杂岩原岩建造及时代二分的新认识[J]. 华南地质与矿产, (4): 22-31.

万渝生, 刘敦一, 王世炎, 等, 2009. 登封地区早前寒武纪地壳演化——地球化学和锆石 SHRIMP U-Pb 年代学制约[J]. 地质学报, 83(7): 982-999.

汪校锋, 2015. 华北克拉通南缘中-新元古代地层年代学研究及其地质意义[D]. 武汉: 中国地质大学.

王建刚, 胡修棉, 2008. 砂岩副矿物的物源区分析新进展[J]. 地质论评, 54(5): 670-678.

王同和, 1995. 晋陕地区地质构造演化与油气聚集[J]. 华北地质矿产杂志, 10(3): 283-421.

王曰伦, 陆宗斌, 邢裕盛, 等, 1980. 中国上前寒武系的划分和对比——中国震旦亚界[M]. 天津: 天津科学技术出版社, 1-30.

王跃峰, 白朝军, 1996. 嵩箕地区登封群岩石地球化学特征[J]. 河南地质, 14(1): 29-38.

王泽九, 沈其韩, 万渝生, 2004b. 河南登封石牌河“变闪长岩体”的锆石 SHRIMP 年代学研究[J]. 地球学报, (3): 295-298.

王志宏, 张兴辽, 屠森, 等, 2008. 河南省地层古生物研究,第一分册,前寒武纪[M]. 郑州: 黄河水利出版社, 1-201.

王志宏, 1979. 震旦亚界汝阳群下部小沟背组的发现[J]. 河南地质, (4): 51-54.

吴福元, 李献华, 郑永飞, 等, 2007. Lu-Hf 同位素体系及其岩石学应用. 岩石学报, 23(2): 185-220.

武铁山, 2002. 华北晚前寒武纪 (中, 新元古代)岩石地层单位及多重划分对比[J]. 中国地质, 29(2): 147-154.

席文祥,裴放, 巴光进,等, 1997. 河南省岩石地层——全国地层多重划分对比研究[M]. 武汉: 中国地质大学出版社, 1-299.

谢良鲜, 司荣军, 王世炎, 等, 2014. 嵩山地区熊耳群火山岩岩石学, 地球化学及成因探讨[J]. 地质找矿论丛, (3): 408-416.

谢良鲜, 2013. 河南省嵩山地区熊耳群火山岩地质地球化学特征[D]. 焦作: 河南理工大学.

邢裕盛, 高振家, 王自强, 等, 1996. 中国地层典: 新元古界[M]. 北京: 地质出版社, 1-117.

徐勇航, 赵太平, 张玉修, 等, 2008. 华北克拉通南部古元古界熊耳群大古石组碎屑岩的地球化学特征及其地质意义[J]. 地质论评, 54(3): 316-326.

薛良伟, 原振雷, 冯有利, 1996. 河南箕山登封群单颗粒锆石 $^{207}Pb/^{206}Pb$ 同位素年代研究[J]. 地质论评, (1): 71-75.

薛良伟,原振雷,张荫树,等, 1995. 鲁山太华群 Sm-Nd 同位素年龄及其意义[J]. 地球化学, S1: 92-97.

薛良伟, 2004. 登封群的定年及其划分问题的探讨[J]. 地球学报, (2): 229-234.

闫全人, 王宗起, 闫臻, 等, 2008. 秦岭造山带宽坪群中的变铁镁质岩的成因. 时代及其构造意义[J]. 地质通报, 27(9): 1475-1492.
闫义, 林舸, 王岳军, 等, 2002. 盆地陆源碎屑沉积物对源区构造背景的指示意义[J]. 地球科学进展, 17(1): 85-90.
阎玉忠,朱士兴, 1992. 山西永济白草坪组具刺疑源类的发现及其地质意义[J]. 微体古生物学报,(3): 267-282.
杨长秀, 2008. 河南鲁山地区早前寒武纪变质岩系的锆石 SHRIMP U-Pb 年龄. 地球化学特征及环境演化[J]. 地质通报, 27(4): 517-533.
杨崇辉, 杜利林, 任留东, 等, 2009. 华北克拉通南缘安沟群的 SHRIMP 年龄及地层对比[J]. 岩石学报, 25(08):1853-1862.
杨国臣, 于炳松, 陈建强, 等, 2010. 川西盆地下白垩统古流向逆变及沉积地球化学响应[J]. 古地理学报, 12(1): 116-126.
杨国臣, 于炳松, 陈建强, 等, 2010. 川西前陆盆地上侏罗统-白垩系泥质岩稀土元素地球化学[J]. 现代地质, 24(1): 140-150.
杨忆, 1990. 华北地台南缘熊耳群火山岩特点形成的构造背景[J]. 岩石学报, (2): 20-29.
尹崇玉, 高林志, 1999. 华北地台南缘汝阳群白草坪组微古植物及地层时代探讨[J]. 地层古生物论文集, 27: 81-94.
尹崇玉, 高林志, 2000. 豫西鲁山洛峪口组宏观藻类的发现及地质意义[J]. 地质学报, 74(4): 339-343.
袁静, 2011. 东营凹陷盐 22 块沙四上亚段砂砾岩粒度概率累积曲线特征[J]. 沉积学报, 29(5): 815-824.
岳亮, 刘自亮, 2017. 冲积扇沉积向滨岸沉积的转变——以华北克拉通南缘中元古界兵马沟组为例[J]. 沉积学报, 35(4): 752-762.
翟明国, 卞爱国, 赵太平, 2000. 华北克拉通新太古代末超大陆拼合及古元古代末-中元古代裂解[J]. 中国科学(D 辑), 30: 129-137.
翟明国, 胡波, 彭澎, 等, 2014. 华北中-新元古代的岩浆作用与多期裂谷事件[J]. 地学前缘, 21(1): 100-119.
翟明国, 彭澎, 2007. 华北克拉通古元古代构造事件[J]. 岩石学报, 23: 2665-2687.
翟明国, 2004. 华北克拉通 21-17 亿年地质事件群的分解和构造意义探讨[J]. 岩石学报, 20: 1343-1354.
翟明国, 2010. 华北克拉通的形成演化与成矿作用[J]. 矿床地质, 29(1): 24-36.
翟明国, 2011. 克拉通化与华北陆块的形成[J]. 中国科学(D 辑), 41(8): 1037-1046.
翟明国, 2013. 中国主要古陆与联合大陆的形成——综述与展望[J]. SCIENTIA SINICA Terrae, 43(10): 1583-1606.
张伯声, 1951. 嵩阳运动和嵩山区的五台系(节要)[J]. 地质论评, 1: 79-81+144.
张成立, 刘良, 张国伟, 等, 2004. 北秦岭新元古代后碰撞花岗岩的确定及其构造意义[J]. 地学前缘, 11(3): 33-42.
张国伟, 孟庆任, 1996. 秦岭造山带的造山过程及其动力学特征[J]. 中国科学(D 辑), 26(3): 193-200.
张国伟, 炎金才, 韩天瑞, 1978. 河南嵩山君召地区太古界登封群地层划分、古构造和古风化壳基本特征[J]. 西北大学学报(自然科学版), (2): 89-129.
张国伟, 张宗清, 董云鹏, 1995. 秦岭造山带主要构造岩石地层单元的构造性质及其大地构造意义[J].

岩石学报，(02)：101-114.

张拴宏，赵越，叶浩，等，2013. 燕辽地区长城系串岭沟组及团山子组沉积时代的新制约[J]. 岩石学报，29(7)：2481-2490.

张元国，陈雷，刘长乐，2011. 河南鲁山地区中元古代兵马沟组的发现及其地质意义[J]. 地质通报，30(11)：1716-1720.

张倬元，陈叙伦，刘世青，等，2000. 丹棱-思濛砾石层成因与时代[J]. 山地学报，(S1)：8-16.

张宗清，黎世美，1998. 河南省西部熊耳山地区太古宙太华群变质岩的 Sm-Nd，Rb-Sr 年龄及其地质意义[C]//华北地台早前寒武纪地质研究文集. 北京：地质出版社，123-132.

赵澄林，李儒峰，周劲松，1997. 华北中新元古界油气地质与沉积学[M]. 北京：地质出版社，68-77.

赵太平，邓小芹，胡国辉，等，2015. 华北克拉通古/中元古代界线和相关地质问题讨论[J]. 岩石学报，31(6)：1495-1508.

赵太平，裴玉华，1995. 熊耳群火山熔岩的岩相学特征[J]. 河南地质，13(4)：268-275.

赵太平，秦国群，原振雷，等，1994. 关于熊耳群火山岩特征及其构造环境的新认识[J]. 矿物岩石地球化学通报，2：115-116.

赵太平，徐勇航，翟明国，2007. 华北陆块南部元古宙熊耳群火山岩的成因与构造环境：事实与争议[J]. 高校地质学报，13(2)：191-206.

赵太平，翟明国，夏斌，等，2004. 熊耳群火山岩锆石 SHRIMP 年代学研究：对华北克拉通盖层发育初始时间的制约[J]. 科学通报，,49(22)：2342-2349.

赵太平，周美夫，金成伟，等，2001. 华北陆块南缘熊耳群形成时代讨论[J]. 地质科学，36(3)：326-334.

赵太平，庄建敏，1996. 华北板块南缘熊耳群火山岩岩石类型及火山岩系列[J]. 华北地质矿产杂志，11(4)：599-606.

赵太平，2012. 中国嵩山前寒武纪地质[M]. 北京：地质出版社.

赵宗溥，1993. 中朝准地台前寒武纪地壳演化[M]. 北京：科学出版社.

郑德顺，孟瑶，孙风波，等，2017. 伊川中元古界兵马沟组砂岩稀土元素地球化学特征[J]. 河南理工大学学报(自然科学版)，(1)：38-45.

郑德顺，孙风波，程涌，等，2016b. 豫西伊川地区中元古界兵马沟组泥质岩地球化学特征及其环境与物源示踪[J]. 高校地质学报，(2)：254-263.

郑德顺，王鹏晓，孙风波，2016a. 豫西济源中元古界兵马沟组沉积环境分析[J]. 地质科技情报，(1)：1-7.

郑勇，孔屏，2013. 四川盆地西缘晚新生代大邑砾岩的物源及其成因：来自重矿物和孢粉的证据[J]. 岩石学报，29(8)：2949-2958.

周汉文，钟国楼，钟增球，等，1998. 豫西小秦岭地区太华杂岩中花岗质片麻岩的元素地球化学及其构造意义[J]. 地球科学，23(6)：553-556.

周洪瑞，王自强，1998. 豫西地区中、新元古代地层沉积特征及层序地层学研究[J]. 现代地质，12(1)：17-24.

周艳艳，赵太平，薛良伟，等，2009a. 河南嵩山地区新太古代 TTG 质片麻岩的成因及其地质意义：来自岩石学、地球化学及同位素年代学的制约[J]. 岩石学报，25(2)：331-347.

周艳艳，赵太平，薛良伟，等，2009b. 河南嵩山地区新太古代斜长角闪岩的地球化学特征与成因[J]. 岩石学报, 25(11): 3043-3056.

朱筱敏, 2008. 沉积岩石学[M]. 北京: 石油工业出版社.

祝杰, 2015. 伊川兵马沟组上段砂岩粒度特征及环境意义[J]. 辽宁化工, 44(11): 1409-1413.

左景勋, 2002. 河南箕山地区中元古界五佛山群沉积环境及岩相古地理特征[J]. 地质科技情报, 21(3): 30-34.

左景勋, 1997. 豫西汝阳中上元古界层序地层划分及其岩石地层格架[J]. 河南地质,1: 30-36.

Adegoke A K, Wan H A, Hakimi M H, et al. , 2014. Trace elements geochemistry of kerogen in Upper Cretaceous sediments, Chad(Bornu)Basin, northeastern Nigeria: Origin and paleo-redox conditions[J]. Journal of African Earth Sciences, 100: 675-683.

Algeo T J, Maynard J B, 2004. Trace-element behavior and redox facies in core shales of Upper Pennsylvanian Kansas-type cyclothems[J]. Chemical Geology, 206(3-4): 289-318.

Allegre C J, Minster J F, 1978. Quantitative models of trace element behavior in magmatic processes[J]. Earth and Planetary Science Letters, 38(1): 1-25.

Amelin Y, Lee D C, Halliday A N, 2000. Early-middle Archaean crustal evolution deduced from Lu-Hf and U-Pb isotopic studies of single zircon grains[J]. Geochimica et Cosmochimica Acta, 64(24): 4205-4225.

Andersen T, Laajoki K, Saeed A, 2004. Age, provenance and tectonostratigraphic status of the Mesoproterozoic Blefjell quartzite, Telemark sector, southern Norway[J]. Precambrian Research, 135(3): 217-244.

Andersen T, 2005. Detrital zircons as tracers of sedimentary provenance: limiting conditions from statistics and numerical simulation[J]. Chemical Geology, 216(3): 249-270.

Belousova E A, Kostitsyn Y A, Griffin W L, et al. , 2010. The growth of the continental crust: constraints from zircon Hf-isotope data[J]. Lithos, 119(3): 457-466.

Bhatia M R , Taylor S R, 1981. Trace-element geochemistry and sedimentary provinces: A study from the Tasman Geosyncline, Australia[J]. Chemical Geology, 33(1-4): 115-125.

Bhatia M R, Crook K A W, 1986. Trace element characteristics of graywackes and tectonic setting discrimination of sedimentary basins[J]. Contributions to mineralogy and petrology, 92(2): 181-193.

Bhatia M R, Crook K A W, 1986. Trace element characteristics of graywackes and tectonic setting discrimination of sedimentary basins[J]. Contributions to mineralogy and petrology, 92(2): 181-193.

Bhatia M R, 1983. Plate tectonics and geochemical composition of sandstones[J]. The Journal of Geology, 91(6): 611-627.

Bhatia M R, 1985. Rare earth element geochemistry of Australian Paleozoic graywackes and mudrocks: provenance and tectonic control[J]. Sedimentary Geology, 45(1-2): 97-113.

Boggs S, 1969. Relationship of size and composition in pebble counts[J]. Journal of Sedimentary Research, 39(3): 1243-1247.

Boynton W V, 1984. Cosmochemistry of the rare earth elements: meteorite studies[M]//Rare earth element geochemistry. Elsevier, 63-114

Calvert S E, Pedersen T F, 1993. Geochemistry of Recent oxic and anoxic marine sediments: Implications for the geological record[J]. Marine Geology, 113(1-2): 67-88.

Chen Y J, Zhao Y C, 1997. Geochemical characteristics and evolution of REE in the Early Precambrian sediments: evidence from the southern margin of the North China Craton[J]. Episodes, 20(2): 109-116.

Condie K C, Aster R C, 2010. Episodic zircon age spectra of orogenic granitoids: the supercontinent connection and continental growth[J]. Precambrian Research, 180(3): 227-236.

Condie K C, 2002. Breakup of a Paleoproterozoic supercontinent[J]. Gondwana Research, 5(1): 41-43.

Condie K C, 1993. Chemical composition and evolution of the upper continental crust: contrasting results from surface samples and shales[J]. Chemical geology, 104(1-4): 1-37.

Cox R, Lowe D R, Cullers R L, 1995. The influence of sediment recycling and basement composition on evolution of mudrock chemistry in the southwestern United States[J]. Geochimica et Cosmochimica Acta, 59(14): 2919-2940.

Cox R, Lowe D R, 1995. A conceptual review of regional-scale controls on the composition of clastic sediment and the co-evolution of continental blocks and their sedimentary cover[J]. Journal of Sedimentary Research, 65(1): 1-12.

Crusius J, Calvert S, Pedersen T, et al., 1996. Rhenium and molybdenum enrichments in sediments as indicators of oxic, suboxic and sulfidic conditions of deposition[J]. Earth & Planetary Science Letters, 145(1-4): 65.

Cui M, Zhang B, Zhang L, 2011. U-Pb dating of baddeleyite and zircon from the Shizhaigou diorite in the southern margin of North China Craton: constrains on the timing and tectonic setting of the Paleoproterozoic Xiong'er Group[J]. Gondwana Research, 20(1): 184-193.

Cui M, Zhang L, Zhang B, et al., 2013. Geochemistry of 1. 78Ga A-type granites along the southern margin of the North China Craton: implications for Xiong´er magmatism during the break-up of the supercontinent Columbia[J]. International Geology Review, 55(4): 496-509.

Cullers R L, 1994. The chemical signature of source rocks in size fractions of Holocene stream sediment derived from metamorphic rocks in the Wet Mountains region, Colorado, USA[J]. Chemical Geology, 113(3-4): 327-343.

Cullers R L, 2000. The geochemistry of shales, siltstones and sandstones of Pennsylvanian-Permian age, Colorado, USA: implications for provenance and metamorphic studies[J]. Lithos, 51(3): 181-203.

Custodio E, 2002. Aquifer overexploitation: what does it mean[J]. Hydrogeology Journal, 10(2): 254-277.

Darby B J, 2006. Gehrels G. Detrital zircon reference for the North China block[J]. Journal of Asian Earth Sciences, 26(6): 637-648.

Dean W E, Gardner J V, Piper D Z, 1997. Inorganic geochemical indicators of glacial-interglacial changes in productivity and anoxia on the California continental margin[J]. Geochimica Et Cosmochimica Acta, 61(21): 4507-4518.

Deng H, Kusky T, Polat A, et al., 2014. Geochronology, mantle source composition and geodynamic constraints on the origin of Neoarchean mafic dikes in the Zanhuang Complex, Central Orogenic Belt, North China Craton[J]. Lithos, 205: 359-378.

Deng X H, Chen Y J, Santosh M, et al., 2013a. Genesis of the 1. 76 Ga Zhaiwa Mo-Cu and its link with the Xiong' er volcanics in the North China Craton: implications for accretionary growth along the margin of the Columbia super- continent[J]. Precambrian Research. 227, 337-348.

Deng X H, Chen Y J, Santosh M, et al., 2013b. Metallogeny during continental outgrowth in the Columbia supercontinent: isotopic characteriza- tion of the Zhaiwa Mo-Cu system in the North China Craton[J]. Ore Geological. Review. 51, 43-56.

Deng X Q, Peng T P, Zhao T P, 2016. Geochronology and geochemistry of the late Paleoproterozoic aluminous A-type granite in the Xiaoqinling area along the southern margin of the North China Craton: Petrogenesis and tectonic implications[J]. Precambrian Research, 127-146.

Dickinson W R, Beard L S, Brakenridge G R, et al., 1983. Provenance of North American Phanerozoic sandstones in relation to tectonic setting[J]. Geological Society of America Bulletin, 94: 222-235.

Dickinson W R, Suczek C A, 1979. Plate tectonics and sandstone compositions[J]. Aapg Bulletin, 63(12): 2164-2182.

Diwu C R, Sun Y, Lin C L, et al., 2010. LA-(MC)-ICPMS U-Pb zircon geochronology and Lu-Hf isotope compositions of the Taihua complex on the southern margin of the North China Craton[J]. Chinese Science Bulletin, 55(23): 2557-2571.

Diwu C R, Sun Y, Yuan H L, et al., 2008. U-Pb ages and Hf isotopes for detrital zircons from quartzite in the Paleoproterozoic Songshan Group on the southwestern margin of the North China Craton[J]. Chinese Science Bulletin, 53(18): 2828-2839.

Diwu C, Sun Y, Guo A, et al., 2011. Crustal growth in the North China Craton at ~ 2.5 Ga: Evidence from in situ zircon U-Pb ages, Hf isotopes and whole-rock geochemistry of the Dengfeng complex[J]. Gondwana Research, 20(1): 149-170.

Dong Y, Yang Z, Liu X, et al., 2014. Neoproterozoic amalgamation of the Northern Qinling terrain to the North China Craton: Constraints from geochronology and geochemistry of the Kuanping ophiolite[J]. Precambrian Research, 255: 77-95.

Elderfield H, Greaves M J, 1982. The rare earth elements in seawater[J]. Nature, 296(5854): 214-219.

Faure M, Trap P, Lin W, et al., 2007. Polyorogenic evolution of the Paleoproterozoic Trans-North China Belt, new insights from the in Lüliangshan-Hengshan-Wutaishan and Fuping massifs[J]. Episodes Journal of International Geoscience, 30(2): 95-106.

Fedo C M, Nesbitt H W, Young G M, 1995. Unraveling the effects of potassium metasomatism in sedimentary rocks and paleosols, with implications for paleoweathering conditions and provenance[J]. Geology, 23(10): 921-924.

Fedo C M, Sircombe K N, Rainbird R H, 2003. Detrital zircon analysis of the sedimentary record[J]. Reviews in Mineralogy and Geochemistry, 53(1): 277-303.

Floyd P A, Leveridge B E, 1987. Tectonic environment of the Devonian Gramscatho basin, south Cornwall: framework mode and geochemical evidence from turbiditic sandstones[J]. Journal of the Geological Society, 144(4): 531-542.

Folk R L, Ward W C, 1957. Brazos River bar; a study in the significance of grain size parameters[J]. Journal of Sedimentary Research, 27(1): 3-26.

Fralick P W, Hollings P, Metsaranta R, et al., 2009. Using sediment geochemistry and detrital zircon geochronology to categorize eroded igneous units: An example from the Mesoarchean Birch-Uchi Greenstone Belt, Superior Province[J]. Precambrian Research, 168(1): 106-122.

Frostick L E, Reid I, 1980. Sorting mechanisms in coarse-grained alluvial sediments: fresh evidence from a basalt plateau gravel, Kenya[J]. Journal of the Geological Society, 137(4): 431-441.

Gao, L Z, Zhang C H, Liu P J, et al., 2009. Reclassification of the Meso- and Neoproterozoic Chronostratigraphy of North China by SHRIMP Zircon Ages[J]. Acta Geologica Sinica, 83(6): 1074-1084.

Girty G H, Hanson A D, Knaack C, et al., 1994. Provenance determined by REE, Th, and Sc analyses of metasedimentary rocks, Boyden Cave roof pendant, central Sierra Nevada, California[J]. Journal of Sedimentary Research, 64(1): 68-73.

Gu X X, Liu J M, Zheng M H, et al., 2002. Provenance and Tectonic Setting of the Proterozoic Turbidites in Hunan, South China: Geochemical Evidence[J]. Journal of Sedimentary Research, 72(3): 393-407.

Guan H, Sun M, Wilde S A, et al., 2002. SHRIMP U-Pb zircon geochronology of the Fuping Complex: implications for formation and assembly of the North China Craton[J]. Precambrian Research, 113(1): 1-18.

Guo J H, O'Brien P J, Zhai M, 2002. High-pressure granulites in the Sanggan area, North China craton: metamorphic evolution, P-T paths and geotectonic significance[J]. Journal of Metamorphic Geology, 20(8): 741-756.

Guo J H, Sun M, Chen F K, et al., 2005. Sm-Nd and SHRIMP U-Pb zircon geochronology of high-pressure granulites in the Sanggan area, North China Craton: timing of Paleoproterozoic continental collision[J]. Journal of Asian Earth Sciences, 24(5): 629-642.

Hatch J R, Leventhal J S, 1992. Relationship between inferred redox potential of the depositional environment and geochemistry of the Upper Pennsylvanian (Missourian) Stark Shale Member of the Dennis Limestone, Wabaunsee County, Kansas, USA[J]. Chemical Geology, 99(1-3): 65-82.

He Y, Zhao G, Sun M, et al.,2008. Geochemistry, isotope systematics and petrogenesis of the volcanic rocks in the Zhongtiao Mountain: an alternative interpretation for the evolution of the southern margin of the North China Craton[J]. Lithos, 102(1): 158-178.

He Y, Zhao G, Sun M, et al., 2010. Petrogenesis and tectonic setting of volcanic rocks in the Xiaoshan and Waifangshan areas along the southern margin of the North China Craton: constraints from bulk-rock geochemistry and Sr-Nd isotopic composition[J]. Lithos, 114(1): 186-199.

He Y, Zhao G, Sun M, et al., 2009. SHRIMP and LA-ICP-MS zircon geochronology of the Xiong'er volcanic rocks: implications for the Paleo-Mesoproterozoic evolution of the southern margin of the North China Craton [J]. Precambrian Research, 168(3): 213-222.

Herron M M, 1988. Geochemical classification of terrigenous sands and shales from core or log data[J]. Journal of Sedimentary Research, 58(5): 820-829.

Hofmann A, 2005. The geochemistry of sedimentary rocks from the Fig Tree Group, Barberton greenstone belt: implications for tectonic, hydrothermal and surface processes during mid-Archaean times[J]. Precambrian Research, 143(1): 23-49.

Hou G, Santosh M, Qian X, et al., 2008. Tectonic constraints on 1. 3~1. 2 Ga final breakup of Columbia supercontinent from a giant radiating dyke swarm[J]. Gondwana Research, 14(3): 561-566.

Hu G, Zhao T, Zhou Y, 2014. Depositional age, provenance and tectonic setting of the Proterozoic Ruyang Group, southern margin of the North China Craton[J]. Precambrian Research, 246(6): 296-318.

Hu Z C, Zhang W, Liu Y S, et al. 2015."Wave" signal smoothing and mercury removing device for laser ablation quadrupole and multiple collector ICP-MS analysis: application to lead isotope analysis[J]. Analytical Chemistry, 87, 1152-1157.

Huang H, Polat A, Fryer B J, 2013. Origin of Archean tonalite-trondhjemite- granodiorite (TTG) suites and granites in the Fiskenæsset region, southern West Greenland: Implications for continental growth[J]. Gondwana Research, 23, 452-470.

Huang X L, Niu Y, Xu Y G, et al., 2010. Geochemistry of TTG and TTG-like gneisses from Lushan-Taihua complex in the southern North China Craton: implications for late Archean crustal accretion[J]. Precambrian Research, 182(1): 43-56.

Ingersoll R V, Bullard T F, Ford R L, et al., 1984. The effect of grain size on detrital modes: a test of the Gazzi-Dickinson point-counting method[J]. Journal of Sedimentary Petrology, 54: 103-116.

Jahn B M, Auvray B M, Shen Q H, et al., 1988, Archean crustal evolution in China: The Taishan complex and evidence for juvenile crustal addition from long-term depleted mantle[J]. Precambrian Research, 38(4): 381-403.

Jahn B M, Zhang Z Q, 1984. Radiometric ages(Rb-Sr, Sm-Nd, U-Pb) and REE geochemistry of Archaean granulite gneisses from eastern Hebei province, China [M]//Archaean geochemistry. Springer, Berlin, Heidelberg, 204-234.

Johnsson M J, 1993. The system controlling the composition of clastic sediments. In: Johnsson MJ, Basu A (Eds.), Processes Controlling the Composition of Clastic Sediments, Geological Society of America Special Paper, 284: 1-19.

Jones B and Manning D A C, 1994. Comparison of Geochemical Indices Used for the Interpretation of Palaeo-Redox Conditions in Ancient Mudstones[J]. Chemical Geology, 111, 111-129.

Kamp P C V D, Leake B E, 1985. Petrography and geochemistry of feldspathic and mafic sediments of the northeastern Pacific margin[J]. Earth and Environmental Science Transactions of the Royal Society of Edinburgh, 76(4): 411-449.

Kröner A, Compston W, Guo-Wei Z, et al.1988. Age and tectonic setting of Late Archean greenstone-gneiss terrain in Henan Province, China, as revealed by single-grain zircon dating[J]. Geology, 16(3): 211-215.

Kröner A, Wilde S A, Li J H, et al., 2005a. Age and evolution of a late archaean to early palaeozoic upper to Lower crustal section in the nutaishan/Hengshan terrain of northern China [J]. Journal of Asian earth sciences, 24(5): 577-595.

Kröner A, Wilde S A, O'Brien P J, et al., 2005b. Field relationships, geochemistry, zircon ages and evolution of a late Archaean to Palaeoproterozoic lower crustal section in the Hengshan Terrain of northern China[J]. Acta Geologica Sinica, 79(5): 605-629.

Kröner A, Wilde S A, Zhao G C, et al., 2006. Zircon geochronology and metamorphic evolution of mafic dykes in the Hengshan Complex of northern China: evidence for late Palaeoproterozoic extension and subsequent high-pressure metamorphism in the North China Craton[J]. Precambrian research, 146(1): 45-67.

Kusky T M, Li J, Santosh M, 2007b. The Paleoproterozoic North Hebei orogen: North China craton′s collisional suture with the Columbia supercontinent[J]. Gondwana Research, 12(1): 4-28.

Kusky T M, Li J, 2003. Paleoproterozoic tectonic evolution of the North China Craton[J]. Journal of Asian Earth Sciences, 22(4): 383-397.

Kusky T M, Windley B F, Zhai M G, 2007a. Tectonic evolution of the North China Block: from orogen to craton to orogen[J]. Geological Society, London, Special Publications, 280(1): 1-34.

Kusky T M, 2011. Geophysical and geological tests of tectonic models of the North China Craton[J]. Gondwana Research, 20(1): 26-35.

Li J, Kusky T, 2007. A late Archean foreland fold and thrust belt in the North China Craton: implications for early collisional tectonics[J]. Gondwana Research, 12(1): 47-66.

Li L, Shi Y, 2016. Petrology and Geochronology of Monzonite Porphyry Intruding in Xiong'er Volcanic Rocks in Xiaoshan Area, Western Henan Province[J]. Acta Geologica Sinica(English Edition), 90(s1): 73-73.

Li M, Wang C, Wang Z, 2013. Depositional age and geological implications of the Ruyang Group in the southwestern margin of the North China Craton: Evidence from detrital zircon U-Pb ages[J]. Scientia Geologica Sinica, 48(4): 1115-1139.

Li S Z, Zhao G C, Santosh M, et al., 2011. Palaeoproterozoic tectonothermal evolution and deep crustal processes in the Jiao-Liao-Ji Belt, North China Craton: a review[J]. Geological Journal, 46(6): 525-543.

Li X H, Li Z X, Wingate M T D, et al., 2006. Geochemistry of the 755 Ma Mundine Well dyke swarm, northwestern Australia: part of a Neoproterozoic mantle superplume beneath Rodinia[J]. Precambrian Research, 146(1-2): 1-15.

Lindsey D A, Langer W H, Knepper D H, 2005. Stratigraphy, lithology, and sedimentary features of Quaternary alluvial deposits of the South Platte River and some of its tributaries east of the Front Range, Colorado[J]. US Geological Survey professional paper, (1705): 1-70.

Lindsey D A, Langer W H, Van Gosen B S, 2007. Using pebble lithology and roundness to interpret gravel provenance in piedmont fluvial systems of the Rocky Mountains, USA[J]. Sedimentary Geology, 199(3): 223-232.

Liu C H, Zhao G C, Liu F L, et al., 2014. Nd isotopic and geochemical constraints on the provenance and tectonic setting of the low-grade meta-sedimentary rocks from the Trans-North China Orogen, North China Craton [J]. Journal of Asian Earth Sciences, 94(nov.): 173-189.

Liu C, Zhao G, Sun M, et al., 2011a. U-Pb and Hf isotopic study of detrital zircons from the Yejishan Group of the Lüliang Complex: constraints on the timing of collision between the Eastern and Western Blocks, North China Craton[J]. Sedimentary Geology, 236(1): 129-140.

Liu C, Zhao G, Sun M, et al., 2011b. U-Pb and Hf isotopic study of detrital zircons from the Hutuo group in the Trans-North China Orogen and tectonic implications[J]. Gondwana Research, 20(1): 106-121.

Liu C, Zhao G, Sun M, et al., 2012a. Detrital zircon U-Pb dating, Hf isotopes and whole-rock geochemistry from the Songshan Group in the Dengfeng Complex: constraints on the tectonic evolution of the Trans-North China Orogen[J]. Precambrian Research, 192-195: 1-15.

Liu C, Zhao G, Sun M, et al., 2012b. U-Pb geochronology and Hf isotope geochemistry of detrital zircons from the Zhongtiao Complex: constraints on the tectonic evolution of the Trans-North China Orogen [J]. Precambrian Research, 222-223: 159-172.

Liu D, Wilde S A, Wan Y, et al., 2009. Combined U-Pb, hafnium and oxygen isotope analysis of zircons from meta-igneous rocks in the southern North China Craton reveal multiple events in the Late Mesoarchean-Early Neoarchean[J]. Chemical Geology, 261(1-2): 140-154.

Liu D Y, Nutman A P, Compston W, et al., 1992. Remnants of ≥ 3800 Ma crust in the Chinese part of the Sino-Korean craton[J]. Geology, 20(4): 339-342.

Liu D Y, Wilde S A, Wan Y S, et al., 2009. Combined U-Pb, hafnium and oxygen isotope analysis of zircons from meta-igneous rocks in the southern North China Craton reveal multiple events in the Late Mesoarchean-Early Neoarchean[J]. Chemical Geology, 261, 140-154.

Liu D, Wilde S A, Wan Y, et al., 2008. New U-Pb and Hf isotopic data confirm Anshan as the oldest preserved segment of the North China Craton[J]. American Journal of Science, 308(3): 200-231.

Liu S, Zhang J, Li Q, et al., 2012c. Geochemistry and U-Pb zircon ages of metamorphic volcanic rocks of the Paleoproterozoic Lüliang Complex and constraints on the evolution of the Trans-North China Orogen, North China Craton[J]. Precambrian Research, 222-223: 173-190.

Liu S, Zhao G, Wilde S A, et al., 2006. Th-U-Pb monazite geochronology of the Lüliang and Wutai Complexes: constraints on the tectonothermal evolution of the Trans-North China Orogen[J]. Precambrian Research, 148(3): 205-224.

Liu W B, Shen K H, Liao S J, et al., 2015. SHRIMP zircon U-Pb age of Ruyang Group subvolcanic rocks on the southern margin of the North China Craton and its geological significance. Geological Bulletin

Liu Y S, Gao S, Hu Z C, et al., 2010. Continental and oceanic crust recycling-induced melt-peridotite interactions in the Trans-North China Orogen: U-Pb dating, Hf isotopes and trace elements in zircons from mantle xenoliths[J]. Journal of Petrology, 51(1-2): 537-571.

Liu Y S, Hu Z C, Gao S, et al., 2008. In situ analysis of major and trace elements of anhydrous minerals by LA-ICP-MS without applying an internalstandard[J]. Chemical Geology. 257, 34-43.

Lu J S, Wang G D, Wang H, et al., 2015. Zircon SIMS U-Pb geochronology of the Lushan terrane: dating metamorphism of the southwestern terminal of the Palaeoproterozoic Trans-North China Orogen[J]. Geological Magazine, 152(2): 367-377.

Lu S, Yang C, Li H, et al., 2002. A Group of Rifting Events in the Terminal Paleoproterozoic in the North China Craton[J]. Gondwana Research, 5(1): 123-131.

Lu S, Zhao G, Wang H, et al., 2008. Precambrian metamorphic basement and sedimentary cover of the North China Craton: a review[J]. Precambrian Research, 160(1): 77-93.

Ludwig K R, 2003. User's manual for Isoplot 3. 00: a geochronological toolkit for Microsoft Excel[M]. Kenneth R. Ludwig.

Machado N, Simonetti A, 2001. U-Pb dating and Hf isotopic composition of zircon by laser-ablation-MC-ICP-MS [J]. Laser-Ablation-ICPMS in the earth sciences: principles and applications, 29: 121-146.

McLane M. 1995. Sedimentology[M]. Oxford University Pres, New York, 12-46.

McLaren P, Bowles D, 1985. The effects of sediment transport on grain-size distributions[J]. Journal of Sedimentary Research, 55(4).

McLennan S M, Compston W, Bock B, et al., 1995. Age distribution of detrital zircon in North American foreland sedimentary rocks of the Taconian and Acadian orogenies[C]//VM Goldschmidt Conference, Program and Abstracts, 72.

McLennan S M, Hemming S, McDaniel D K, et al., 1993. Geochemical approaches to sedimentation, provenance, and tectonics[J]. Geological Society of America Special Papers, 284: 21-40.

McLennan S M, Taylor S R, 1982. Geochemical constraints on the growth of the continental crust[J]. The Journal of Geology, 90(4): 347-361.

McLennan S M, Taylor S R, 1981. Role of subducted sediments in island-arc magmatism: constraints from REE patterns[J]. Earth and Planetary Science Letters, 54(3): 423-430.

McLennan S M, Taylor S R, 1991. Sedimentary rocks and crustal evolution: tectonic setting and secular trends [J]. The Journal of Geology, 99(1): 1-21.

McLennan S M, 1989. Rare earth elements in sedimentary rocks: influence of provenance and sedimentary processes[J]. Geochemistry and Minerology of Rare Earth Elements, 21: 169-200.

Miao X, Lindsey D A, Lai Z, et al., 2010. Contingency table analysis of pebble lithology and roundness: A case study of Huangshui River, China and comparison to rivers in the Rocky Mountains, USA [J]. Sedimentary Geology, 224(1): 49-53.

Moecher D P, Samson S D, 2006. Differential zircon fertility of source terranes and natural bias in the detrital zircon record: Implications for sedimentary provenance analysis[J]. Earth and Planetary Science Letters, 247 (3): 252-266.

Nesbitt H W, Young G M, 1982. Early Proterozoic climates and plate motions inferred from major element chemistry of lutites[J]. Nature, 299: 715-717.

Nesbitt H W, Young G M, 1984. Prediction of some weathering trends of plutonic and volcanic rocks based on thermodynamic and kinetic considerations[J]. Geochimica et Cosmochimica Acta, 48(7): 1523-1534.

Payne J L, Barovich K M, Hand M, 2006. Provenance of metasedimentary rocks in the northern Gawler Craton, Australia: implications for Palaeoproterozoic reconstructions[J]. Precambrian Research, 148(3): 275-291.

Peng P, Zhai M G, Guo J H, et al., 2007. Nature of mantle source contributions and crystal differentiation in the petrogenesis of the 1. 78 Ga mafic dykes in the central North China craton[J]. Gondwana Research, 12 (1): 29-46.

Peng P, Zhai M G, Guo J H, 2006. 1. 80-1. 75 Ga mafic dyke swarms in the central North China craton: implications for a plume-related break-up event[J]. Dyke Swarms-Time Markers of Crustal Evolution, 99-112.

Peng P, Zhai M, Ernst R E, et al., 2008. A 1. 78 Ga large igneous province in the North China craton: the Xiong'er Volcanic Province and the North China dyke swarm[J]. Lithos, 101(3): 260-280.

Peng P, Zhai M, Zhang H, et al., 2005. Geochronological constraints on the Paleoproterozoic evolution of the North China Craton: SHRIMP zircon ages of different types of mafic dikes[J]. International Geology Review, 47(5): 492-508.

Peng P, 2015. Precambrian mafic dyke swarms in the North China Craton and their geological implications[J]. Science China (Earth Sciences), 58(5): 649-675.

Reddy S M, Evans D A D, 2009. Palaeoproterozoic supercontinents and global evolution: correlations from core to atmosphere[J]. Geological Society, London, Special Publications, 323(1): 1-26.

Rimmer S M, 2004. Geochemical paleoredox indicators in Devonian-Mississippian black shales, Central Appalachian Basin(USA)[J]. Chemical Geology, 206(3-4): 373-391.

Rogers J J W, Santosh M, 2002. Configuration of Columbia, a Mesoproterozoic supercontinent[J]. Gondwana Research, 5(1): 5-22.

Rogers J J W, Santosh M, 2003. Supercontinents in Earth history[J]. Gondwana Research, 6(3): 357-368.

Rollinson H R, 1993. A terrane interpretation of the Archaean Limpopo Belt[J]. Geological Magazine, 130(6): 755-765.

Rooney C B, Basu A, 1994. Provenance analysis of muddy sandstones[J]. Journal of Sedimentary Research. A64: 2-7.

Roser B P, Korsch R J, 1986. Determination of tectonic setting of sandstone-mudstone suites using content and ratio[J]. The Journal of Geology, 94(5): 635-650.

Roser B P, Korsch R J, 1988. Provenance signatures of sandstone-mudstone suites determined using discriminant function analysis of major-element data[J]. Chemical geology, 67(1-2): 119-139.

Rudnick R L, Gao S, 2014. Composition of the continental crust. Treatise on Geochemistry. 2nd. 4, 1-51.

Rudnick R L, Gao S, 2003. Composition of the continental crust[J]. Treatise on geochemistry, 3: 1-64.

Santosh M, Maruyama S, Yamamoto S, 2009. The making and breaking of supercontinents: some speculations based on superplumes, super downwelling and the role of tectosphere[J]. Gondwana Research, 15(3): 324-341.

Santosh M, 2010. Assembling North China Craton within the Columbia supercontinent: the role of double-sided subduction[J]. Precambrian Research, 178(1): 149-167.

Schleyer R, 1987. The Goodness-of-fit to Ideal Gauss and Rosin Distributions: A New Grain-size Parameter[J]. SEPM Journal of Sedimentary Research, 57(5): 871-880.

Sciunnach D, Scardia G, Tremolada F, et al., 2010. The Monte Orfano Conglomerate revisited: stratigraphic constraints on Cenozoic tectonic uplift of the Southern Alps(Lombardy, northern Italy)[J]. International Journal of Earth Sciences, 99(6): 1335-1355.

Sircombe K N, 1999. Tracing provenance through the isotope ages of littoral and sedimentary detrital zircon, eastern Australia[J]. Sedimentary Geology, 124(1): 47-67.

Song B, Nutman A P, Liu D, et al., 1996. 3 800 to 2 500 Ma crustal evolution in the Anshan area of Liaoning Province, northeastern China[J]. Precambrian Research, 78(1-3): 79-94.

Spalletti L A, Queralt I, Matheos S D, et al., 2008. Sedimentary petrology and geochemistry of siliciclastic rocks from the upper Jurassic Tordillo Formation(Neuquen Basin, western Argentina): Implications for provenance and tectonic setting[J]. Journal of South American Earth Sciences, 25(4): 440-463.

Sugitani K, Yamashita F, Nagaoka T, et al., 2006. Geochemistry and sedimentary petrology of Archean clastic sedimentary rocks at Mt. Goldsworthy, Pilbara Craton, Western Australia: evidence for the early evolution of continental crust and hydrothermal alteration[J]. Precambrian Research, 147(1): 124-147.

Sun D H, Bloemendal J, Rea D K, et al., 2002. Grain-size distribution function of polymodal sediments in hydraulic and aeolian environments, and numerical partitioning of the sedimentary components[J]. 152(3-4): 263-277.

Sun M, Armstrong R L, Lambert R S, 1992. Petrochemistry and Sr, Pb and Nd isotopic geochemistry of Early Precambrian rocks, Wutaishan and Taihangshan areas, China[J]. Precambrian Research, 56, 1-31.

Sun Y, Yu Z P, Kroner A, 1994. Geochemistry and single zircon geochronology of Archaean TTG gneisses in the Taihua high-grade terrain, Lushan area, central China[J]. Journal of South Asian Earth Sciences, 10, 227-233.

Sun Y, Yu Z P, Kröner A, 1994. Geochemistry and single zircon geochronology of Archaean TTG gneisses in the Taihua high-grade terrain, Lushan area, central China[J]. Journal of Southeast Asian Earth Sciences, 10(3-4): 227-233.

Taylor S R, McLennan S M, 1985. The continental crust: its composition and evolution [M]. Blackwell Scientific Publications.

Thompson R N, 1982. Magmatism of the British Tertiary volcanic province[J]. Scottish Journal of Geology, 18 (1): 49-107.

Trap P, Faure M, Lin W, et al., 2007. Late Paleoproterozoic(1 900~1 800 Ma) nappe stacking and polyphase deformation in the Hengshan-Wutaishan area: implications for the understanding of the Trans-North-China Belt, North China Craton[J]. Precambrian Research, 156(1): 85-106.

Tribovillard N, Algeo T J, Lyons T, et al., 2006. Trace metals as paleoredox and paleoproductivity proxies: An update[J]. Chemical Geology, 232(1-2): 12-32.

Wan Y S, Liu D Y, Dong C Y, et al., 2015. Formation and evolution of Archean continental crust of the North China Craton[M]//Precambrian geology of China. Springer Berlin Heidelberg, 59-136.

Wan Y, Liu D, Wang S, et al., 2011. ~2.7 Ga juvenile crust formation in the North China Craton(Taishan-Xintai area, western Shandong Province): further evidence of an understated event from U-Pb dating and Hf isotopic composition of zircon[J]. Precambrian Research, 186(1): 169-180.

Wan Y, Liu D, Wang W, et al., 2011. Provenance of Meso-to Neoproterozoic cover sediments at the Ming Tombs, Beijing, North China Craton: an integrated study of U-Pb dating and Hf isotopic measurement of detrital zircons and whole-rock geochemistry[J]. Gondwana Research, 20(1): 219-242.

Wan Y, Liu D, Wang W, et al., 2011. Provenance of Meso-to Neoproterozoic cover sediments at the Ming Tombs, Beijing, North China Craton: an integrated study of U-Pb dating and Hf isotopic measurement of detrital zircons and whole-rock geochemistry[J]. Gondwana Research, 20(1): 219-242.

Wan Y, Wilde S A, Liu D, et al., 2006. Further evidence for~ 1.85 Ga metamorphism in the Central Zone of the North China Craton: SHRIMP U-Pb dating of zircon from metamorphic rocks in the Lushan area, Henan Province[J]. Gondwana Research, 9(1): 189-197.

Wan Y, Zhang Q, Song T, 2003. SHRIMP ages of detrital zircons from the Changcheng System in the Ming Tombs area, Beijing: constraints on the protolith nature and maximum depositional age of the Mesoproterozoic cover of the North China Craton[J]. Chinese Science Bulletin, 48(22): 2500-2506.

Wang W, Liu S, Bai X, et al., 2013a. Geochemistry and zircon U-Pb-Hf isotopes of the late Paleoproterozoic Jianping diorite-monzonite-syenite suite of the North China Craton: Implications for petrogenesis and ge- odynamic setting[J]. Lithos, 162: 175-194

Wang W, Zhou M F, Yan D P, et al., 2012. Depositional age, provenance, and tectonic setting of the Neoproterozoic Sibao Group, southeastern Yangtze Block, South China[J]. Precambrian Research, 192: 107-124.

Wang X L, Jiang S Y, Dai B Z, 2010. Melting of enriched Archean subcontinental lithospheric mantle: Evidence from the ca. 1 760 Ma volcanic rocks of the Xiong'er Group, southern margin of the North China Craton [J]. Precambrian Research, 182(3): 204-216.

Wiedenbeck M, Alle P, Corfu F, et al., 1995. Three natural zircon standards for U-Th-Pb, Lu-Hf, trace element and REE analyses[J]. Geostandards and Geoanalytical Research, 19(1): 1-23.

Wilde S A, Cawood P A, Wang K, et al., 2005. Granitoid evolution in the Late Archean Wutai Complex, North China Craton[J]. Journal of Asian Earth Sciences, 24(5): 597-613.

Wilde S A, Valley J W, Kita N T, et al., 2008. SHRIMP U-Pb and CAMECA 1 280 oxygen isotope results from ancient detrital zircons in the Caozhuang quartzite, Eastern Hebei, North China Craton: Evidence for crustal reworking 3. 8 Ga ago[J]. American Journal of Science, 308(3): 185-199.

Wilde S A, Zhao G, Sun M, 2002. Development of the North China Craton during the late Archaean and its final amalgamation at 1. 8 Ga: some speculations on its position within a global Palaeoproterozoic supercontinent [J]. Gondwana Research, 5(1): 85-94.

Wolcott J, 1988. Nonfluvial control of bimodal grain-size distributions in river-bed gravels[J]. Journal of Sedimentary Research, 58(6): 979-984.

Wu F Y, Zhang Y B, Yang J H, et al., 2008. Zircon U-Pb and Hf isotopic constraints on the Early Archean crustal evolution in Anshan of the North China Craton[J]. Precambrian Research, 167(3): 339-362.

Wu F, Zhao G, Wilde S A, et al., 2005. Nd isotopic constraints on crustal formation in the North China Craton [J]. Journal of Asian Earth Sciences, 24(5): 523-545.

Xiao S, Knoll A H, Kaufman A J, et al., 1997. Neoproterozoic fossils in Mesoproterozoic rocks? Chemostratigraphic resolution of a biostratigraphic conundrum from the North China Platform[J]. Precambrian Research, 84(3-4): 197-220.

Xu X, Griffin W L, Ma X, et al., 2009. The Taihua group on the southern margin of the North China craton: further insights from U-Pb ages and Hf isotope compositions of zircons[J]. Mineralogy and Petrology, 97(1-2): 43.

Xu Y J, Du Y S, Yang J H, et al., 2010. Sedimentary geochemistry and provenance of the lower and middle Devonian Laojunshan Formation, the north Qilian orogenic belt[J]. Science China Earth Sciences, 53(3): 356-367.

Yakubchuk A, 2010. Restoring the supercontinent Columbia and tracing its fragments after its breakup: A new configuration and a Super-Horde hypothesis[J]. Journal of Geodynamics, 50(3): 166-175.

Yang Q Y, Santosh M, Collins A S, et al., 2016. Microblock amalgamation in the North China Craton: evidence from Neoarchaean magmatic suite in the western margin of the Jiaoliao Block[J]. Gondwana Research, 31: 96-123.

Yang Q Y, Santosh M, Dong G, 2014a. Late Palaeoproterozoic post-collisional magmatism in the North China Craton: geochemistry, zircon U-Pb geochronology, and Hf isotope of the pyroxenite-gabbro-diorite suite from Xinghe, Inner Mongolia[J]. International Geology Review, 56(8): 959-984.

Yang Q Y, Santosh M, Rajesh H M, et al., 2014b. Late Paleoproterozoic charnockite suite within post-collisional setting from the North China Craton: petrology, geochemistry, zircon U-Pb geochronology and Lu-Hf isotopes[J]. Lithos, 208: 34-52.

Yang Q Y, Santosh M, 2015a. Paleoproterozoic arc magmatism in the North China Craton: no Siderian global plate tectonic shutdown[J]. Gondwana Research, 28(1): 82-105.

Yang Q Y, Santosh M, 2015b. Charnockite magmatism during a transitional phase: implications for Late Paleoproterozoic ridge subduction in the North China Craton[J]. Precambrian Research, 261: 188-216.

Yin L M, Yuan X L, Meng F W, et al., 2005. Protists of the Upper Mesoproterozoic Ruyang Group in Shanxi Province, China[J]. Precambrian Research, 141(1): 49-66.

Zhai M G, Hu B, Zhao T P, et al., 2015. Late Paleoproterozoic-Neoproterozoic multi-rifting events in the North China Craton and their geological significance: a study advance and review [J]. Tectonophysics, 662:

153-166.

Zhai M G, Santosh M, 2013. Metallogeny of the North China Craton: Link with secular changes in the evolving Earth[J]. Gondwana Research, 24(1): 275-297.

Zhai M G, Santosh M, 2011. The early Precambrian odyssey of the North China Craton: a synoptic overview[J]. Gondwana Research, 20(1): 6-25.

Zhai M G, Zhao Y, Zhao T P, 2016. Main Tectonic Events and Metallogeny of the North China Craton[M]. Springer.

Zhai M G, 2014. Multi-stage crustal growth and cratonization of the North China Craton[J]. Geoscience Frontiers, 5(4): 457-469.

Zhai M G, 2004. Precambrian geological events in the north China craton[J]. Geological Society Special Publication, 226: 57-72.

Zhai M G, 2002. Where is the north China-South China block boundary in eastern China? Comment and Reply [J]. Geology, 30(7): 667.

Zhai M, Guo J, Liu W, 2005. Neoarchean to Paleoproterozoic continental evolution and tectonic history of the North China Craton: a review[J]. Journal of Asian Earth Sciences, 24(5): 547-561.

Zhai M, Li T S, Peng P, et al. Precambrian key tectonic events and evolution of the North China Craton[J]. Geological Society, London, Special Publications, 338(1): 235-262.

Zhai M, Liu W, 2003. Palaeoproterozoic tectonic history of the North China craton: a review[J]. Precambrian Research, 122(1): 183-199.

Zhang G W, Bai Y B, Song Y, et al., 1985. Composition and evolution of the Archean crust in central Henan, China[M]. Precambrian Research, 27, 7-35.

Zhang H F, Zhai M G, Santosh M, et al., 2011. Geochronology and petrogenesis of Neoarchean potassic meta-granites from Huai'an Complex: Implications for the evolution of the North China Craton[J]. Gondwana Research, 20(1): 82-105.

Zhang H F, Zhang J, Zhang G W, et al., 2016. Detrital zircon U-Pb, Lu-Hf, and O isotopes of the Wufoshan Group: Implications for episodic crustal growth and reworking of the southern North China craton[J]. Precambrian Research, 273: 112-128.

Zhang J, Zhang H F, Lu X X, 2013. Zircon U-Pb age and Lu-Hf isotope constraints on Precambrian evolution of continental crust in the Songshan area, the south- central North China Craton[J]. Precambrian. Research, 226, 1-20.

Zhang J, Zhao G, Li S, et al., 2007. Deformation history of the Hengshan Complex: implications for the tectonic evolution of the Trans-North China Orogen[J]. Journal of Structural Geology, 29(6): 933-949.

Zhang J, Zhao G, Li S, et al., 2009. Polyphase deformation of the Fuping Complex, Trans-North China Orogen: structures, SHRIMP U-Pb zircon ages and tectonic implications[J]. Journal of Structural Geology, 31 (2): 177-193.

Zhang M, Liu Z, 2015. Retraction: Geochemistry of pelitic rocks from the Middle Permian Lucaogou Formation, Sangonghe area, Junggar Basin, Northwest China: implications for source weathering, recycling, provenance and tectonic setting[J]. Geological Journal, 50(4): 552-552.

Zhang Z, Li S, Cao H, et al., 2015. Origin of the North Qinling microcontinent and Proterozoic geotectonic evolution of the Kuanping Ocean, Central China[J]. Precambrian Research, 266: 179-193.

Zhao G C, Cawood P A, Wilde S A, et al., 2002a. Review of global 2.1-1.8 Ga orogens: implications for a pre-Rodinia supercontinent[J]. Earth-Science Reviews, 59(1): 125-162.

Zhao G C, Cawood P A, 2012. Precambrian geology of China. Precambrian Research, 222, 13-54.

Zhao G C, He Y, Sun M, 2009a. The Xiong'er volcanic belt at the southern margin of the North China Craton: petrographic and geochemical evidence for its outboard position in the Paleo-Mesoproterozoic Columbia Supercontinent[J]. Gondwana research, 16(2): 170-181.

Zhao G C, Kroener A, Wilde S A, et al., 2007a. Lithotectonic elements and geological events in the Hengshan-Wutai-Fuping belt: a synthesis and implications for the evolution of the Trans-North China Orogen[J]. Geological Magazine, 144(5): 753-775.

Zhao G C, Sun M, Wilde S A, et al., 2004a. A Paleo-Mesoproterozoic supercontinent: assembly, growth and breakup[J]. Earth-Science Reviews, 67(1): 91-123.

Zhao G C, Sun M, Wilde S A, et al., 2003. Assembly, accretion and breakup of the Paleo-Mesoproterozoic Columbia Supercontinent: records in the North China Craton[J]. Gondwana Research, 6(3): 417-434.

Zhao G C, Sun M, Wilde S A, et al., 2005. Late Archean to Paleoproterozoic evolution of the North China Craton: key issues revisited[J]. Precambrian Research, 136(2): 177-202.

Zhao G C, Sun M, Wilde S A, 2002b. Did South America and West Africa marry and divorce or was it a long-lasting relationship? [J]. Gondwana Research, 5, 591-596.

Zhao G C, Wilde S A, Cawood P A, et al., 2001. Archean blocks and their boundaries in the North China Craton: lithological, geochemical, structural and P-T path constraints and tectonic evolution[J]. Precambrian Research, 107(1): 45-73.

Zhao G C, Wilde S A, Cawood P A, et al., 1998. Thermal evolution of the Archaean basement rocks from the eastern part of the North China Craton and its bearing on tectonic setting[J]. International Geology Review, 40: 706-721.

Zhao G C, Wilde S A, Guo J, et al., 2010. Single zircon grains record two Paleoproterozoic collisional events in the North China Craton[J]. Precambrian Research, 177(3): 266-276.

Zhao G C, Wilde S A, Sun M, et al., 2008. SHRIMP U-Pb zircon geochronology of the Huai'an Complex: Constraints on late Archean to Paleoproterozoic magmatic and metamorphic events in the Trans-North China Orogen[J]. American Journal of Science, 308(3): 270-303.

Zhao G C, Zhai M, 2013. Lithotectonic elements of Precambrian basement in the North China Craton: review and tectonic implications[J]. Gondwana Research, 23(4): 1207-1240.

Zhao T P, Chen W, Zhou M F. 2009b. Geochemical and Nd-Hf isotopic constrains on the origin of the ~1.74 Ga Damiao anorthosite complex[J]. North China Craton. Lithos, 113(3-4): 673-690.

Zhao T P, Zhai M G, Xia B, et al., 2004b. Zircon U-Pb SHRIMP dating for the volcanic rocks of the Xiong'er Group: Constraints on the initial formation age of the cover of the North China Craton[J]. Chinese Science Bulletin, 49(23): 2495-2502.

Zhao T P, Zhou M F, 2009. Geochemical constraints on the tectonic setting of Paleoproterozoic A-type granites in the southern margin of the North China Craton[J]. Journal of Asian Earth Sciences, 36(2): 183-195.

Zhao T P, Zhou, M F, Zhai M G, et al., 2002c. Paleoproterozoic rift-related volcanism of the Xiong'er Group,

North China craton: implications for the breakup of Columbia[J]. International Geology Review, 44, 336-351.

Zheng J, Griffin W L, O'Reilly S Y, et al., 2004. 3.6 Ga lower crust in central China: new evidence on the assembly of the North China Craton[J]. Geology, 32(3): 229-232.

Zheng Y F, Xiao W J, Zhao G, 2013. Introduction to tectonics of China[J]. Gondwana Res, 23: 1189-1206.

Zhou Y Y, Zhao T P, Wang C Y, et al., 2011. Geochronology and geochemistry of 2.5 to 2.4 Ga granitic plutons from the southern margin of the North China Craton: implications for a tectonic transition from arc to post-collisional setting[J]. Gondwana Research, 20(1): 171-183.

Zhu X Y, Chen F, Li S Q, et al., 2011. Crustal evolution of the North Qinling terrain of the Qinling Orogen, China: evidence from detrital zircon U-Pb ages and Hf isotopic composition[J]. Gondwana Research, 20(1): 194-204.

附表　地球化学及碎屑锆石年代学实验数据

附表 1　伊川万安山剖面兵马沟组砂岩主量元素（ω_B/%）分析数据

样品	YC–B001	YC–B003	YC–B007	YC–B009	YC–B011	YC–B015	YC–B022	YC–B024	YC–B028	YC–B031	YC–B035	YC–B038	YC–B040	YC–B043	YC–B045	YC–B048	YC–B053	YC–B055	YC–B057	YC–B058	YC–B063
SiO_2	60. 89	59. 72	64. 47	61. 58	70. 53	66. 90	62. 00	55. 69	77. 44	72. 15	58. 87	60. 49	65. 72	66. 06	68. 37	64. 36	68. 01	63. 31	66. 72	65. 33	61. 52
Al_2O_3	14. 72	18. 82	16. 51	16. 93	15. 34	14. 61	15. 49	20. 99	11. 08	11. 54	16. 06	15. 38	14. 03	13. 91	13. 17	14. 66	13. 39	14. 82	13. 92	14. 57	19. 26
TiO_2	0. 93	0. 70	0. 67	0. 98	0. 52	0. 56	1. 16	2. 77	0. 29	0. 36	1. 08	0. 99	0. 81	1. 00	0. 81	0. 95	0. 73	0. 86	0. 69	0. 82	1. 12
TFe_2O_3	10. 76	5. 99	5. 58	6. 88	1. 64	5. 83	8. 06	3. 18	3. 16	7. 15	10. 64	10. 49	8. 25	7. 85	7. 30	8. 26	7. 75	9. 57	8. 46	7. 56	7. 92
Fe_2O_3	10. 11	5. 94	4. 97	6. 30	1. 14	5. 26	7. 42	2. 57	2. 80	6. 50	9. 85	9. 66	7. 27	7. 00	6. 52	7. 35	6. 88	8. 81	7. 85	6. 58	7. 42
FeO	0. 58	0. 05	0. 55	0. 52	0. 45	0. 52	0. 58	0. 55	0. 32	0. 58	0. 72	0. 75	0. 88	0. 77	0. 70	0. 82	0. 78	0. 68	0. 55	0. 88	0. 45
CaO	1. 07	0. 78	0. 53	0. 67	0. 45	0. 73	0. 87	1. 43	0. 36	0. 42	0. 92	0. 78	0. 71	0. 72	0. 67	0. 91	0. 61	0. 60	0. 59	0. 72	0. 18
MgO	2. 01	2. 42	1. 72	2. 31	1. 70	2. 03	2. 86	2. 81	0. 80	1. 25	2. 73	2. 14	1. 83	1. 95	1. 42	1. 90	1. 21	1. 78	1. 26	2. 07	0. 36
K_2O	4. 00	4. 80	5. 31	5. 23	3. 95	3. 93	3. 81	5. 86	1. 20	2. 00	2. 36	2. 35	1. 10	1. 43	0. 89	1. 39	1. 23	2. 19	1. 50	1. 62	5. 76
Na_2O	1. 87	2. 85	2. 29	1. 59	3. 24	2. 71	2. 04	2. 24	4. 25	3. 11	3. 61	4. 16	5. 14	4. 45	5. 38	4. 78	5. 14	4. 17	4. 77	4. 60	0. 09
MnO	0. 052	0. 036	0. 044	0. 055	0. 049	0. 048	0. 065	0. 037	0. 13	0. 096	0. 049	0. 075	0. 080	0. 088	0. 080	0. 053	0. 079	0. 062	0. 086	0. 045	0. 024
P_2O_5	0. 23	0. 22	0. 21	0. 29	0. 14	0. 18	0. 29	0. 70	0. 09	0. 10	0. 40	0. 31	0. 34	0. 34	0. 31	0. 41	0. 23	0. 25	0. 23	0. 32	0. 37
LOI	3. 45	3. 53	2. 65	3. 45	2. 25	2. 45	3. 32	4. 03	1. 20	1. 87	3. 29	2. 88	2. 08	2. 26	1. 65	2. 40	1. 72	2. 43	1. 80	2. 46	3. 23
Total	99. 94	99. 85	99. 91	99. 91	99. 75	99. 93	99. 90	99. 67	99. 96	99. 98	99. 94	99. 97	99. 99	99. 95	99. 97	99. 97	100. 00	99. 97	99. 97	100. 02	99. 78
CIA	64. 92	65. 35	64. 12	68. 62	61. 66	61. 92	67. 94	71. 39	56. 90	60. 73	67. 52	63. 24	61. 24	62. 67	59. 08	63. 24	58. 55	62. 72	60. 28	62. 67	81. 23
ICV	1. 41	1. 11	1. 07	1. 12	1. 00	1. 25	1. 35	0. 99	1. 15	1. 33	1. 39	1. 42	1. 38	1. 35	1. 37	1. 32	1. 34	1. 36	1. 32	1. 32	0. 60

附表 2 伊川万安山剖面兵马沟组砂岩微量、稀土元素（$\omega_B/10^{-6}$）分析数据

样品	YC–B001	YC–B003	YC–B007	YC–B009	YC–B011	YC–B015	YC–B022	YC–B024	YC–B028	YC–B031	YC–B035	YC–B038	YC–B040	YC–B043	YC–B045	YC–B048	YC–B053	YC–B055	YC–B057	YC–B058	YC–B063
Li	23.9	22.1	16.8	24.1	16.8	22.9	33.8	27.5	15.9	23.8	43.4	29.7	27.1	28.5	26.9	31.7	22.5	23.9	20.6	31.6	6.45
Be	1.22	1.82	1.66	1.79	1.11	1.37	2.02	2.43	0.84	0.99	1.59	1.82	1.22	1.51	0.98	1.47	1.47	1.75	1.48	1.70	1.45
Sc	17.4	17.8	14.3	18.3	11.7	12.2	21.6	35.7	5.15	9.56	18.6	15.5	10.5	16.3	10.6	13.9	9.21	15.1	10.1	14.3	19.9
V	50.1	117	72.9	84.0	104	49.0	136	150	34.4	89.4	128	107	73.9	112	79.3	98.3	63.2	80.6	71.5	69.7	85.2
Cr	132	106	201	177	192	198	252	185	136	121	120	132	96.2	190	194	140	109	175	122	102	168
Co	12.9	15.2	15.2	24.4	12.7	16.6	23.5	20.2	7.06	11.8	18.8	18.6	17.1	18.6	14.5	18.5	12.6	15.8	9.76	17.1	4.66
Ni	29.9	37.6	35.6	45.9	33.5	41.1	62.2	45.8	21.5	24.5	40.5	36.2	31.7	43.8	36.2	38.3	26.1	33.3	21.7	42.4	25.4
Cu	9.40	7.91	18.7	14.2	16.7	18.7	24.7	6.07	15.2	13.1	9.47	12.8	10.9	16.0	38.2	14.3	45.6	17.5	27.7	9.95	21.6
Zn	59.0	54.4	43.2	62.5	39.2	56.9	76.8	69.8	23.8	34.0	95.0	80.8	68.7	69.4	55.3	79.6	49.9	61.1	42.1	77.5	15.9
Ga	19.0	26.0	21.1	23.0	18.4	19.4	21.5	32.9	10.1	12.1	19.5	18.1	12.8	15.7	10.0	14.9	11.1	17.4	12.9	16.4	24.4
Rb	123	164	158	154	122	127	124	202	39.7	62.6	88.7	84.3	36.3	65.6	30.3	52.1	49.5	74.2	48.0	61.3	72.4
Sr	49.1	109	97.3	61.8	81.5	79.9	58.9	84.5	77.0	80.4	78.2	77.0	68.7	85.3	79.1	84.1	76.9	75.6	93.5	77.2	1919
Y	24.4	10.2	26.0	71.7	12.1	20.5	22.2	42.5	19.1	10.3	35.2	36.8	31.2	28.3	21.8	25.1	21.9	34.0	21.6	32.5	90.1
Zr	226	423	230	289	143	200	357	2219	106	123	411	267	555	417	312	417	222	221	215	235	360
Nb	14.3	11.1	9.05	10.2	7.90	10.4	14.3	34.0	4.41	6.29	14.9	12.3	11.1	14.1	9.22	11.3	10.6	11.6	8.94	11.0	17.0
Sn	2.26	1.96	1.54	1.81	1.30	1.75	203	4.02	0.72	1.01	1.99	1.64	1.30	1.68	1.21	1.41	1.48	1.74	1.36	1.49	2.33
Cs	4.13	10.3	8.60	8.16	5.41	5.49	5.64	8.34	1.65	2.37	3.27	3.81	1.20	2.76	1.10	2.20	2.59	2.94	1.95	2.32	2.58
Ba	639	623	782	736	2192	545	495	842	273	285	318	295	151	248	164	186	179	227	185	195	149
La	58.0	17.1	51.0	69.8	44.5	51.8	38.6	94.5	14.4	8.06	30.1	41.5	36.2	34.7	21.7	28.7	28.5	49.1	34.7	31.5	64.0
Ce	113	29.4	99.0	128	90.7	99.4	76.9	182	28.7	17.6	64.1	87.4	79.5	73.8	42.5	60.1	58.1	100	73.2	64.1	114
Pr	13.7	3.25	10.9	13.6	9.28	10.5	8.13	19.5	3.28	1.89	7.59	9.96	8.61	8.24	5.12	6.75	6.38	11.1	7.78	7.35	14.3
Nd	54.3	11.7	40.0	51.0	32.3	37.9	30.1	72.8	12.2	7.39	30.3	37.8	32.8	31.9	20.1	26.5	24.4	42.8	28.9	28.8	56.1
Sm	11.1	2.30	6.78	9.04	4.84	6.14	5.33	12.3	2.47	1.56	6.37	7.36	6.06	6.18	4.10	5.20	4.82	7.90	5.23	5.76	10.7
Eu	2.86	0.53	1.38	1.91	0.96	1.33	1.15	2.42	0.64	0.43	1.29	1.57	1.09	1.22	0.85	1.14	0.98	1.70	1.14	1.23	2.25
Gd	8.48	2.02	5.22	8.62	3.23	4.77	4.43	9.01	2.72	1.76	6.20	6.63	5.46	5.45	3.90	4.92	4.25	6.77	4.41	5.68	12.2

续表

样品	YC-B001	YC-B003	YC-B007	YC-B009	YC-B011	YC-B015	YC-B022	YC-B024	YC-B028	YC-B031	YC-B035	YC-B038	YC-B040	YC-B043	YC-B045	YC-B048	YC-B053	YC-B055	YC-B057	YC-B058	YC-B063
Tb	1.08	0.33	0.79	1.59	0.44	0.71	0.70	1.34	0.48	0.31	1.02	1.09	0.89	0.84	0.66	0.80	0.67	1.01	0.69	0.93	2.18
Dy	5.34	1.91	4.64	10.3	2.40	3.90	4.01	7.37	3.19	1.93	5.97	6.52	5.26	5.06	3.95	4.60	3.98	6.02	3.98	5.85	13.3
Ho	0.88	0.37	0.89	2.14	0.45	0.69	0.81	1.53	0.62	0.38	1.20	1.27	1.07	0.95	0.79	0.91	0.78	1.20	0.75	1.14	2.57
Er	2.19	1.03	2.67	6.00	1.26	1.90	2.33	4.64	1.79	1.11	3.47	3.57	3.19	2.66	2.13	2.43	2.23	3.44	2.15	3.14	7.13
Tm	0.30	0.15	0.39	0.85	0.20	0.27	0.37	0.74	0.25	0.17	0.54	0.55	0.48	0.42	0.34	0.37	0.33	0.53	0.33	0.50	1.04
Yb	1.88	1.08	2.51	5.24	1.34	1.72	2.41	5.27	1.45	1.14	3.54	3.30	3.06	2.67	2.12	2.47	1.99	3.23	2.02	3.00	5.67
Lu	0.26	0.17	0.38	0.74	0.19	0.25	0.39	0.89	0.21	0.16	0.52	0.51	0.48	0.40	0.32	0.37	0.31	0.50	0.31	0.45	0.85
Hf	6.05	10.8	6.30	7.37	3.90	5.19	9.30	56.3	2.65	3.03	10.6	6.63	13.7	10.5	7.95	10.7	5.68	5.59	5.57	6.08	9.19
Ta	1.25	0.97	0.72	0.70	0.62	0.86	1.02	2.66	0.31	0.52	0.96	0.74	0.70	1.02	0.59	0.76	0.67	0.72	0.60	0.70	1.05
Tl	0.49	0.64	0.62	0.63	0.45	0.49	0.49	0.83	0.16	0.28	0.41	0.46	0.18	0.32	0.16	0.25	0.29	0.35	0.27	0.30	0.33
Pb	10.8	7.30	12.5	14.0	3.69	10.9	7.46	6.30	4.84	19.7	12.3	16.1	10.9	13.4	10.3	11.6	11.6	14.5	10.9	13.6	10.3
Th	30.9	8.77	9.15	10.1	9.41	12.7	12.7	36.8	3.69	8.32	15.0	7.28	11.4	12.1	7.25	9.37	8.51	8.27	7.25	8.09	13.0
U	1.58	1.73	2.12	2.77	1.08	1.22	2.53	5.80	1.07	1.37	3.20	2.20	2.61	2.92	1.81	2.40	2.14	2.27	1.79	2.33	3.14
ΣREE	274	71	227	309	192	221	176	414	72	44	162	209	184	175	109	145	138	235	166	159	307
La_N/Yb_N	20.83	10.64	13.69	8.99	22.42	20.32	10.78	12.10	6.69	4.78	5.75	8.48	7.97	8.78	6.90	7.81	9.67	10.26	11.59	7.07	7.60
Gd_N/Yb_N	3.64	1.51	1.68	1.33	1.95	2.24	1.48	1.38	1.51	1.25	1.41	1.62	1.44	1.65	1.48	1.61	1.73	1.69	1.77	1.53	1.74
Sm_N/Nd_N	0.63	0.61	0.52	0.55	0.46	0.50	0.54	0.52	0.63	0.65	0.65	0.60	0.57	0.60	0.63	0.60	0.61	0.57	0.56	0.62	0.59
δEu	0.87	0.74	0.68	0.65	0.70	0.73	0.71	0.67	0.75	0.79	0.62	0.67	0.57	0.63	0.64	0.68	0.65	0.69	0.71	0.65	0.60
δCe	0.94	0.89	0.97	0.94	1.02	0.97	1.00	0.97	0.97	1.05	1.00	1.00	1.05	1.02	0.94	1.01	1.00	0.99	1.03	0.98	0.87
V/（V+Ni）	0.63	0.76	0.67	0.65	0.76	0.54	0.69	0.77	0.62	0.79	0.76	0.75	0.70	0.72	0.69	0.72	0.71	0.71	0.77	0.62	0.77
Ce_{anom}	-0.043 0	-0.073 9	-0.031 9	-0.051 6	-0.005 1	-0.032 1	-0.020 4	-0.034 9	-0.026 8	0.007 5	-0.012 6	-0.008 2	0.010 5	-0.005 2	-0.041 6	-0.011 5	-0.016 6	-0.019 2	0.000 3	-0.023 6	-0.076 3

注：$_N$代表球粒陨石标准化值，采用 Boynton（1984）数据；δCe 代表 Ce 异常，$\delta Ce = Ce_N/(La_N \times Pr_N)^{0.5}$；δEu 代表 Eu 异常，$\delta Eu = Eu_N/(Sm_N \times Gd_N)^{0.5}$；$Ce_{anom} = \log[3 \times Ce_N/2 \times (La_N + Nd_N)]$。

附表 3　伊川万安山剖面兵马沟组泥质岩微量、稀土元素（$\omega_B/10^{-6}$）分析数据

样品	YC-B002	YC-B004	YC-B005	YC-B006	YC-B010	YC-B012	YC-B013	YC-B014	YC-B017	YC-B019	YC-B021	YC-B023	YC-B025	YC-B026	YC-B029
Li	19.8	33.7	27.5	29.8	24.8	28.9	34.5	36.3	37.2	41.2	38.8	33.5	39.5	42.9	47.4
Be	2.86	4.34	4.43	5.05	4.92	4.03	4.63	3.71	4.04	4.81	4.64	4.42	4.21	4.90	4.50
Sc	25.2	37.6	33.8	32.3	35.9	31.0	31.6	22.2	32.9	36.6	40.0	35.4	23.6	32.6	30.4
V	439	413	143	164	377	118	144	101	232	178	200	134	291	166	132
Cr	102	161	143	136	130	121	161	102	139	142	161	163	104	128	123
Co	20.2	26.3	27.5	24.4	19.4	24.7	28.1	27.7	24.8	28.7	30.2	28.4	24.2	24.8	24.6
Ni	29.3	47.3	41.9	48.0	38.0	53.5	50.4	52.6	43.4	54.5	53.3	46.6	45.7	48.8	53.8
Cu	3.14	3.28	3.07	2.92	2.60	3.87	3.00	4.16	3.48	3.69	3.19	7.81	10.2	3.40	2.47
Zn	60.8	96.3	89.5	94.4	89.1	80.0	112	98.0	108	108	103	94.9	86.5	98.9	106
Ga	34.2	48.5	44.2	46.3	53.4	41.3	41.4	32.0	46.7	49.1	50.4	46.7	32.0	52.9	44.8
Rb	200	289	295	281	283	266	293	218	285	294	284	278	249	297	278
Sr	54.0	21.9	19.9	19.3	24.3	24.0	25.1	44.0	25.5	26.4	28.0	30.4	37.1	24.3	26.7
Y	49.5	68.4	70.0	67.3	73.7	75.0	67.9	47.2	58.2	73.2	78.3	63.1	40.4	60.2	57.1
Zr	279	349	333	254	321	257	337	292	308	383	356	444	294	254	249
Nb	14.9	22.4	21.7	17.9	22.0	18.8	21.4	12.6	20.7	26.2	23.8	25.1	17.1	19.2	19.1
Sn	2.67	3.95	4.04	3.46	3.90	3.32	3.51	2.24	3.55	4.29	3.91	4.10	2.72	3.51	3.21
Cs	17.1	19.4	21.6	22.4	27.3	18.7	20.1	14.4	18.6	20.9	19.3	16.5	17.1	19.4	20.5
Ba	707	973	920	868	1 661	823	1 096	915	1 056	1 120	1 613	1 218	986	1 166	1 957
La	306	482	246	206	356	276	212	107	352	398	374	317	107	589	357
Ce	588	959	498	408	706	538	409	199	686	769	716	600	192	1097	640
Pr	64.2	109	53.8	44.8	80.2	61.4	43.5	21.3	78.7	85.3	80.9	65.8	20.6	121	71.6
Nd	217	396	200	167	274	210	163	79.7	264	291	276	224	77.2	421	237

续表

样品	YC–B002	YC–B004	YC–B005	YC–B006	YC–B010	YC–B012	YC–B013	YC–B014	YC–B017	YC–B019	YC–B021	YC–B023	YC–B025	YC–B026	YC–B029
Sm	32. 1	57. 1	31. 8	27. 3	42. 4	32. 9	26. 9	13. 8	40. 4	44. 4	43. 6	36. 1	13. 0	57. 9	36. 6
Eu	6. 13	10. 2	5. 59	4. 78	6. 27	6. 35	5. 48	3. 09	7. 66	8. 41	8. 30	7. 05	2. 70	10. 7	7. 29
Gd	19. 1	33. 5	20. 1	18. 6	27. 2	22. 3	18. 5	10. 9	24. 9	26. 7	27. 6	23. 5	9. 71	32. 9	22. 8
Tb	2. 05	3. 42	2. 37	2. 27	3. 10	2. 77	2. 32	1. 61	2. 69	3. 00	3. 21	2. 81	1. 38	3. 52	2. 61
Dy	9. 11	14. 2	12. 0	11. 6	14. 3	13. 5	11. 4	8. 94	11. 6	13. 5	14. 7	12. 9	7. 53	13. 9	11. 6
Ho	1. 58	2. 37	2. 25	2. 18	2. 57	2. 47	2. 14	1. 65	2. 01	2. 45	2. 64	2. 29	1. 39	2. 06	1. 86
Er	4. 24	6. 36	6. 46	6. 29	7. 06	6. 95	6. 17	4. 55	5. 62	7. 06	7. 83	6. 57	4. 09	5. 44	5. 34
Tm	0. 64	0. 96	1. 02	0. 96	1. 06	1. 07	0. 97	0. 66	0. 86	1. 12	1. 25	1. 02	0. 64	0. 79	0. 85
Yb	4. 39	6. 39	6. 66	6. 26	6. 95	6. 92	6. 44	4. 10	5. 70	7. 26	8. 27	6. 57	3. 92	5. 16	5. 31
Lu	0. 63	0. 98	0. 94	0. 90	1. 05	1. 01	0. 92	0. 61	0. 83	1. 08	1. 23	0. 99	0. 60	0. 75	0. 79
Hf	7. 02	9. 24	8. 81	6. 77	8. 62	6. 85	8. 82	7. 65	7. 98	10. 2	9. 45	11. 8	7. 72	6. 57	6. 41
Ta	1. 02	1. 42	1. 37	1. 16	1. 37	1. 22	1. 37	0. 82	1. 34	1. 75	1. 54	1. 67	1. 14	1. 25	1. 19
Tl	0. 92	1. 31	1. 35	1. 33	1. 15	1. 09	1. 30	0. 89	1. 20	1. 34	1. 26	1. 31	1. 08	1. 29	1. 26
Pb	5. 63	6. 99	7. 10	6. 23	6. 69	5. 10	6. 62	14. 6	6. 24	7. 91	7. 35	6. 70	12. 5	6. 45	6. 13
Th	14. 2	20. 5	21. 1	17. 0	20. 0	16. 6	18. 8	9. 51	19. 5	26. 2	21. 7	23. 5	17. 0	20. 2	19. 1
U	6. 90	9. 99	5. 64	5. 95	11. 6	4. 52	4. 42	2. 95	5. 79	7. 10	8. 45	6. 25	4. 31	5. 64	4. 42
ΣREE	1 255	2 082	1 086	906	1 528	1 182	909	457	1 484	1 659	1 565	1 307	442	2 361	1 401
La_N/Yb_N	47. 01	50. 86	24. 91	22. 19	34. 48	26. 92	22. 20	17. 57	41. 62	36. 96	30. 49	32. 55	18. 34	77. 00	45. 35
Gd_N/Yb_N	3. 52	4. 23	2. 44	2. 39	3. 16	2. 60	2. 31	2. 14	3. 53	2. 96	2. 69	2. 88	2. 00	5. 15	3. 46
Sm_N/Nd_N	0. 46	0. 44	0. 49	0. 50	0. 48	0. 48	0. 51	0. 53	0. 47	0. 47	0. 49	0. 50	0. 52	0. 42	0. 47
δEu	0. 70	0. 66	0. 63	0. 62	0. 53	0. 68	0. 71	0. 75	0. 69	0. 69	0. 68	0. 69	0. 71	0. 69	0. 72
δCe	0. 96	0. 97	1. 00	0. 98	0. 97	0. 95	0. 97	0. 95	0. 95	0. 96	0. 95	0. 95	0. 93	0. 94	0. 91

续表

样品	YC-B002	YC-B004	YC-B005	YC-B006	YC-B010	YC-B012	YC-B013	YC-B014	YC-B017	YC-B019	YC-B021	YC-B023	YC-B025	YC-B026	YC-B029
V/（V+Ni）	0.94	0.90	0.77	0.77	0.91	0.69	0.74	0.66	0.84	0.77	0.79	0.74	0.86	0.77	0.71
Ce_{anom}	-0.029 2	-0.025 1	-0.016 3	-0.025 9	-0.021 1	-0.028 4	-0.033 0	-0.045 1	-0.027 1	-0.028 8	-0.033 8	-0.036 0	-0.058 6	-0.043 4	-0.055 1

样品	YC-B030	YC-B033	YC-B034	YC-B036	YC-B039	YC-B041	YC-B044	YC-B046	YC-B047	YC-B049	YC-B050	YC-B051	YC-B052	YC-B056
Li	45.2	36.7	30.1	28.8	44.5	32.7	34.9	42.0	38.5	35.4	33.7	30.0	29.2	43.1
Be	4.62	2.96	3.44	4.20	3.01	4.29	3.23	2.86	3.19	3.23	3.97	4.07	3.30	4.72
Sc	32.2	25.6	34.2	30.0	24.8	38.4	27.4	22.7	23.7	21.5	27.2	26.8	22.1	37.9
V	125	117	218	173	136	119	197	84.6	151	130	185	128	127	419
Cr	137	107	134	123	107	144	120	101	117	99.7	121	108	97.0	158
Co	25.2	23.9	22.7	24.0	28.1	22.4	26.5	27.6	28.9	22.0	25.9	27.2	24.6	32.4
Ni	58.4	41.5	38.2	44.6	52.8	39.8	49.3	48.7	53.5	42.4	52.1	56.3	44.5	57.3
Cu	2.71	5.36	12.4	28.9	5.20	2.49	38.9	6.83	9.72	4.50	8.67	400	434	25.8
Zn	105	90.7	97.1	107	116	111	118	111	125	102	123	115	98.0	127
Ga	44.0	31.9	46.3	34.3	31.8	46.7	34.4	27.6	31.5	26.6	34.2	34.6	25.7	48.6
Rb	299	218	284	240	170	294	208	175	202	177	242	240	183	264
Sr	25.3	35.7	21.8	44.4	62.8	27.9	55.2	68.2	59.2	53.5	38.4	38.3	52.1	37.3
Y	59.3	39.8	53.4	61.7	39.9	58.2	34.6	44.6	30.2	55.6	40.9	43.9	46.5	77.9
Zr	315	239	272	302	272	312	270	288	206	242	227	213	255	378
Nb	22.5	16.0	21.4	18.6	16.0	23.5	19.3	15.5	16.6	14.3	17.8	17.0	16.4	26.7
Sn	3.66	2.70	3.42	2.75	2.36	4.12	3.05	2.27	2.57	1.99	2.90	2.82	2.49	3.74
Cs	18.6	10.8	11.2	12.2	8.10	14.0	8.94	8.67	9.94	8.15	11.5	10.6	8.15	11.3
Ba	1 052	761	1 098	661	535	883	598	520	625	490	602	586	389	741

续表

样品	YC–B030	YC–B033	YC–B034	YC–B036	YC–B039	YC–B041	YC–B044	YC–B046	YC–B047	YC–B049	YC–B050	YC–B051	YC–B052	YC–B056
La	296	118	307	106	97.5	162	103	59.8	88.9	69.9	113	116	75.7	204
Ce	562	219	615	219	191	326	207	113	175	131	227	229	146	427
Pr	62.8	23.9	71.6	24.1	21.3	35.9	23.0	12.3	19.3	15.1	25.3	24.6	15.5	51.2
Nd	208	88.6	249	91.5	80.9	133	85.3	47.6	72.9	59.4	94.6	89.8	59.1	180
Sm	32.6	14.3	37.7	15.5	14.1	21.1	13.6	9.28	12.1	11.4	15.1	14.4	10.8	30.7
Eu	6.35	2.92	7.09	3.08	2.95	4.34	2.50	2.09	2.40	2.49	3.15	2.96	2.22	5.97
Gd	20.3	10.2	22.2	11.6	10.6	14.4	9.08	8.30	8.22	10.1	10.9	10.6	8.77	21.2
Tb	2.41	1.42	2.46	1.64	1.45	1.85	1.23	1.36	1.09	1.59	1.45	1.43	1.36	2.75
Dy	11.5	7.43	10.2	9.62	7.72	9.57	6.20	7.83	5.49	9.48	7.48	7.60	8.10	13.6
Ho	2.00	1.36	1.77	1.90	1.41	1.82	1.17	1.55	0.99	1.87	1.43	1.44	1.60	2.47
Er	5.64	3.83	4.90	5.52	3.91	5.32	3.26	4.29	2.74	5.05	3.87	4.10	4.31	6.79
Tm	0.90	0.57	0.75	0.84	0.58	0.82	0.51	0.62	0.42	0.76	0.60	0.63	0.68	1.04
Yb	5.79	3.64	4.78	5.43	3.74	5.11	3.25	3.96	2.64	4.66	3.84	4.07	4.02	6.46
Lu	0.89	0.55	0.72	0.78	0.55	0.75	0.49	0.57	0.40	0.65	0.58	0.60	0.58	0.96
Hf	8.17	6.24	7.00	7.75	7.41	8.19	7.17	7.59	5.56	6.31	6.01	5.66	6.89	9.86
Ta	1.45	1.03	1.33	1.11	1.01	1.50	1.23	0.97	1.05	0.88	1.13	1.14	1.05	1.76
Tl	1.27	1.04	1.35	1.11	0.82	1.42	0.97	0.79	0.93	0.81	1.12	1.09	0.83	1.19
Pb	6.60	21.1	5.18	7.10	17.1	5.73	5.55	22.4	4.54	24.5	6.05	5.21	18.9	8.09
Th	21.9	15.8	22.7	14.2	13.2	21.7	17.6	12.4	13.8	9.80	15.2	17.2	13.4	22.9
U	5.07	3.31	5.11	3.78	2.99	3.15	3.99	2.60	2.66	3.30	4.23	3.71	3.70	8.99
ΣREE	1 217	496	1 335	497	438	721	460	273	393	323	508	507	339	954
La_N/Yb_N	34.46	21.88	43.38	13.20	17.59	21.41	21.43	10.19	22.69	10.12	19.79	19.16	12.69	21.25

续表

样品	YC-B030	YC-B033	YC-B034	YC-B036	YC-B039	YC-B041	YC-B044	YC-B046	YC-B047	YC-B049	YC-B050	YC-B051	YC-B052	YC-B056
Gd_N/Yb_N	2.84	2.26	3.74	1.72	2.29	2.28	2.25	1.69	2.51	1.76	2.29	2.11	1.76	2.64
Sm_N/Nd_N	0.48	0.50	0.47	0.52	0.53	0.49	0.49	0.60	0.51	0.59	0.49	0.50	0.56	0.53
δEu	0.70	0.70	0.69	0.68	0.71	0.72	0.65	0.71	0.70	0.69	0.72	0.70	0.68	0.68
δCe	0.95	0.94	0.96	1.01	0.97	0.99	0.98	0.96	0.98	0.93	0.99	0.99	0.97	0.98
V/（V+Ni）	0.68	0.74	0.85	0.80	0.72	0.75	0.80	0.63	0.74	0.75	0.78	0.69	0.74	0.88
Ce_{anom}	-0.034 0	-0.048 8	-0.021 5	-0.012 3	-0.032 3	-0.020 6	-0.021 7	-0.042 9	-0.028 5	-0.053 9	-0.020 4	-0.022 9	-0.034 8	-0.007 0

注：$_N$代表球粒陨石标准化值，采用 Boynton（1984）数据；L=La+Ce+Pr+Nd+Sm+Eu，HREE=Gd+Tb+Dy+Ho+Er+Tm+Yb+Lu，ΣREE=L+H；δCe 代表 Ce 异常，$\delta Ce=Ce_N/(La_N\times Pr_N)^{0.5}$；δEu 代表 Eu 异常，$\delta Eu=Eu_N/(Sm_N\times Gd_N)^{0.5}$；$Ce_{anom}=\log[3\times Ce_N/2\times(La_N+Nd_N)]$。

附表 4　伊川万安山剖面兵马沟组、马鞍山组砂岩碎屑锆石 U-Pb 年龄数据

分析点号	Pb	Th	U	Th/U	同位素比值							年龄（Ma）						谐和度
	(ppm)				$^{207}Pb/^{206}Pb$	1σ	$^{207}Pb/^{235}U$	1σ	$^{206}Pb/^{238}U$	1σ	rho	$^{207}Pb/^{206}Pb$	1σ	$^{207}Pb/^{235}U$	1σ	$^{206}Pb/^{238}U$	1σ	
样品号 B001：兵马沟组																		
02	105.4	82.3	146	0.57	0.185 1	0.004 0	13.381 7	0.309 3	0.518 1	0.006 6	0.550 7	2 698	41	2 707	22	2 691	28	99%
03	61.8	59.4	94.3	0.63	0.182 3	0.004 2	12.537 1	0.315 5	0.492 6	0.007 0	0.562 1	2 674	38	2 646	24	2 582	30	97%
04	53.8	51.3	81.8	0.63	0.172 0	0.004 2	11.370 2	0.285 7	0.474 4	0.006 4	0.536 6	2 577	41	2 554	24	2 503	28	97%
05	61.00	29.2	77.9	0.38	0.208 1	0.004 8	17.038 1	0.441 3	0.585 4	0.009 3	0.611 1	2 891	37	2 937	25	2 971	38	98%
06	36.9	39.9	47.6	0.84	0.190 1	0.004 9	14.009 3	0.370 2	0.529 1	0.007 9	0.565 7	2 744	42	2 750	25	2 737	33	99%
07	16.92	13.9	22.4	0.62	0.200 8	0.005 9	14.905 8	0.441 2	0.535 4	0.009 2	0.580 7	2 832	48	2 809	28	2 764	39	98%
08	84.2	39.9	125	0.32	0.186 1	0.004 0	13.294 9	0.290 5	0.511 3	0.006 0	0.541 0	2 709	36	2 701	21	2 662	26	98%
09	43.19	26.9	60.9	0.44	0.187 8	0.004 2	13.815 3	0.332 5	0.526 2	0.007 8	0.615 0	2 724	37	2 737	23	2 726	33	99%
10	78.8	102	118	0.86	0.184 3	0.003 9	12.432 6	0.269 4	0.481 2	0.005 3	0.504 9	2 692	35	2 638	20	2 532	23	95%
11	55.01	79.7	97.4	0.82	0.165 7	0.004 5	10.310 9	0.290 9	0.444 4	0.007 3	0.582 0	2 517	46	2 463	26	2 371	33	96%
12	50.9	59.1	73.5	0.81	0.165 4	0.004 9	11.190 8	0.335 9	0.483 0	0.007 5	0.518 5	2 522	50	2 539	28	2 540	33	99%
13	50.2	48.6	67.0	0.73	0.179 3	0.004 9	12.903 5	0.354 0	0.513 4	0.007 5	0.529 0	2 647	40	2 673	26	2 671	32	99%
14	105.0	124	159	0.78	0.162 8	0.003 9	10.377 2	0.248 3	0.455 0	0.005 8	0.537 1	2 485	40	2 469	22	2 417	26	97%
15	30.81	20.6	44.5	0.46	0.175 0	0.004 3	12.348 7	0.321 9	0.506 4	0.008 5	0.643 5	2 606	41	2 631	25	2 641	36	99%
16	30.22	21.5	41.4	0.52	0.182 7	0.004 6	13.382 9	0.363 5	0.525 0	0.008 2	0.578 3	2 677	42	2 707	26	2 721	35	99%
17	56.38	47.4	86.2	0.55	0.183 8	0.004 4	12.040 3	0.302 9	0.468 4	0.006 0	0.513 3	2 687	40	2 608	24	2 476	27	94%
18	41.7	64.6	52.6	1.23	0.177 5	0.005 0	12.132 7	0.344 5	0.492 5	0.007 6	0.545 8	2 631	46	2 615	27	2 582	33	98%
19	67.5	44.4	89.6	0.50	0.188 5	0.004 4	13.969 6	0.338 3	0.531 3	0.006 8	0.528 3	2 729	38	2 748	23	2 747	29	99%
20	89.2	138	123	1.12	0.198 6	0.004 7	13.390 4	0.379 2	0.480 7	0.007 0	0.512 7	2 815	39	2 708	27	2 530	30	93%
21	49.6	60.0	64.5	0.93	0.199 2	0.004 6	14.132 7	0.303 3	0.510 8	0.006 2	0.565 5	2 910	36.6	2 887	24.4	2 834	33.2	98%
22	40.55	16.6	63.0	0.26	0.174 1	0.003 8	12.124 7	0.301 1	0.500 3	0.008 1	0.650 6	2 813	44.0	2 778	22.3	2 717	31.5	97%
23	62.9	69.2	90.8	0.76	0.167 5	0.003 5	11.062 8	0.238 4	0.475 0	0.006 2	0.606 9	2 532	35	2 528	20	2 505	27	99%
24	86.4	56.2	118	0.48	0.181 5	0.003 9	13.376 4	0.290 9	0.528 8	0.006 3	0.545 0	2 666	35	2 707	21	2 736	26	98%

续表

分析点号	Pb	Th	U	Th/U	同位素比值							年龄（Ma）						谐和度
	（ppm）				$^{207}Pb/^{206}Pb$	1σ	$^{207}Pb/^{235}U$	1σ	$^{206}Pb/^{238}U$	1σ	rho	$^{207}Pb/^{206}Pb$	1σ	$^{207}Pb/^{235}U$	1σ	$^{206}Pb/^{238}U$	1σ	
25	36. 8	32. 3	45. 1	0. 72	0. 195 1	0. 004 8	15. 085 1	0. 374 7	0. 557 5	0. 008 3	0. 597 3	2 786	41	2 821	24	2 856	34	98%
26	41. 0	42. 2	54. 3	0. 78	0. 179 7	0. 004 0	12. 953 9	0. 291 0	0. 518 5	0. 006 6	0. 569 7	2 650	37	2 676	21	2 693	28	99%
27	36. 87	15. 8	58. 0	0. 27	0. 165 9	0. 003 6	11. 367 4	0. 260 0	0. 492 8	0. 006 7	0. 595 2	2 517	37	2 554	21	2 583	29	98%
28	51. 74	27. 2	74. 0	0. 37	0. 184 4	0. 003 9	13. 359 8	0. 295 0	0. 521 5	0. 007 2	0. 628 4	2 694	35	2 705	21	2 705	31	99%
29	51. 8	70. 1	71. 6	0. 98	0. 194 4	0. 004 4	14. 267 2	0. 342 1	0. 528 2	0. 008 0	0. 632 6	2 779	37	2 768	23	2 734	34	98%
30	34. 5	98. 3	44. 4	2. 21	0. 184 3	0. 004 8	11. 715 8	0. 326 8	0. 457 1	0. 007 5	0. 589 1	2 692	47	2 582	26	2 427	33	93%
31	83. 26	23. 6	116	0. 20	0. 180 2	0. 004 4	14. 043 3	0. 362 3	0. 559 6	0. 008 5	0. 591 0	2 655	40	2 753	25	2 865	35	96%
32	21. 46	10. 3	31. 1	0. 33	0. 176 7	0. 005 0	13. 035 7	0. 361 1	0. 535 8	0. 010 1	0. 681 2	2 633	48	2 682	26	2 766	42	96%
34	51. 41	23. 5	75. 5	0. 31	0. 173 8	0. 004 0	12. 603 6	0. 305 2	0. 520 6	0. 007 3	0. 579 5	2 594	38	2 650	23	2 702	31	98%
35	45. 7	42. 0	63. 7	0. 66	0. 171 0	0. 004 3	12. 080 5	0. 295 5	0. 508 0	0. 006 6	0. 528 3	2 569	42	2 611	23	2 648	28	98%
36	103. 6	92. 8	127	0. 73	0. 172 5	0. 004 2	13. 658 8	0. 344 0	0. 567 7	0. 008 0	0. 560 0	2 582	45	2 726	24	2 898	33	93%
37	35. 60	23. 3	53. 9	0. 43	0. 158 7	0. 004 3	10. 900 6	0. 299 4	0. 493 5	0. 006 8	0. 500 9	2 442	46	2 515	26	2 586	29	97%
38	58. 3	66. 8	79. 3	0. 84	0. 153 8	0. 003 7	10. 994 5	0. 263 3	0. 515 3	0. 007 2	0. 582 3	2 388	41	2 523	22	2 679	31	93%
39	62. 5	46. 3	84. 0	0. 55	0. 176 7	0. 003 7	13. 159 0	0. 301 7	0. 534 7	0. 006 9	0. 563 3	2 622	35	2 691	22	2 761	29	97%
40	32. 39	25. 6	44. 2	0. 58	0. 177 9	0. 004 2	12. 887 3	0. 320 5	0. 522 2	0. 007 1	0. 549 2	2 635	39	2 671	24	2 709	30	98%
41	85. 1	60. 0	117	0. 51	0. 186 6	0. 003 7	13. 760 3	0. 300 9	0. 531 6	0. 006 8	0. 583 9	2 712	33	2 733	21	2 748	29	99%
42	75. 57	29. 0	112	0. 26	0. 186 4	0. 004 1	13. 767 3	0. 353 8	0. 532 3	0. 008 4	0. 612 4	2 711	35	2 734	24	2 751	35	99%
43	32. 88	23. 8	48. 5	0. 49	0. 180 8	0. 004 4	12. 515 0	0. 319 9	0. 501 1	0. 007 5	0. 587 0	2 661	40	2 644	24	2 619	32	99%
44	58. 5	156	111	1. 41	0. 135 7	0. 002 9	6. 958 5	0. 156 5	0. 368 7	0. 004 0	0. 485 8	2 173	37	2 106	20	2 023	19	95%
45	43. 00	27. 1	59. 1	0. 46	0. 193 6	0. 003 8	14. 028 3	0. 291 5	0. 522 5	0. 006 7	0. 615 5	2 773	32	2 752	20	2 710	28	98%
46	40. 9	68. 4	57. 3	1. 19	0. 167 8	0. 003 9	10. 980 7	0. 251 7	0. 471 4	0. 005 7	0. 530 1	2 536	39	2 522	21	2 490	25	98%
47	73. 5	57. 7	113	0. 51	0. 166 1	0. 003 2	10. 915 0	0. 222 2	0. 472 0	0. 006 0	0. 621 4	2 520	32	2 516	19	2 492	26	99%
48	47. 6	41. 3	65. 9	0. 63	0. 182 7	0. 004 1	12. 806 1	0. 290 1	0. 504 1	0. 007 0	0. 614 5	2 680	38	2 665	21	2 632	30	98%
49	56. 05	31. 0	81. 0	0. 38	0. 187 5	0. 004 0	13. 184 1	0. 291 2	0. 504 4	0. 006 7	0. 604 4	2 720	35	2 693	21	2 633	29	97%

续表

分析点号	Pb	Th	U	Th/U	同位素比值							年龄（Ma）						谐和度
	(ppm)				$^{207}Pb/^{206}Pb$	1σ	$^{207}Pb/^{235}U$	1σ	$^{206}Pb/^{238}U$	1σ	rho	$^{207}Pb/^{206}Pb$	1σ	$^{207}Pb/^{235}U$	1σ	$^{206}Pb/^{238}U$	1σ	
50	67.6	86.5	92.1	0.94	0.191 7	0.003 9	13.399 1	0.291 8	0.502 0	0.007 1	0.653 9	2 757	33	2 708	21	2 622	31	96%
51	43.20	23.6	60.6	0.39	0.186 5	0.003 9	13.565 5	0.313 8	0.522 5	0.007 5	0.618 9	2 722	35	2 720	22	2 710	32	99%
52	25.29	29.2	32.1	0.91	0.175 2	0.004 2	12.718 4	0.323 9	0.524 5	0.008 1	0.604 7	2 609	39	2 659	24	2 718	34	97%
53	81.3	61.4	127	0.48	0.162 5	0.003 2	10.637 1	0.232 8	0.469 6	0.005 7	0.551 8	2 483	33	2 492	20	2 482	25	99%
54	96.9	94.0	171	0.55	0.157 0	0.003 5	9.103 0	0.204 2	0.417 2	0.004 3	0.456 7	2 433	38	2 348	21	2 248	19	95%
55	58.88	26.2	88.4	0.30	0.167 3	0.003 9	11.774 5	0.278 3	0.507 2	0.006 5	0.538 5	2 531	39	2 587	22	2 645	28	97%
56	42.1	43.1	57.4	0.75	0.171 8	0.004 1	12.135 2	0.294 5	0.508 7	0.006 6	0.532 2	2 576	40	2 615	23	2 651	28	98%
57	59.6	85.5	71.1	1.20	0.179 5	0.003 8	13.292 4	0.281 8	0.533 9	0.006 9	0.608 8	2 648	35	2 701	20	2 758	29	97%
58	139.0	104	229	0.45	0.174 4	0.003 1	11.567 2	0.273 3	0.474 5	0.008 1	0.726 5	2 611	30	2 570	22	2 503	36	97%
59	40.14	96.4	63.9	1.51	0.177 8	0.003 8	11.110 1	0.244 4	0.449 0	0.005 9	0.595 2	2 633	35	2 532	21	2 391	26	94%
60	99.5	110	136	0.81	0.181 7	0.003 9	12.371 5	0.258 7	0.488 4	0.005 7	0.561 5	2 668	35	2 633	20	2 564	25	97%
61	88.4	57.3	121	0.47	0.184 4	0.004 2	13.486 2	0.303 2	0.523 9	0.006 6	0.564 3	2 692	37	2 714	21	2 716	28	99%
62	69.12	34.9	98.0	0.36	0.179 4	0.003 9	12.956 7	0.284 0	0.517 6	0.006 4	0.566 9	2 647	36	2 677	21	2 689	27	99%
63	66.6	62.1	88.2	0.70	0.180 4	0.004 1	13.567 6	0.323 2	0.539 1	0.007 9	0.616 2	2 657	37	2 720	23	2 780	33	97%
64	53.8	57.1	62.7	0.91	0.191 7	0.004 5	15.016 6	0.344 4	0.562 8	0.007 7	0.593 5	2 756	38	2 816	22	2 878	32	97%
65	35.36	21.4	50.4	0.42	0.179 1	0.004 6	12.620 7	0.317 6	0.506 9	0.007 3	0.575 4	2 656	43	2 652	24	2 643	31	99%
66	27.70	21.7	36.8	0.59	0.185 0	0.005 0	13.655 9	0.374 5	0.533 7	0.008 9	0.607 5	2 698	44	2 726	26	2 757	37	98%
67	35.97	37.5	51.8	0.72	0.188 2	0.004 5	12.776 9	0.324 6	0.488 6	0.007 2	0.580 9	2 728	39	2 663	24	2 564	31	96%
68	86.7	75.6	125	0.61	0.185 3	0.004 0	13.446 9	0.314 5	0.521 1	0.006 8	0.559 8	2 702	35	2 712	22	2 704	29	99%
69	47.79	19.8	72.3	0.27	0.182 9	0.004 4	12.546 8	0.307 8	0.493 7	0.006 4	0.526 6	2 679	39	2 646	23	2 587	28	97%
71	40.20	18.7	59.1	0.32	0.182 1	0.004 7	12.967 8	0.348 6	0.513 9	0.007 7	0.559 7	2 673	44	2 677	25	2 673	33	99%
72	58.87	30.5	90.5	0.34	0.166 3	0.004 0	11.529 3	0.301 1	0.498 0	0.006 7	0.512 7	2 521	41	2 567	24	2 605	29	98%
73	67.4	39.0	93.1	0.42	0.183 5	0.004 0	13.601 2	0.316 8	0.533 3	0.006 8	0.549 3	2 684	36	2 722	22	2 755	29	98%
74	126.1	90.0	174	0.52	0.182 1	0.003 6	13.460 4	0.290 1	0.530 7	0.006 6	0.575 6	2 673	33	2 713	20	2 744	28	98%

续表

分析点号	Pb	Th	U	Th/U	同位素比值							年龄（Ma）						谐和度
	(ppm)				$^{207}Pb/^{206}Pb$	1σ	$^{207}Pb/^{235}U$	1σ	$^{206}Pb/^{238}U$	1σ	rho	$^{207}Pb/^{206}Pb$	1σ	$^{207}Pb/^{235}U$	1σ	$^{206}Pb/^{238}U$	1σ	
75	79. 38	30. 6	128	0. 24	0. 163 7	0. 003 4	11. 169 3	0. 264 8	0. 489 5	0. 006 5	0. 561 5	2 494	35	2 537	22	2 569	28	98%
76	29. 55	18. 9	40. 8	0. 46	0. 176 9	0. 004 6	13. 146 7	0. 355 0	0. 535 6	0. 007 9	0. 543 2	2 624	43	2 690	26	2 765	33	97%
77	22. 67	20. 1	30. 7	0. 65	0. 178 5	0. 005 3	12. 994 2	0. 409 0	0. 525 0	0. 008 7	0. 526 1	2 639	49	2 679	30	2 720	37	98%
78	117. 6	70. 1	167	0. 42	0. 185 6	0. 004 6	13. 448 6	0. 339 5	0. 519 3	0. 005 7	0. 431 5	2 703	41	2 712	24	2 696	24	99%
79	47. 2	65. 7	73. 1	0. 90	0. 165 0	0. 004 1	10. 606 0	0. 284 5	0. 460 4	0. 006 1	0. 493 4	2 509	42	2 489	25	2 441	27	98%
80	80. 0	57. 5	110	0. 52	0. 186 4	0. 004 1	13. 854 8	0. 330 3	0. 532 2	0. 007 0	0. 550 7	2 711	37	2 740	23	2 751	29	99%
81	39. 73	25. 7	56. 9	0. 45	0. 188 1	0. 004 7	13. 396 7	0. 335 0	0. 512 2	0. 007 1	0. 558 1	2 725	41	2 708	24	2 666	31	98%
82	15. 00	11. 8	20. 6	0. 57	0. 177 4	0. 005 4	13. 187 9	0. 423 4	0. 534 6	0. 009 6	0. 558 2	2 628	52	2 693	30	2 761	40	97%
83	13. 27	6. 74	19. 4	0. 35	0. 179 5	0. 006 3	13. 268 8	0. 466 8	0. 536 4	0. 011 3	0. 599 2	2 650	57	2 699	33	2 768	47	97%
84	69. 9	50. 8	103	0. 49	0. 169 7	0. 004 6	11. 731 3	0. 323 4	0. 495 4	0. 007 3	0. 532 9	2 555	46	2 583	26	2 594	31	99%
85	46. 31	24. 5	64. 3	0. 38	0. 185 2	0. 004 5	13. 845 1	0. 357 9	0. 535 4	0. 007 4	0. 534 3	2 700	40	2 739	25	2 764	31	99%
86	114. 24	9. 90	169	0. 06	0. 195 9	0. 004 2	14. 591 4	0. 333 7	0. 532 9	0. 006 3	0. 518 2	2 792	35	2 789	22	2 754	27	98%
87	90. 2	85. 2	136	0. 62	0. 163 8	0. 003 4	10. 827 8	0. 236 0	0. 474 3	0. 005 9	0. 566 2	2 495	34	2 508	20	2 503	26	99%
89	101. 6	60. 8	150	0. 41	0. 179 5	0. 004 1	12. 469 1	0. 307 1	0. 499 2	0. 006 8	0. 554 7	2 648	39	2 640	23	2 610	29	98%
90	93. 7	36. 1	140	0. 26	0. 174 4	0. 004 1	12. 092 7	0. 300 3	0. 499 1	0. 006 8	0. 548 9	2 611	39	2 612	23	2 610	29	99%
91	21. 09	10. 1	30. 9	0. 33	0. 177 2	0. 004 6	12. 378 5	0. 368 7	0. 502 2	0. 008 6	0. 574 5	2 627	43	2 634	28	2 623	37	99%
92	45. 10	27. 0	58. 3	0. 46	0. 189 1	0. 004 4	14. 393 5	0. 344 9	0. 548 9	0. 007 5	0. 569 4	2 734	38	2 776	23	2 821	31	98%
93	122. 2	305	191	1. 60	0. 181 3	0. 003 7	11. 330 2	0. 231 1	0. 449 8	0. 004 9	0. 535 8	2 665	33	2 551	19	2 394	22	93%
95	40. 99	32. 6	58. 5	0. 56	0. 180 1	0. 004 9	12. 442 1	0. 342 3	0. 498 1	0. 007 1	0. 515 6	2 653	44	2 638	26	2 606	30	98%
96	38. 1	33. 6	50. 3	0. 67	0. 190 2	0. 005 3	14. 039 3	0. 401 7	0. 532 4	0. 008 5	0. 560 0	2 744	46	2 752	27	2 751	36	99%
97	29. 24	111	44. 4	2. 50	0. 167 9	0. 004 6	10. 982 0	0. 337 2	0. 470 6	0. 008 4	0. 581 8	2 539	46	2 522	29	2 486	37	98%
98	81. 8	168	113	1. 48	0. 167 5	0. 003 8	10. 863 8	0. 258 7	0. 466 7	0. 006 6	0. 593 8	2 533	39	2 512	22	2 469	29	98%
99	60. 54	23. 5	95. 4	0. 25	0. 163 0	0. 003 7	11. 107 2	0. 260 8	0. 490 5	0. 006 5	0. 566 6	2 487	39	2 532	22	2 573	28	98%
100	92. 2	143	128	1. 12	0. 181 3	0. 004 0	12. 222 3	0. 280 6	0. 484 7	0. 006 2	0. 560 3	2 665	37	2 622	22	2 548	27	97%

续表

分析点号	Pb	Th	U	Th/U	同位素比值							年龄（Ma）						谐和度
	(ppm)				$^{207}Pb/^{206}Pb$	1σ	$^{207}Pb/^{235}U$	1σ	$^{206}Pb/^{238}U$	1σ	rho	$^{207}Pb/^{206}Pb$	1σ	$^{207}Pb/^{235}U$	1σ	$^{206}Pb/^{238}U$	1σ	
94	111. 9	160	186	0. 86	0. 194 7	0. 004 2	11. 474 3	0. 251 4	0. 423 7	0. 004 6	0. 491 0	2 783	35	2 562	21	2 277	21	88%
33	103. 2	163	202	0. 81	0. 191 1	0. 003 9	9. 583 1	0. 224 7	0. 359 1	0. 005 3	0. 630 1	2 752	34	2 396	22	1 978	25	80%
88	44. 47	52. 9	130	0. 41	0. 157 6	0. 004 2	5. 506 5	0. 141 9	0. 251 6	0. 003 5	0. 539 0	2 431	46	1 902	22	1 447	18	72%
70	114. 4	324	238	1. 36	0. 172 1	0. 003 9	8. 337 8	0. 232 7	0. 348 3	0. 007 0	0. 724 3	2 589	38	2 268	25	1 926	34	83%
01	122. 2	27. 0	58. 3	0. 46	0. 189 1	0. 004 4	14. 393 5	0. 344 9	0. 548 9	0. 007 5	0. 569 4	2 734	38	2 776	23	2 821	31	98%
样品号 B003：兵马沟组																		
1	38. 4	48. 2	67. 4	0. 71	0. 130 0	0. 003 5	7. 286 2	0. 197 7	0. 403 1	0. 005 7	0. 524 6	2 098	48	2 147	24	2 183	26	98%
2	17. 52	18. 4	32. 6	0. 56	0. 132 9	0. 004 2	7. 184 6	0. 231 7	0. 392 6	0. 007 4	0. 581 5	2 136	56	2 135	29	2 135	34	99%
3	84. 9	58. 2	137	0. 42	0. 168 0	0. 003 8	10. 604 5	0. 233 9	0. 452 9	0. 004 8	0. 480 3	2 539	38	2 489	21	2 408	21	96%
6	100. 9	113	181	0. 62	0. 164 7	0. 004 5	9. 097 9	0. 243 7	0. 396 3	0. 005 1	0. 476 1	2 505	46	2 348	25	2 152	23	91%
7	46. 7	60. 3	71. 4	0. 84	0. 173 9	0. 004 6	10. 733 2	0. 297 2	0. 442 1	0. 006 1	0. 498 9	2 595	44	2 500	26	2 360	27	94%
8	77. 0	51. 2	124	0. 41	0. 173 4	0. 004 2	10. 793 4	0. 257 6	0. 446 4	0. 005 7	0. 531 5	2 590	41	2 505	22	2 379	25	94%
9	52. 59	25. 8	79. 8	0. 32	0. 172 8	0. 004 1	11. 826 6	0. 282 3	0. 490 0	0. 006 0	0. 512 7	2 585	39	2 591	22	2 570	26	99%
10	46. 8	39. 7	71. 6	0. 56	0. 170 9	0. 004 1	11. 279 5	0. 274 4	0. 474 3	0. 006 6	0. 573 5	2 566	41	2 547	23	2 502	29	98%
11	50. 4	55. 5	63. 2	0. 88	0. 200 5	0. 004 7	14. 649 7	0. 346 6	0. 524 4	0. 007 8	0. 626 1	2 831	38	2 793	23	2 718	33	97%
16	85. 6	109	138	0. 79	0. 167 4	0. 004 1	10. 009 0	0. 225 4	0. 425 7	0. 005 3	0. 551 7	2 531	36	2 436	21	2 286	24	93%
17	43. 55	26. 8	68. 9	0. 39	0. 168 9	0. 004 7	10. 950 3	0. 281 4	0. 461 0	0. 006 8	0. 571 6	2 547	46	2 519	24	2 444	30	96%
18	76. 3	91. 6	116	0. 79	0. 166 0	0. 005 0	10. 690 9	0. 287 1	0. 456 8	0. 006 8	0. 554 2	2 518	51	2 497	25	2 425	30	97%
21	55. 5	108	87. 5	1. 24	0. 162 8	0. 004 3	9. 940 8	0. 253 2	0. 434 9	0. 006 7	0. 607 4	2 484	45	2 429	24	2 328	30	95%
23	36. 7	37. 1	53. 5	0. 69	0. 170 0	0. 004 2	11. 542 3	0. 282 5	0. 486 3	0. 007 3	0. 612 6	2 558	41	2 568	23	2 555	32	99%
24	66. 5	66. 0	121	0. 54	0. 167 8	0. 004 1	9. 783 8	0. 233 6	0. 417 8	0. 005 6	0. 558 7	2 535	41	2 415	22	2 250	25	92%
25	39. 51	29. 4	56. 8	0. 52	0. 173 5	0. 004 6	12. 445 9	0. 330 0	0. 515 6	0. 007 7	0. 566 1	2 592	44	2 639	25	2 681	33	98%
26	68. 8	107	109	0. 99	0. 169 4	0. 003 8	10. 318 9	0. 240 6	0. 436 5	0. 005 8	0. 574 7	2 554	38	2 464	22	2 335	26	94%
28	61. 6	50. 7	96. 1	0. 53	0. 170 1	0. 003 6	11. 146 8	0. 255 1	0. 469 3	0. 006 0	0. 562 1	2 558	35	2 535	21	2 480	27	97%

续表

分析点号	Pb	Th	U	Th/U	同位素比值							年龄（Ma）						谐和度
	(ppm)				$^{207}Pb/^{206}Pb$	1σ	$^{207}Pb/^{235}U$	1σ	$^{206}Pb/^{238}U$	1σ	rho	$^{207}Pb/^{206}Pb$	1σ	$^{207}Pb/^{235}U$	1σ	$^{206}Pb/^{238}U$	1σ	
29	98.2	99.7	144	0.69	0.166 0	0.003 7	11.021 0	0.261 5	0.475 8	0.006 4	0.563 1	2 518	38	2 525	22	2 509	28	99%
31	72.2	67.8	106	0.64	0.169 2	0.004 4	11.862 0	0.327 2	0.503 5	0.007 8	0.565 1	2 550	44	2 594	26	2 629	34	98%
32	62.9	55.7	95.8	0.58	0.164 9	0.003 9	11.050 3	0.267 2	0.481 3	0.006 2	0.533 3	2 506	40	2 527	23	2 533	27	99%
33	76.6	115	123	0.94	0.165 3	0.003 6	9.950 9	0.215 8	0.432 7	0.004 7	0.499 9	2 510	36	2 430	20	2 318	21	95%
34	97.9	166	155	1.07	0.169 1	0.003 4	9.924 2	0.211 2	0.421 5	0.004 5	0.502 5	2 550	34	2 428	20	2 267	20	93%
35	66.1	55.8	94.1	0.59	0.167 0	0.003 9	11.867 3	0.281 9	0.511 2	0.005 9	0.485 3	2 527	39	2 594	22	2 662	25	97%
37	94.6	188	154	1.22	0.162 3	0.003 9	9.379 2	0.231 1	0.416 4	0.005 4	0.523 0	2 481	40	2 376	23	2 244	24	94%
38	98.61	31.7	150	0.21	0.183 3	0.003 9	13.237 6	0.296 7	0.519 7	0.006 2	0.531 4	2 683	35	2 697	21	2 698	26	99%
40	70.6	85.5	104	0.82	0.160 2	0.003 5	10.699 4	0.275 8	0.481 9	0.008 5	0.688 1	2 458	37	2 497	24	2 536	37	98%
41	113.5	77.1	159	0.49	0.172 9	0.003 5	12.426 3	0.269 8	0.517 5	0.006 2	0.553 1	2 587	34	2 637	20	2 688	26	98%
42	88.3	76.4	133	0.57	0.154 9	0.004 0	10.340 1	0.274 1	0.480 8	0.006 1	0.481 5	2 401	44	2 466	25	2 531	27	97%
44	54.0	116	93.6	1.24	0.159 8	0.003 7	8.554 5	0.214 9	0.386 0	0.005 4	0.558 1	2 453	39	2 292	23	2 104	25	91%
45	75.0	62.7	115	0.54	0.157 6	0.003 4	10.240 9	0.229 8	0.467 7	0.005 4	0.519 0	2 431	42	2 457	21	2 474	24	99%
46	72.3	41.0	114	0.36	0.160 1	0.003 5	10.834 8	0.245 0	0.489 1	0.007 5	0.680 3	2 456	37	2 509	21	2 567	33	97%
47	171.9	174	274	0.63	0.184 0	0.003 8	11.202 8	0.250 7	0.436 7	0.005 4	0.552 7	2 700	34	2 540	21	2 336	24	91%
48	98.6	74.9	144	0.52	0.177 8	0.004 3	12.288 8	0.311 8	0.496 5	0.006 8	0.539 9	2 632	40	2 627	24	2 599	29	98%
50	66.2	59.8	78.5	0.76	0.205 0	0.004 5	16.301 7	0.373 8	0.571 2	0.007 6	0.576 6	2 866	35	2 895	22	2 913	31	99%
52	121.7	173	193	0.90	0.158 7	0.003 2	9.643 1	0.212 0	0.435 7	0.005 6	0.582 8	2 443	35	2 401	20	2 331	25	97%
53	28.68	15.0	38.0	0.39	0.176 0	0.004 6	14.260 6	0.421 0	0.580 7	0.009 7	0.566 4	2 617	43	2 767	28	2 951	40	93%
54	65.5	47.1	91.4	0.51	0.181 3	0.004 7	13.336 3	0.357 8	0.528 5	0.007 7	0.543 1	2 665	43	2 704	25	2 735	33	98%
55	36.02	19.0	40.3	0.47	0.211 2	0.005 9	18.740 6	0.529 2	0.640 5	0.010 3	0.570 1	2 917	46	3 029	27	3 191	41	94%
56	43.9	51.3	64.4	0.80	0.163 6	0.004 2	11.084 0	0.291 8	0.488 2	0.007 0	0.546 1	2 494	43	2 530	25	2 563	30	98%
57	30.94	12.1	46.8	0.26	0.162 8	0.004 3	11.974 8	0.328 5	0.530 4	0.007 4	0.510 9	2 485	44	2 602	26	2 743	31	94%
58	37.57	30.4	49.5	0.61	0.177 4	0.004 1	13.558 6	0.333 7	0.551 2	0.007 4	0.544 4	2 629	71	2 719	23	2 830	31	96%

续表

分析点号	Pb	Th	U	Th/U	同位素比值							年龄（Ma）						谐和度
	（ppm）				$^{207}Pb/^{206}Pb$	1σ	$^{207}Pb/^{235}U$	1σ	$^{206}Pb/^{238}U$	1σ	rho	$^{207}Pb/^{206}Pb$	1σ	$^{207}Pb/^{235}U$	1σ	$^{206}Pb/^{238}U$	1σ	
59	85.9	128	148	0.87	0.161 2	0.003 5	9.347 4	0.226 4	0.417 8	0.005 8	0.570 7	2 468	37	2 373	22	2 251	26	94%
60	95.2	158	158	1.00	0.162 1	0.003 7	9.340 4	0.225 2	0.415 3	0.004 6	0.462 5	2 480	39	2 372	22	2 239	21	94%
61	30.53	26.8	46.1	0.58	0.166 5	0.004 4	11.251 4	0.321 1	0.489 2	0.007 5	0.539 6	2 524	46	2 544	27	2 567	33	99%
62	35.12	20.1	48.2	0.42	0.182 0	0.004 9	13.785 7	0.387 8	0.548 1	0.008 1	0.524 9	2 672	44	2 735	27	2 817	34	97%
63	24.36	14.4	35.9	0.40	0.161 9	0.004 4	11.455 5	0.330 5	0.511 8	0.008 0	0.541 3	2 476	46	2 561	27	2 664	34	96%
64	107.0	132	176	0.75	0.161 2	0.003 7	9.802 9	0.225 7	0.438 3	0.005 1	0.502 4	2 468	39	2 416	21	2 343	23	96%
65	107.0	129	164	0.79	0.161 2	0.004 0	10.244 0	0.255 6	0.457 0	0.005 3	0.464 5	2 468	42	2 457	23	2 426	23	98%
66	27.42	23.7	40.1	0.59	0.160 8	0.004 0	11.072 0	0.289 1	0.493 3	0.006 7	0.523 9	2 465	43	2 529	24	2 585	29	97%
68	63.9	59.7	94.0	0.64	0.162 2	0.003 7	10.764 1	0.238 2	0.475 0	0.005 4	0.513 3	2 480	38	2 503	21	2 506	24	99%
70	32.06	18.9	45.0	0.42	0.175 8	0.004 9	12.808 0	0.364 4	0.521 6	0.007 9	0.529 8	2 614	47	2 666	27	2 706	33	98%
71	31.75	28.3	44.6	0.64	0.161 7	0.005 2	11.597 5	0.371 7	0.514 8	0.008 3	0.500 5	2 474	54	2 572	30	2 677	35	96%
72	67.3	54.6	75.7	0.72	0.213 0	0.005 5	17.546 0	0.449 8	0.588 0	0.007 4	0.492 2	2 929	42	2 965	25	2 981	30	99%
73	44.1	31.4	51.4	0.61	0.221 8	0.005 4	17.779 8	0.433 7	0.573 0	0.007 5	0.535 3	2 994	39	2 978	24	2 920	31	98%
74	85.8	115	129	0.89	0.163 6	0.003 8	10.153 3	0.233 6	0.443 6	0.005 4	0.532 8	2 494	39	2 449	21	2 367	24	96%
77	61.7	70.3	93.7	0.75	0.166 3	0.004 4	10.394 4	0.262 4	0.448 1	0.006 2	0.548 4	2 521	44	2 471	23	2 387	28	96%
78	112.1	101	172	0.59	0.160 1	0.004 0	10.182 6	0.244 8	0.455 0	0.005 7	0.520 1	2 457	43	2 451	22	2 417	25	98%
80	66.2	96.6	102	0.95	0.161 7	0.003 6	9.692 1	0.215 1	0.429 3	0.005 4	0.567 0	2 473	38	2 406	20	2 302	24	95%
81	88.6	104	136	0.77	0.161 7	0.003 6	10.090 0	0.225 0	0.446 6	0.005 6	0.561 1	2 474	43	2 443	21	2 380	25	97%
83	69.1	123	113	1.09	0.170 6	0.005 2	9.600 9	0.279 6	0.406 5	0.006 8	0.577 0	2 565	51	2 397	27	2 199	31	91%
84	45.0	82.3	76.8	1.07	0.162 8	0.005 2	9.265 4	0.310 3	0.408 6	0.009 0	0.656 4	2 485	55	2 365	31	2 208	41	93%
85	48.43	35.4	72.9	0.49	0.166 1	0.003 9	11.335 7	0.276 7	0.487 3	0.006 5	0.547 1	2 520	40	2 551	23	2 559	28	99%
87	56.39	27.3	85.3	0.32	0.166 9	0.003 9	11.792 4	0.286 5	0.505 3	0.007 2	0.586 9	2 528	40	2 588	23	2 637	31	98%
88	42.11	31.5	62.7	0.50	0.167 4	0.004 5	11.743 6	0.328 2	0.502 4	0.008 3	0.588 1	2 532	45	2 584	26	2 624	35	98%
89	53.7	49.9	76.3	0.65	0.168 0	0.004 9	11.788 6	0.336 8	0.504 5	0.008 6	0.598 3	2 539	50	2 588	27	2 633	37	98%

续表

分析点号	Pb	Th	U	Th/U	同位素比值							年龄（Ma）						谐和度
	(ppm)				$^{207}Pb/^{206}Pb$	1σ	$^{207}Pb/^{235}U$	1σ	$^{206}Pb/^{238}U$	1σ	rho	$^{207}Pb/^{206}Pb$	1σ	$^{207}Pb/^{235}U$	1σ	$^{206}Pb/^{238}U$	1σ	
90	95. 8	106	141	0. 75	0. 167 8	0. 004 9	11. 048 8	0. 315 3	0. 470 4	0. 007 1	0. 531 9	2 536	49	2 527	27	2 485	31	98%
93	80. 8	111	127	0. 88	0. 163 5	0. 003 6	10. 394 4	0. 222 0	0. 455 3	0. 005 3	0. 549 7	2 492	37	2 471	20	2 419	24	97%
95	33. 99	28. 7	49. 2	0. 58	0. 160 0	0. 004 3	10. 763 5	0. 280 1	0. 484 4	0. 006 9	0. 545 4	2 457	46	2 503	24	2 546	30	98%
99	64. 08	32. 9	96. 1	0. 34	0. 165 3	0. 003 4	11. 296 4	0. 235 5	0. 491 4	0. 005 4	0. 530 4	2 510	35	2 548	20	2 577	24	98%
4	88. 4	166	196	0. 85	0. 169 6	0. 004 0	8. 155 5	0. 230 3	0. 343 8	0. 006 3	0. 652 6	2 554	39	2 248	26	1 905	30	83%
5	87. 5	189	154	1. 22	0. 169 3	0. 004 6	8. 693 9	0. 242 0	0. 369 9	0. 006 2	0. 599 1	2 551	45	2 306	25	2 029	29	87%
100	99. 5	216	239	0. 90	0. 153 2	0. 002 9	6. 705 3	0. 205 5	0. 313 5	0. 007 8	0. 813 4	2 383	32	2 073	27	1 758	38	83%
12	44. 01	102	119	0. 85	0. 170 4	0. 004 5	7. 502 0	0. 243 7	0. 314 3	0. 007 0	0. 684 8	2 562	45	2 173	29	1 762	34	79%
13	72. 9	161	144	1. 11	0. 173 3	0. 004 5	8. 394 0	0. 218 2	0. 345 9	0. 004 8	0. 539 5	2 590	44	2 275	24	1 915	23	82%
14	57. 2	127	95. 8	1. 32	0. 171 0	0. 004 1	9. 324 2	0. 216 5	0. 389 0	0. 004 6	0. 512 2	2 569	39	2 370	21	2 118	22	88%
15	79. 8	157	151	1. 04	0. 165 9	0. 003 8	8. 585 0	0. 225 4	0. 368 3	0. 006 7	0. 690 0	2 517	39	2 295	24	2 021	31	87%
19	109. 9	234	235	1. 00	0. 160 8	0. 005 2	7. 329 6	0. 212 4	0. 322 8	0. 005 3	0. 568 4	2 465	55	2 152	26	1 803	26	82%
20	111. 6	177	214	0. 83	0. 157 4	0. 004 4	8. 267 4	0. 215 0	0. 372 2	0. 005 4	0. 563 0	2 428	48	2 261	24	2 040	26	89%
22	117. 5	359	284	1. 26	0. 157 8	0. 003 7	6. 037 0	0. 133 0	0. 272 3	0. 003 3	0. 554 2	2 432	40	1 981	19	1 552	17	75%
27	103. 8	253	221	1. 14	0. 163 8	0. 003 3	7. 146 6	0. 146 3	0. 312 3	0. 003 2	0. 499 0	2 495	34	2 130	18	1 752	16	80%
30	52. 5	55. 9	77. 6	0. 72	0. 169 6	0. 004 9	11. 415 7	0. 340 4	0. 485 5	0. 008 6	0. 596 3	2 554	49	2 558	28	2 551	37	99%
36	79. 9	163	239	0. 68	0. 163 0	0. 004 2	6. 170 7	0. 206 4	0. 272 6	0. 006 7	0. 732 3	2 487	44	2 000	29	1 554	34	74%
39	61. 1	130	151	0. 86	0. 161 8	0. 003 6	8. 222 3	0. 314 4	0. 364 4	0. 011 1	0. 796 8	2 476	43	2 256	35	2 003	52	88%
43	113. 0	215	294	0. 73	0. 144 4	0. 003 6	6. 066 0	0. 181 5	0. 303 2	0. 006 3	0. 690 3	2 281	43	1 985	26	1 707	31	84%
49	59. 3	144	156	0. 92	0. 126 2	0. 003 2	4. 905 1	0. 148 4	0. 278 4	0. 005 5	0. 648 1	2 056	17	1 803	26	1 583	28	87%
51	111. 9	256	231	1. 11	0. 159 1	0. 003 3	7. 324 8	0. 161 2	0. 329 8	0. 003 8	0. 523 7	2 447	35	2 152	20	1 837	18	84%
67	94. 75	95. 8	193	0. 50	0. 173 6	0. 003 7	9. 138 4	0. 202 0	0. 376 0	0. 004 4	0. 525 5	2 594	35	2 352	20	2 058	20	86%
69	79. 1	102	172	0. 59	0. 161 2	0. 003 8	8. 663 6	0. 278 7	0. 384 2	0. 009 7	0. 781 1	2 468	41	2 303	29	2 096	45	90%
75	116. 7	565	533	1. 06	0. 137 5	0. 003 1	3. 464 0	0. 158 6	0. 178 3	0. 006 9	0. 841 0	2 195	34	1 519	36	1 058	38	64%

续表

分析点号	Pb	Th	U	Th/U	同位素比值							年龄（Ma）						谐和度
	(ppm)				$^{207}Pb/^{206}Pb$	1σ	$^{207}Pb/^{235}U$	1σ	$^{206}Pb/^{238}U$	1σ	rho	$^{207}Pb/^{206}Pb$	1σ	$^{207}Pb/^{235}U$	1σ	$^{206}Pb/^{238}U$	1σ	
76	109.0	212	230	0.92	0.159 3	0.003 7	7.324 3	0.175 0	0.328 3	0.004 5	0.576 9	2 450	39	2 152	21	1 830	22	83%
79	70.9	133	135	0.99	0.164 6	0.003 9	8.083 1	0.193 8	0.351 3	0.004 7	0.557 0	2 503	40	2 240	22	1 941	22	85%
82	128.9	136	246	0.55	0.164 2	0.003 5	8.991 1	0.256 0	0.391 2	0.008 5	0.761 0	2 499	36	2 337	26	2 128	39	90%
86	170.6	590	683	0.86	0.135 9	0.002 8	3.211 1	0.070 6	0.168 4	0.002 0	0.548 0	2 176	37	1 460	17	1 003	11	62%
91	119.9	183	228	0.80	0.161 8	0.004 1	8.098 2	0.200 9	0.357 9	0.004 7	0.528 6	2 476	43	2 242	22	1 972	22	87%
92	128.9	396	333	1.19	0.154 0	0.003 6	5.436 0	0.129 4	0.252 6	0.003 5	0.588 2	2 390	41	1 891	20	1 452	18	73%
94	119.9	615	415	1.48	0.141 0	0.003 2	3.606 3	0.084 8	0.183 4	0.002 6	0.605 7	2 239	40	1 551	19	1 085	14	64%
96	122.2	268	260	1.03	0.160 1	0.003 9	7.111 3	0.174 9	0.318 3	0.003 9	0.496 5	2 457	41	2 125	22	1 781	19	82%
样品号 B063：兵马沟组																		
1	113.0	133	138	0.96	0.191 8	0.005 5	14.230 2	0.404 2	0.529 6	0.006 8	0.452 2	2 758	48	2 765	27	2 740	29	99%
3	73.6	75.9	101	0.75	0.172 3	0.004 5	12.057 3	0.322 1	0.502 2	0.007 0	0.522 2	2 580	49	2 609	25	2 623	30	99%
4	71.11	37.7	111	0.34	0.163 8	0.004 3	10.987 3	0.306 3	0.481 2	0.007 0	0.524 2	2 495	44	2 522	26	2 532	31	99%
5	100.3	126	167	0.76	0.166 4	0.004 3	9.560 0	0.264 8	0.412 3	0.006 0	0.522 2	2 521	43	2 393	26	2 226	27	92%
6	41.91	23.1	56.1	0.41	0.174 4	0.005 1	12.959 9	0.403 0	0.534 6	0.007 7	0.466 0	2 611	50	2 677	29	2 761	33	96%
8	47.4	44.2	69.4	0.64	0.161 3	0.004 2	11.011 6	0.296 9	0.495 1	0.008 5	0.639 6	2 469	44	2 524	25	2 593	37	97%
9	58.2	77.4	77.5	1.00	0.161 4	0.003 8	10.928 8	0.271 6	0.488 0	0.007 0	0.577 1	2 470	40	2 517	23	2 562	30	98%
10	118.1	117	179	0.66	0.178 5	0.003 9	11.903 4	0.264 6	0.479 1	0.005 1	0.480 1	2 639	37	2 597	21	2 523	22	97%
11	49.0	48.1	73.0	0.66	0.169 7	0.004 5	11.018 8	0.302 3	0.468 0	0.007 1	0.554 1	2 555	44	2 525	26	2 475	31	97%
12	124.5	75.2	202	0.37	0.166 3	0.004 5	10.850 1	0.302 0	0.468 5	0.006 5	0.496 1	2 521	45	2 510	26	2 477	28	98%
13	66.2	204	137	1.48	0.129 6	0.004 2	6.020 9	0.198 1	0.334 1	0.004 7	0.424 7	2 092	57	1 979	29	1 858	23	93%
14	68.8	70.1	119	0.59	0.159 0	0.006 5	9.348 1	0.381 2	0.421 5	0.005 4	0.312 9	2 445	69	2 373	37	2 267	24	95%
15	42.33	60.3	83.4	0.72	0.127 7	0.006 6	6.714 1	0.353 7	0.377 2	0.005 3	0.265 8	2 066	91	2 074	47	2 063	25	99%
16	54.4	228	119	1.92	0.109 9	0.007 3	4.515 8	0.305 0	0.293 3	0.004 2	0.210 0	1 798	121	1 734	56	1 658	21	95%
17	71.8	177	134	1.32	0.109 6	0.008 9	5.214 2	0.424 3	0.340 6	0.004 4	0.157 3	1 792	147	1 855	69	1 890	21	98%

续表

分析点号	Pb	Th	U	Th/U	同位素比值							年龄（Ma）						谐和度
	(ppm)				$^{207}Pb/^{206}Pb$	1σ	$^{207}Pb/^{235}U$	1σ	$^{206}Pb/^{238}U$	1σ	rho	$^{207}Pb/^{206}Pb$	1σ	$^{207}Pb/^{235}U$	1σ	$^{206}Pb/^{238}U$	1σ	
18	115.0	67.0	167	0.40	0.165 4	0.016 0	11.484 5	1.119 9	0.494 9	0.006 3	0.131 5	2 522	164	2 563	91	2 592	27	98%
19	61.3	51.0	85.9	0.59	0.150 3	0.014 7	10.462 7	1.033 2	0.496 6	0.008 0	0.162 2	2 350	167	2 477	92	2 599	34	95%
23	51.3	127	60.2	2.10	0.187 3	0.007 5	12.952 5	0.529 4	0.495 1	0.008 7	0.431 5	2 718	66	2 676	39	2 593	38	96%
24	85.6	49.0	120	0.41	0.170 1	0.005 1	12.272 6	0.358 6	0.515 9	0.007 0	0.466 5	2 558	50	2 625	27	2 682	30	97%
25	35.95	28.4	50.5	0.56	0.163 4	0.004 5	11.391 9	0.312 5	0.500 7	0.008 3	0.605 4	2 491	48	2 556	26	2 617	36	97%
26	95.8	86.2	167	0.52	0.129 2	0.003 0	7.513 9	0.183 1	0.416 1	0.005 4	0.530 1	2 088	37	2 175	22	2 243	25	96%
27	99.3	71.7	141	0.51	0.158 6	0.003 6	11.463 3	0.274 7	0.519 3	0.007 5	0.600 8	2 440	39	2 562	22	2 696	32	94%
28	28.39	34.1	50.9	0.67	0.130 4	0.003 7	7.117 5	0.205 9	0.394 8	0.006 2	0.542 9	2 103	50	2 126	26	2 145	29	99%
29	47.6	48.3	79.4	0.61	0.124 5	0.003 6	7.325 9	0.216 3	0.426 1	0.006 3	0.504 5	2 021	51	2 152	26	2 288	29	93%
30	41.18	30.1	65.7	0.46	0.139 7	0.004 1	8.730 9	0.270 9	0.452 5	0.006 9	0.491 8	2 224	50	2 310	28	2 406	31	95%
31	31.15	15.8	47.2	0.33	0.159 6	0.005 3	10.611 3	0.374 4	0.481 9	0.007 7	0.455 1	2 451	56	2 490	33	2 535	34	98%
32	66.1	99.4	101	0.99	0.156 9	0.004 9	9.697 5	0.330 1	0.446 0	0.006 2	0.411 2	2 433	54	2 406	31	2 377	28	98%
33	34.84	15.9	52.6	0.30	0.161 5	0.006 1	11.016 6	0.443 7	0.494 4	0.007 8	0.390 2	2 472	97	2 525	38	2 590	34	97%
34	59.2	47.0	73.6	0.64	0.191 6	0.008 1	14.630 9	0.663 5	0.550 3	0.007 7	0.307 2	2 767	70	2 792	43	2 826	32	98%
37	28.9	51.2	57.7	0.89	0.118 1	0.008 1	5.628 5	0.414 3	0.340 7	0.006 4	0.255 4	1 928	123	1 920	63	1 890	31	98%
38	46.2	73.5	66.1	1.11	0.203 0	0.011 3	13.152 5	0.760 5	0.466 1	0.006 9	0.255 7	2 850	91	2 691	55	2 466	30	91%
39	67.9	48.5	123	0.39	0.138 1	0.006 4	7.956 6	0.381 7	0.412 7	0.005 1	0.257 1	2 206	81	2 226	43	2 227	23	99%
40	81.9	56.5	78.1	0.72	0.289 3	0.010 8	27.056 9	1.039 7	0.668 4	0.008 1	0.315 9	3 414	58	3 386	38	3 300	31	97%
41	99.1	120	137	0.88	0.181 3	0.005 7	13.225 9	0.436 6	0.522 0	0.008 4	0.487 4	2 665	52	2 696	31	2 708	36	99%
43	53.9	45.8	76.7	0.60	0.161 7	0.004 5	11.399 1	0.316 2	0.503 3	0.007 0	0.501 6	2 473	47	2 556	26	2 628	30	97%
45	81.2	134	134	1.00	0.164 0	0.003 9	9.495 1	0.213 8	0.415 1	0.004 9	0.520 7	2 498	41	2 387	21	2 238	22	93%
48	108.8	79.1	97.8	0.81	0.279 8	0.006 5	27.523 9	0.663 7	0.707 4	0.008 7	0.509 5	3 362	36	3 402	24	3 449	33	98%
49	29.64	27.6	40.1	0.69	0.175 9	0.004 8	12.682 0	0.370 7	0.521 3	0.009 3	0.608 5	2 615	45	2 656	28	2 705	39	98%
50	36.9	43.0	45.6	0.94	0.190 9	0.004 9	14.274 9	0.378 2	0.539 4	0.008 2	0.572 8	2 750	41	2 768	25	2 781	34	99%

续表

分析点号	Pb	Th	U	Th/U	同位素比值							年龄（Ma）						谐和度
	(ppm)				$^{207}Pb/^{206}Pb$	1σ	$^{207}Pb/^{235}U$	1σ	$^{206}Pb/^{238}U$	1σ	rho	$^{207}Pb/^{206}Pb$	1σ	$^{207}Pb/^{235}U$	1σ	$^{206}Pb/^{238}U$	1σ	
51	93. 2	56. 9	131	0. 44	0. 176 1	0. 003 7	13. 014 3	0. 292 3	0. 529 6	0. 006 9	0. 577 3	2 617	34	2 681	21	2 740	29	97%
52	47. 0	39. 1	69. 6	0. 56	0. 163 3	0. 004 0	11. 275 0	0. 277 6	0. 496 2	0. 007 1	0. 577 3	2 490	41	2 546	23	2 598	30	97%
57	47. 6	52. 0	82. 5	0. 63	0. 135 1	0. 003 5	7. 965 7	0. 203 5	0. 422 7	0. 005 3	0. 493 5	2 166	45	2 227	23	2 273	24	97%
58	26. 55	15. 8	38. 7	0. 41	0. 168 9	0. 004 5	12. 150 8	0. 321 2	0. 516 7	0. 007 2	0. 526 0	2 547	45	2 616	25	2 685	31	97%
61	118. 4	162	184	0. 88	0. 158 3	0. 004 0	9. 983 9	0. 254 0	0. 451 1	0. 005 4	0. 469 6	2 439	43	2 433	24	2 400	24	98%
62	21. 97	18. 7	41. 7	0. 45	0. 123 7	0. 003 6	7. 083 6	0. 214 5	0. 409 8	0. 005 7	0. 457 7	2 010	47	2 122	27	2 214	26	95%
63	44. 2	36. 5	56. 5	0. 65	0. 190 6	0. 004 7	14. 850 5	0. 367 6	0. 558 7	0. 007 3	0. 528 3	2 747	41	2 806	24	2 861	30	98%
64	58. 0	45. 4	78. 4	0. 58	0. 174 3	0. 004 0	13. 059 3	0. 296 8	0. 536 1	0. 006 5	0. 531 6	2 599	38	2 684	22	2 767	27	96%
65	77. 9	92. 0	133	0. 69	0. 157 7	0. 003 4	9. 747 3	0. 248 1	0. 439 6	0. 006 4	0. 573 1	2 432	37	2 411	23	2 349	29	97%
67	31. 07	10. 3	47. 7	0. 22	0. 181 2	0. 004 2	12. 474 8	0. 305 3	0. 493 8	0. 007 0	0. 578 4	2 665	39	2 641	23	2 587	30	97%
68	65. 6	53. 3	100	0. 53	0. 169 2	0. 003 5	11. 451 0	0. 266 1	0. 483 5	0. 006 8	0. 601 2	2 550	35	2 561	22	2 543	29	99%
69	102. 5	94. 8	174	0. 54	0. 175 6	0. 003 6	10. 344 9	0. 224 1	0. 421 8	0. 005 7	0. 628 6	2 613	35	2 466	20	2 268	26	91%
70	50. 8	39. 9	80. 2	0. 50	0. 169 0	0. 004 2	10. 708 6	0. 255 4	0. 455 6	0. 006 4	0. 586 5	2 548	41	2 498	22	2 420	28	96%
71	30. 15	25. 8	42. 7	0. 60	0. 187 7	0. 005 0	12. 813 6	0. 333 5	0. 489 8	0. 006 7	0. 526 0	2 722	44	2 666	25	2 570	29	96%
73	28. 45	26. 9	50. 3	0. 54	0. 132 7	0. 003 5	7. 697 0	0. 199 7	0. 416 9	0. 006 4	0. 588 5	2 200	46	2 196	23	2 246	29	97%
74	52. 3	232	77. 2	3. 00	0. 161 0	0. 004 1	8. 916 0	0. 223 1	0. 396 7	0. 004 9	0. 490 3	2 466	38	2 329	23	2 154	22	92%
75	83. 1	73. 9	109	0. 68	0. 193 4	0. 004 4	14. 149 3	0. 326 1	0. 522 8	0. 006 7	0. 552 2	2 771	32	2 760	22	2 711	28	98%
76	31. 89	24. 1	42. 7	0. 56	0. 184 0	0. 005 1	13. 554 9	0. 390 2	0. 527 4	0. 008 2	0. 541 1	2 700	46	2 719	27	2 731	35	99%
78	26. 74	20. 3	39. 1	0. 52	0. 158 0	0. 005 6	10. 882 1	0. 381 2	0. 495 7	0. 009 6	0. 552 3	2 435	61	2 513	33	2 595	41	96%
79	56. 6	70. 9	67. 8	1. 05	0. 196 7	0. 006 0	14. 536 6	0. 437 7	0. 528 6	0. 008 2	0. 516 1	2 798	50	2 785	29	2 736	35	98%
80	26. 0	41. 8	34. 0	1. 23	0. 164 2	0. 005 4	10. 760 3	0. 350 4	0. 467 7	0. 008 3	0. 547 9	2 499	56	2 503	30	2 474	37	98%
81	64. 2	30. 8	65. 8	0. 47	0. 276 0	0. 008 4	25. 307 7	0. 759 1	0. 654 6	0. 009 9	0. 502 1	3 340	48	3 320	29	3 246	38	97%
82	31. 4	32. 8	38. 9	0. 84	0. 186 2	0. 006 4	13. 826 6	0. 474 9	0. 530 5	0. 009 1	0. 498 7	2 708	56	2 738	33	2 744	38	99%
84	47. 72	35. 0	90. 1	0. 39	0. 131 6	0. 004 7	7. 350 9	0. 261 3	0. 398 3	0. 006 3	0. 445 1	2 120	63	2 155	32	2 161	29	99%

续表

分析点号	Pb	Th	U	Th/U	同位素比值							年龄（Ma）						谐和度
	(ppm)				$^{207}Pb/^{206}Pb$	1σ	$^{207}Pb/^{235}U$	1σ	$^{206}Pb/^{238}U$	1σ	rho	$^{207}Pb/^{206}Pb$	1σ	$^{207}Pb/^{235}U$	1σ	$^{206}Pb/^{238}U$	1σ	
85	53.8	51.4	76.7	0.67	0.167 4	0.005 5	11.335 2	0.370 6	0.484 4	0.008 2	0.517 6	2 532	56	2 551	31	2 546	36	99%
86	38.20	32.5	56.3	0.58	0.163 6	0.005 1	11.043 4	0.359 2	0.482 0	0.008 3	0.527 3	2 494	54	2 527	30	2 536	36	99%
87	32.95	31.0	60.3	0.51	0.130 0	0.004 0	7.289 0	0.220 4	0.401 9	0.006 3	0.520 9	2 098	54	2 147	27	2 178	29	98%
88	80.4	79.6	120	0.67	0.161 7	0.004 7	10.529 1	0.307 6	0.466 0	0.007 5	0.553 1	2 473	49	2 482	27	2 466	33	99%
89	56.5	66.0	79.9	0.83	0.163 0	0.005 2	10.790 4	0.332 8	0.474 6	0.007 4	0.503 3	2 487	54	2 505	29	2 504	32	99%
90	26.94	26.9	40.9	0.66	0.156 0	0.005 5	9.952 2	0.345 2	0.458 5	0.008 1	0.511 5	2 413	60	2 430	32	2 433	36	99%
91	50.6	60.6	87.4	0.69	0.140 2	0.004 3	7.908 3	0.231 1	0.404 4	0.005 9	0.497 5	2 231	54	2 221	26	2 189	27	98%
92	29.82	14.4	42.3	0.34	0.171 9	0.005 2	12.469 4	0.359 1	0.523 1	0.008 7	0.580 4	2 576	51	2 640	27	2 712	37	97%
93	29.41	22.6	42.4	0.53	0.158 6	0.004 5	11.035 4	0.319 7	0.499 0	0.009 1	0.626 4	2 443	48	2 526	27	2 610	39	96%
94	50.96	31.8	79.2	0.40	0.160 9	0.004 5	10.533 4	0.298 8	0.467 3	0.007 5	0.563 6	2 465	53	2 483	26	2 472	33	99%
95	27.55	20.1	34.1	0.59	0.195 6	0.006 4	15.129 1	0.501 7	0.553 4	0.010 6	0.575 4	2 790	54	2 823	32	2 839	44	99%
97	32.17	27.9	48.2	0.58	0.161 0	0.004 6	10.771 7	0.308 4	0.479 5	0.008 3	0.603 6	2 478	49	2 504	27	2 525	36	99%
100	43.8	45.5	64.7	0.70	0.162 0	0.004 1	10.765 7	0.298 8	0.474 6	0.007 3	0.551 4	2 477	43	2 503	26	2 504	32	99%
44	93.8	157	185	0.85	0.167 1	0.004 1	8.943 3	0.221 7	0.382 7	0.005 4	0.567 6	2 529	41	2 332	23	2 089	25	88%
46	67.7	440	245	1.80	0.153 4	0.003 4	3.953 0	0.094 7	0.184 6	0.002 5	0.562 6	2 384	38	1 625	19	1 092	14	60%
02	40.30	90.7	143	0.63	0.120 4	0.003 5	3.691 9	0.175 8	0.218 3	0.008 5	0.821 1	1 962	52	1 570	38	1 273	45	79%
07	69.6	517	127	4.06	0.190 6	0.005 1	9.423 0	0.314 9	0.352 3	0.006 6	0.562 9	2 747	44	2 380	31	1 945	32	79%
20	76.5	312	202	1.54	0.152 2	0.012 3	7.730 2	0.675 0	0.360 2	0.012 1	0.383 4	2 372	138	2 200	79	1 983	57	89%
21	116.7	210	238	0.88	0.149 9	0.009 7	8.236 3	0.576 3	0.389 9	0.010 4	0.382 9	2 346	112	2 257	63	2 123	48	93%
22	19.22	36.2	39.0	0.93	0.125 9	0.006 9	6.187 6	0.351 2	0.353 5	0.007 8	0.388 2	2 043	97	2 003	50	1 951	37	97%
35	128.9	1084	363	2.99	0.175 8	0.008 8	5.397 1	0.291 9	0.220 6	0.003 5	0.290 8	2 614	84	1 884	46	1 285	18	62%
36	122.0	707	255	2.77	0.186 0	0.010 8	8.285 5	0.547 3	0.318 7	0.008 2	0.390 4	2 707	95	2 263	60	1 783	40	76%
42	111.4	754	283	2.66	0.161 4	0.004 7	5.674 8	0.168 3	0.250 5	0.003 5	0.475 8	2 472	50	1 928	26	1 441	18	71%
47	125.7	476	406	1.17	0.124 7	0.002 7	3.955 0	0.106 6	0.227 2	0.004 1	0.663 1	2 025	39	1 625	22	1 320	21	79%

续表

分析点号	Pb	Th	U	Th/U	同位素比值							年龄（Ma）						谐和度
	(ppm)				$^{207}Pb/^{206}Pb$	1σ	$^{207}Pb/^{235}U$	1σ	$^{206}Pb/^{238}U$	1σ	rho	$^{207}Pb/^{206}Pb$	1σ	$^{207}Pb/^{235}U$	1σ	$^{206}Pb/^{238}U$	1σ	
53	99.0	1190	362	3.28	0.124 5	0.003 1	3.225 5	0.090 8	0.184 9	0.002 9	0.556 6	2 021	44	1 463	22	1 093	16	71%
54	88.3	341	223	1.53	0.156 5	0.004 4	5.886 1	0.177 9	0.269 4	0.004 9	0.607 3	2 418	48	1 959	26	1 538	25	75%
55	81.0	601	226	2.66	0.160 8	0.004 5	5.555 4	0.172 2	0.246 0	0.004 3	0.568 2	2 465	47	1 909	27	1 418	22	70%
56	96.3	178	166	1.08	0.162 9	0.003 9	9.048 9	0.244 8	0.395 2	0.006 1	0.570 0	2 486	36	2 343	25	2 147	28	91%
59	113.8	170	205	0.83	0.161 1	0.003 6	9.640 0	0.266 7	0.426 8	0.007 9	0.670 0	2 478	38	2 401	26	2 291	36	95%
60	121.0	327	361	0.90	0.125 8	0.003 1	4.355 2	0.122 2	0.247 4	0.004 2	0.606 6	2 040	44	1 704	23	1 425	22	82%
66	115.6	510	301	1.70	0.187 3	0.003 7	6.783 9	0.167 5	0.258 2	0.004 1	0.640 5	2 720	32	2 084	22	1 481	21	66%
72	88.9	599	345	1.74	0.113 4	0.002 9	3.553 1	0.183 5	0.219 9	0.009 8	0.858 7	1 854	46	1 539	41	1 281	52	81%
77	132.7	688	332	2.07	0.172 3	0.004 9	6.752 6	0.252 1	0.278 1	0.007 3	0.702 2	2 580	48	2 080	33	1 582	37	72%
83	102.4	296	257	1.15	0.160 1	0.005 9	6.083 0	0.233 6	0.270 1	0.005 5	0.530 7	2 457	62	1 988	34	1 541	28	74%
96	103.6	109	106	1.03	0.274 2	0.007 8	23.375 2	0.703 8	0.606 4	0.010 7	0.585 3	3 331	46	3 243	29	3 055	43	94%
98	106.0	978	545	1.79	0.143 6	0.003 7	2.602 8	0.083 1	0.128 7	0.002 8	0.675 6	2 272	43	1 301	23	781	16	49%
99	74.4	60.6	117	0.52	0.161 3	0.003 8	10.955 5	0.297 3	0.484 7	0.008 6	0.650 7	2 469	40	2 519	25	2 548	37	98%
样品号 B065：马鞍山组（五佛山群）																		
01	117.6	158	273	0.58	0.108 4	0.002 1	4.842 0	0.100 4	0.321 0	0.003 7	0.560 5	1 774	35	1 792	17	1 795	18	99%
02	22.87	20.8	47.1	0.44	0.125 7	0.003 3	6.436 4	0.181 2	0.368 3	0.005 3	0.512 1	2 039	46	2 037	25	2 021	25	99%
03	103.15	8.82	303	0.03	0.116 9	0.002 4	4.774 3	0.115 1	0.292 9	0.004 6	0.645 4	1 910	37	1 780	20	1 656	23	92%
04	108.4	158	239	0.66	0.105 6	0.002 2	4.841 5	0.101 9	0.329 9	0.003 9	0.557 0	1 724	38	1 792	18	1 838	19	97%
05	39.6	44.5	59.7	0.75	0.160 8	0.004 0	10.010 0	0.252 3	0.450 1	0.007 4	0.649 4	2 465	42	2 436	23	2 396	33	98%
06	68.2	90.4	151	0.60	0.105 8	0.002 6	4.867 5	0.118 6	0.330 5	0.004 3	0.533 8	1 729	44	1 797	21	1 841	21	97%
07	82.6	69.6	190	0.37	0.105 1	0.002 4	4.946 3	0.116 0	0.337 8	0.004 3	0.547 5	1 717	42	1 810	20	1 876	21	96%
08	71.4	87.2	158	0.55	0.105 8	0.002 4	4.914 6	0.109 7	0.333 9	0.004 0	0.541 4	1 729	42	1 805	19	1 857	20	97%
09	116.2	149	273	0.55	0.107 6	0.002 1	4.721 0	0.091 5	0.314 7	0.003 3	0.538 1	1759	35	1771	16	1764	16	99%
10	38.5	58.2	83.9	0.69	0.105 7	0.002 4	4.966 0	0.118 1	0.337 9	0.004 7	0.584 2	1 728	43	1 814	20	1 877	23	96%

续表

分析点号	Pb	Th	U	Th/U	同位素比值							年龄（Ma）						谐和度
	(ppm)				$^{207}Pb/^{206}Pb$	1σ	$^{207}Pb/^{235}U$	1σ	$^{206}Pb/^{238}U$	1σ	rho	$^{207}Pb/^{206}Pb$	1σ	$^{207}Pb/^{235}U$	1σ	$^{206}Pb/^{238}U$	1σ	
11	45. 1	70. 7	102	0. 69	0. 110 6	0. 002 8	4. 852 9	0. 117 2	0. 316 0	0. 004 0	0. 529 2	1 809	44	1 794	20	1 770	20	98%
12	64. 9	51. 6	98. 4	0. 52	0. 167 7	0. 003 9	11. 022 7	0. 250 9	0. 471 1	0. 005 4	0. 501 2	2 535	39	2 525	21	2 489	24	98%
13	86. 7	110	127	0. 87	0. 164 8	0. 003 7	10. 572 8	0. 235 2	0. 460 3	0. 005 5	0. 532 3	2 505	32	2 486	21	2 441	24	98%
14	79. 2	89. 7	165	0. 54	0. 129 5	0. 002 8	6. 366 3	0. 140 2	0. 352 2	0. 004 0	0. 512 9	2 092	38	2 028	19	1 945	19	95%
15	27. 3	55. 7	54. 1	1. 03	0. 110 1	0. 003 2	5. 214 7	0. 154 8	0. 340 5	0. 004 9	0. 488 2	1 811	52	1 855	25	1 889	24	98%
16	45. 4	66. 0	96. 9	0. 68	0. 113 3	0. 002 8	5. 292 9	0. 131 6	0. 335 8	0. 004 1	0. 491 9	1 854	44	1 868	21	1 867	20	99%
17	78. 2	67. 4	117	0. 58	0. 188 1	0. 003 9	12. 685 9	0. 284 2	0. 483 5	0. 005 9	0. 546 8	2 728	35	2 657	21	2 543	26	95%
18	38. 29	27. 0	56. 9	0. 48	0. 162 8	0. 004 1	11. 007 9	0. 284 5	0. 486 5	0. 006 7	0. 531 8	2 485	43	2 524	24	2 556	29	98%
19	24. 90	23. 1	60. 2	0. 38	0. 114 6	0. 003 5	5. 057 8	0. 154 4	0. 317 9	0. 004 1	0. 426 7	1 874	55	1 829	26	1 780	20	97%
20	48. 9	70. 6	108	0. 65	0. 110 2	0. 002 7	4. 997 5	0. 117 7	0. 327 4	0. 004 1	0. 532 5	1 803	44	1 819	20	1 826	20	99%
21	39. 6	42. 2	54. 6	0. 77	0. 173 0	0. 004 0	11. 855 0	0. 284 7	0. 493 5	0. 006 3	0. 535 2	2 587	38	2 593	23	2 586	27	99%
22	39. 4	66. 7	85. 1	0. 78	0. 110 2	0. 002 6	5. 040 5	0. 117 4	0. 330 2	0. 004 4	0. 567 3	1 803	47	1 826	20	1 840	21	99%
23	25. 2	60. 8	45. 9	1. 32	0. 111 5	0. 002 9	5. 348 5	0. 151 3	0. 345 1	0. 004 9	0. 506 2	1 833	47	1 877	24	1 911	24	98%
24	103. 4	90. 2	154	0. 59	0. 184 4	0. 003 9	12. 357 7	0. 290 9	0. 481 0	0. 006 3	0. 560 6	2 692	35	2 632	22	2 532	28	96%
26	18. 56	35. 7	38. 4	0. 93	0. 114 2	0. 003 5	5. 347 1	0. 175 4	0. 337 9	0. 005 3	0. 475 6	1 933	57	1 876	28	1 877	25	99%
28	90. 3	140	177	0. 79	0. 163 1	0. 003 2	8. 218 0	0. 165 4	0. 363 3	0. 004 0	0. 552 7	2 489	33	2 255	18	1 998	19	87%
29	74. 44	39. 0	180	0. 22	0. 118 6	0. 002 3	5. 602 3	0. 124 3	0. 339 8	0. 004 4	0. 584 5	1 935	33	1 916	19	1 886	21	98%
30	33. 6	65. 4	68. 6	0. 95	0. 111 1	0. 002 9	5. 190 1	0. 142 0	0. 338 5	0. 004 9	0. 531 5	1 817	48	1 851	23	1 880	24	98%
31	60. 0	63. 5	110	0. 58	0. 138 6	0. 003 4	7. 609 8	0. 193 2	0. 397 4	0. 005 2	0. 518 0	2 210	43	2 186	23	2 157	24	98%
32	18. 11	34. 0	36. 8	0. 92	0. 110 3	0. 003 5	5. 155 3	0. 160 1	0. 341 3	0. 006 0	0. 565 0	1 806	57	1 845	26	1 893	29	97%
33	36. 1	55. 5	74. 9	0. 74	0. 113 9	0. 002 8	5. 371 0	0. 133 1	0. 341 4	0. 004 6	0. 546 4	1 865	46	1 880	21	1 893	22	99%
34	32. 5	69. 4	67. 1	1. 03	0. 111 8	0. 003 0	5. 054 8	0. 139 3	0. 325 8	0. 004 5	0. 497 9	1 829	48	1 829	23	1 818	22	99%
35	48. 1	78. 5	106	0. 74	0. 114 6	0. 003 6	5. 081 7	0. 192 8	0. 313 8	0. 004 4	0. 369 5	1 876	57	1 833	32	1 760	22	95%
36	103. 1	117	180	0. 65	0. 165 9	0. 003 8	9. 441 2	0. 228 0	0. 408 0	0. 005 2	0. 525 1	2 517	39	2 382	22	2 206	24	92%

续表

分析点号	Pb	Th	U	Th/U	同位素比值							年龄（Ma）						谐和度
	(ppm)				$^{207}Pb/^{206}Pb$	1σ	$^{207}Pb/^{235}U$	1σ	$^{206}Pb/^{238}U$	1σ	rho	$^{207}Pb/^{206}Pb$	1σ	$^{207}Pb/^{235}U$	1σ	$^{206}Pb/^{238}U$	1σ	
37	58. 7	75. 7	118	0. 64	0. 133 9	0. 003 6	6. 716 8	0. 190 4	0. 358 7	0. 004 9	0. 482 1	2 150	47	2 075	25	1 976	23	95%
38	37. 5	58. 5	81. 6	0. 72	0. 113 1	0. 003 3	5. 116 8	0. 151 0	0. 324 0	0. 004 4	0. 456 9	1 850	52	1 839	25	1 809	21	98%
39	49. 9	63. 9	110	0. 58	0. 116 1	0. 003 0	5. 365 8	0. 149 4	0. 330 3	0. 004 6	0. 495 7	1 898	46	1 879	24	1 840	22	97%
40	64. 6	92. 4	102	0. 91	0. 170 5	0. 003 8	10. 559 4	0. 267 7	0. 444 4	0. 007 3	0. 648 9	2 562	38	2 485	24	2 370	33	95%
41	33. 4	57. 0	68. 8	0. 83	0. 109 9	0. 003 0	5. 172 3	0. 139 6	0. 338 5	0. 004 6	0. 500 7	1 798	49	1 848	23	1 880	22	98%
42	60. 9	98. 7	131	0. 76	0. 114 3	0. 003 0	5. 216 9	0. 134 0	0. 327 7	0. 004 1	0. 486 3	1 869	47	1 855	22	1 827	20	98%
43	55. 7	68. 8	113	0. 61	0. 122 9	0. 003 1	6. 089 6	0. 153 2	0. 356 6	0. 004 7	0. 521 1	1 998	45	1 989	22	1 966	22	98%
44	20. 00	22. 8	41. 6	0. 55	0. 113 7	0. 003 4	5. 582 7	0. 175 7	0. 355 0	0. 006 3	0. 566 8	1 859	59	1 913	27	1 958	30	97%
46	149. 7	267	558	0. 48	0. 150 4	0. 002 9	5. 005 8	0. 255 9	0. 234 1	0. 010 0	0. 835 8	2 351	33	1 820	43	1 356	52	70%
47	76. 4	37. 2	101	0. 37	0. 198 8	0. 004 1	15. 256 5	0. 325 8	0. 552 8	0. 006 6	0. 555 6	2 816	33	2 832	20	2 837	27	99%
49	36. 90	40. 0	79. 0	0. 51	0. 114 9	0. 003 1	5. 599 0	0. 147 8	0. 352 6	0. 004 7	0. 505 4	1 880	49	1 916	23	1 947	22	98%
51	40. 7	35. 6	56. 8	0. 63	0. 168 3	0. 004 0	11. 924 9	0. 286 8	0. 511 9	0. 006 8	0. 551 0	2 543	40	2 599	23	2 665	29	97%
52	87. 2	177	271	0. 65	0. 114 9	0. 002 4	3. 868 4	0. 083 5	0. 243 1	0. 002 9	0. 555 9	1 880	39	1 607	17	1 403	15	86%
53	47. 7	60. 5	66. 6	0. 91	0. 168 0	0. 003 7	11. 257 6	0. 262 3	0. 483 3	0. 006 1	0. 538 7	2 538	37	2 545	22	2 541	26	99%
54	68. 2	64. 0	142	0. 45	0. 117 1	0. 002 7	6. 088 1	0. 147 8	0. 374 0	0. 004 4	0. 480 9	1 913	41	1 989	21	2 048	21	97%
55	78. 0	80. 8	110	0. 73	0. 164 8	0. 003 7	11. 233 0	0. 261 1	0. 490 8	0. 005 4	0. 477 7	2 505	38	2 543	22	2 574	24	98%
56	42. 3	39. 0	68. 6	0. 57	0. 150 2	0. 004 1	9. 321 5	0. 257 9	0. 448 0	0. 006 3	0. 507 0	2 350	46	2 370	25	2 386	28	99%
57	25. 35	41. 8	54. 5	0. 77	0. 108 6	0. 003 8	5. 023 8	0. 182 8	0. 333 5	0. 004 8	0. 395 7	1 777	58	1 823	31	1 855	23	98%
58	25. 76	24. 9	37. 0	0. 67	0. 168 9	0. 004 3	11. 842 0	0. 326 2	0. 506 0	0. 008 4	0. 601 3	2 547	43	2 592	26	2 639	36	98%
59	54. 7	59. 0	118	0. 50	0. 113 8	0. 002 5	5. 559 8	0. 126 3	0. 351 4	0. 004 5	0. 568 0	1 861	40	1 910	20	1 941	22	98%
60	94. 8	85. 0	123	0. 69	0. 175 1	0. 003 7	13. 137 2	0. 272 0	0. 539 4	0. 006 4	0. 574 4	2 607	35	2 690	20	2 781	27	96%
61	91. 0	99. 7	135	0. 74	0. 172 0	0. 003 5	11. 799 6	0. 285 6	0. 490 9	0. 008 0	0. 669 8	2 577	35	2 589	23	2 574	34	99%
62	28. 44	30. 3	60. 1	0. 50	0. 113 9	0. 003 1	5. 755 2	0. 159 5	0. 362 7	0. 005 5	0. 547 1	1 863	55	1 940	24	1 995	26	97%
63	39. 2	53. 9	85. 9	0. 63	0. 104 1	0. 002 9	4. 987 2	0. 144 1	0. 343 0	0. 005 1	0. 516 8	1 698	47	1 817	24	1 901	25	95%

续表

分析点号	Pb	Th	U	Th/U	同位素比值							年龄（Ma）						谐和度
	(ppm)				$^{207}Pb/^{206}Pb$	1σ	$^{207}Pb/^{235}U$	1σ	$^{206}Pb/^{238}U$	1σ	rho	$^{207}Pb/^{206}Pb$	1σ	$^{207}Pb/^{235}U$	1σ	$^{206}Pb/^{238}U$	1σ	
64	19. 81	28. 2	44. 1	0. 64	0. 109 2	0. 003 3	4. 994 6	0. 147 9	0. 329 9	0. 005 4	0. 550 3	1 787	56	1 818	25	1 838	26	98%
66	25. 10	34. 2	59. 5	0. 58	0. 111 0	0. 003 5	4. 829 1	0. 146 0	0. 313 3	0. 004 7	0. 493 2	1 817	57	1 790	25	1 757	23	98%
67	70. 0	50. 3	101	0. 50	0. 157 5	0. 003 2	11. 172 4	0. 238 3	0. 508 1	0. 006 3	0. 581 3	2 429	35	2 538	20	2 649	27	95%
68	99. 6	122	187	0. 65	0. 171 2	0. 003 6	8. 952 9	0. 193 1	0. 375 6	0. 004 1	0. 512 2	2 569	3	2 333	20	2 056	19	87%
69	56. 8	79. 1	124	0. 64	0. 110 2	0. 002 6	5. 119 2	0. 124 5	0. 333 6	0. 004 1	0. 501 0	1 803	47	1 839	21	1 856	20	99%
70	65. 0	55. 4	125	0. 44	0. 129 1	0. 003 1	6. 985 5	0. 163 1	0. 390 8	0. 005 4	0. 586 6	2 087	42	2 110	21	2 126	25	99%
71	40. 7	60. 4	87. 1	0. 69	0. 110 5	0. 002 9	5. 190 3	0. 142 1	0. 337 3	0. 004 5	0. 489 2	1 807	48	1 851	23	1 874	22	98%
72	18. 03	46. 2	36. 6	1. 26	0. 108 2	0. 003 6	4. 901 3	0. 161 0	0. 327 5	0. 005 6	0. 518 1	1 769	59	1 802	28	1 826	27	98%
73	74. 9	109	99. 7	1. 10	0. 151 3	0. 003 1	10. 204 5	0. 223 9	0. 486 3	0. 006 9	0. 651 2	2 361	35	2 453	20	2 555	30	95%
74	19. 00	34. 3	39. 1	0. 88	0. 109 6	0. 003 4	5. 127 6	0. 163 1	0. 339 3	0. 005 7	0. 528 5	1 794	57	1 841	27	1 883	27	97%
75	25. 97	31. 2	54. 1	0. 58	0. 110 5	0. 003 0	5. 390 2	0. 154 8	0. 351 5	0. 005 1	0. 507 3	1 809	49	1 883	25	1 942	24	96%
76	24. 21	43. 5	49. 1	0. 89	0. 110 4	0. 003 1	5. 293 3	0. 160 9	0. 348 3	0. 005 8	0. 543 5	1 805	52	1 868	26	1 927	28	96%
77	67. 1	60. 4	128	0. 47	0. 127 4	0. 003 0	6. 955 4	0. 170 7	0. 394 6	0. 004 7	0. 488 6	2 062	41	2 106	22	2 144	22	98%
78	86. 6	110	124	0. 89	0. 161 7	0. 003 5	10. 577 5	0. 237 3	0. 472 7	0. 005 5	0. 520 1	2 473	36	2 487	21	2 495	24	99%
79	20. 21	22. 2	46. 9	0. 47	0. 109 0	0. 003 3	4. 933 0	0. 150 9	0. 328 4	0. 005 4	0. 535 0	1 783	54	1 808	26	1 831	26	98%
80	20. 42	29. 6	47. 0	0. 63	0. 113 1	0. 003 2	4. 996 4	0. 152 0	0. 319 4	0. 005 3	0. 547 5	1 850	51	1 819	26	1 787	26	98%
64	19. 81	28. 2	44. 1	0. 64	0. 109 2	0. 003 3	4. 994 6	0. 147 9	0. 329 9	0. 005 4	0. 550 3	1 787	56	1 818	25	1 838	26	98%
66	25. 10	34. 2	59. 5	0. 58	0. 111 0	0. 003 5	4. 829 1	0. 146 0	0. 313 3	0. 004 7	0. 493 2	1 817	57	1 790	25	1 757	23	98%
67	70. 0	50. 3	101	0. 50	0. 157 5	0. 003 2	11. 172 4	0. 238 3	0. 508 1	0. 006 3	0. 581 3	2 429	35	2 538	20	2 649	27	95%
68	99. 6	122	187	0. 65	0. 171 2	0. 003 6	8. 952 9	0. 193 1	0. 375 6	0. 004 1	0. 512 2	2 569	3	2 333	20	2 056	19	87%
69	56. 8	79. 1	124	0. 64	0. 110 2	0. 002 6	5. 119 2	0. 124 5	0. 333 6	0. 004 1	0. 501 0	1 803	47	1 839	21	1 856	20	99%
70	65. 0	55. 4	125	0. 44	0. 129 1	0. 003 1	6. 985 5	0. 163 1	0. 390 8	0. 005 4	0. 586 6	2 087	42	2 110	21	2 126	25	99%
71	40. 7	60. 4	87. 1	0. 69	0. 110 5	0. 002 9	5. 190 3	0. 142 1	0. 337 3	0. 004 5	0. 489 2	1 807	48	1 851	23	1 874	22	98%
72	18. 03	46. 2	36. 6	1. 26	0. 108 2	0. 003 6	4. 901 3	0. 161 0	0. 327 5	0. 005 6	0. 518 1	1 769	59	1 802	28	1 826	27	98%

续表

分析点号	Pb	Th	U	Th/U	同位素比值							年龄（Ma）						谐和度
	(ppm)				$^{207}Pb/^{206}Pb$	1σ	$^{207}Pb/^{235}U$	1σ	$^{206}Pb/^{238}U$	1σ	rho	$^{207}Pb/^{206}Pb$	1σ	$^{207}Pb/^{235}U$	1σ	$^{206}Pb/^{238}U$	1σ	
73	74.9	109	99.7	1.10	0.151 3	0.003 1	10.204 5	0.223 9	0.486 3	0.006 9	0.651 2	2 361	35	2 453	20	2 555	30	95%
74	19.00	34.3	39.1	0.88	0.109 6	0.003 4	5.127 6	0.163 1	0.339 3	0.005 7	0.528 5	1 794	57	1 841	27	1 883	27	97%
75	25.97	31.2	54.1	0.58	0.110 5	0.003 0	5.390 2	0.154 8	0.351 5	0.005 1	0.507 3	1 809	49	1 883	25	1 942	24	96%
76	24.21	43.5	49.1	0.89	0.110 4	0.003 1	5.293 3	0.160 9	0.348 3	0.005 8	0.543 5	1 805	52	1 868	26	1 927	28	96%
77	67.1	60.4	128	0.47	0.127 4	0.003 0	6.955 4	0.170 7	0.394 6	0.004 7	0.488 6	2 062	41	2 106	22	2 144	22	98%
78	86.6	110	124	0.89	0.161 7	0.003 5	10.577 5	0.237 3	0.472 7	0.005 5	0.520 1	2 473	36	2 487	21	2 495	24	99%
79	20.21	22.2	46.9	0.47	0.109 0	0.003 3	4.933 0	0.150 9	0.328 4	0.005 4	0.535 0	1 783	54	1 808	26	1 831	26	98%
80	20.42	29.6	47.0	0.63	0.113 1	0.003 2	4.996 4	0.152 0	0.319 4	0.005 3	0.547 5	1 850	51	1 819	26	1 787	26	98%
81	33.9	68.0	69.9	0.97	0.107 4	0.002 7	4.940 7	0.131 4	0.332 6	0.004 8	0.540 5	1 767	51	1 809	22	1 851	23	97%
82	55.0	114	108	1.06	0.115 7	0.002 7	5.496 3	0.142 3	0.342 2	0.004 6	0.523 7	1 900	42	1 900	22	1 897	22	99%
83	23.7	51.8	47.3	1.09	0.118 1	0.003 8	5.308 2	0.169 6	0.327 0	0.005 4	0.512 1	1 928	25	1 870	27	1 824	26	97%
84	25.13	18.5	36.6	0.51	0.165 1	0.004 4	11.335 5	0.326 8	0.494 8	0.007 8	0.544 9	2 508	44	2 551	27	2 591	34	98%
85	14.40	25.3	28.0	0.90	0.113 0	0.004 5	5.368 8	0.199 9	0.348 1	0.006 2	0.477 1	1 850	71	1 880	32	1 925	30	97%
86	61.4	66.9	86.2	0.78	0.162 5	0.003 6	10.849 9	0.246 7	0.480 1	0.006 1	0.561 9	2 483	32	2 510	21	2 528	27	99%
87	44.9	54.3	89.3	0.61	0.115 6	0.003 1	5.777 3	0.154 4	0.359 3	0.004 8	0.500 0	1 900	47	1 943	23	1 979	23	98%
89	33.82	28.7	49.5	0.58	0.164 4	0.004 5	10.829 6	0.305 9	0.472 8	0.006 8	0.506 4	2 502	46	2 509	26	2 496	30	99%
90	93.2	83.4	111	0.75	0.188 5	0.004 9	14.387 2	0.365 1	0.547 1	0.006 6	0.475 2	2 729	43	2 776	24	2 813	28	98%
91	28.54	47.9	59.6	0.81	0.105 9	0.003 2	4.839 0	0.147 3	0.328 9	0.004 7	0.471 1	1 731	56	1 792	26	1 833	23	97%
92	75.8	88.9	166	0.53	0.110 8	0.002 6	5.106 5	0.119 7	0.330 4	0.003 8	0.495 7	1 813	42	1 837	20	1 840	19	99%
93	55.4	58.9	103	0.57	0.126 4	0.003 1	6.788 7	0.168 6	0.385 0	0.004 6	0.483 3	2 050	43	2 084	22	2 100	22	99%
94	41.2	50.8	82.3	0.62	0.119 2	0.003 4	5.926 3	0.170 3	0.356 4	0.004 5	0.443 7	1 944	51	1 965	25	1 965	22	99%
95	29.33	48.4	61.9	0.78	0.114 4	0.004 1	5.228 9	0.181 8	0.329 7	0.004 9	0.425 8	1 872	70	1 857	30	1 837	24	98%
96	40.5	40.5	55.8	0.73	0.170 7	0.005 8	12.373 2	0.450 0	0.520 0	0.009 8	0.516 8	2 565	57	2 633	34	2 699	41	97%
97	41.5	62.0	53.5	1.16	0.159 2	0.004 9	10.742 8	0.331 8	0.484 8	0.006 7	0.447 7	2 447	52	2 501	29	2 548	29	98%

续表

分析点号	Pb	Th	U	Th/U	同位素比值							年龄（Ma）						谐和度
	(ppm)				$^{207}Pb/^{206}Pb$	1σ	$^{207}Pb/^{235}U$	1σ	$^{206}Pb/^{238}U$	1σ	rho	$^{207}Pb/^{206}Pb$	1σ	$^{207}Pb/^{235}U$	1σ	$^{206}Pb/^{238}U$	1σ	
98	50. 8	113	104	1. 08	0. 109 2	0. 003 0	4. 924 0	0. 141 6	0. 323 3	0. 004 3	0. 467 6	1 787	50	1 806	24	1 806	21	99%
99	37. 24	24. 4	58. 1	0. 42	0. 162 3	0. 004 6	10. 722 5	0. 309 8	0. 473 6	0. 006 0	0. 439 0	2 480	48	2 499	27	2 500	26	99%
100	48. 0	38. 9	69. 7	0. 56	0. 161 9	0. 004 2	11. 027 6	0. 285 9	0. 490 5	0. 006 6	0. 522 5	2 476	44	2 525	24	2 573	29	98%
25	99. 3	373	260	1. 44	0. 156 9	0. 003 4	5. 990 7	0. 160 9	0. 275 7	0. 005 7	0. 763 3	2 422	37	1 974	23	1 570	29	77%
48	116. 0	64. 6	83. 5	0. 77	0. 356 4	0. 015 3	35. 953 5	2. 141 2	0. 666 2	0. 017 4	0. 438 6	3 734	65	3 665	59	3 291	67	89%
65	16. 25	13. 6	32. 5	0. 42	0. 141 2	0. 004 7	6. 944 2	0. 230 8	0. 357 7	0. 006 2	0. 517 5	2 243	58	2 104	30	1 971	29	93%
84	29. 46	27. 6	40. 3	0. 68	0. 155 1	0. 004 6	11. 146 7	0. 364 5	0. 518 4	0. 009 0	0. 530 0	2 403	51	2 535	31	2 692	38	94%

附表5 济源小沟背剖面兵马沟组砂岩样品主量元素（$\omega_B/\%$）分析数据

样品号	X31	X41	X42	X61	X101	X171	X241	X242	X291	X391	X401
SiO_2	73.91	73.07	73.05	79.53	86.18	82.14	79.58	74.82	78.38	83.97	79.16
Al_2O_3	11.15	11.92	10.88	6.64	6.82	7.30	8.64	10.14	8.09	5.85	7.76
TiO_2	0.69	0.64	0.77	0.49	0.18	0.24	0.50	0.73	0.57	0.33	0.51
Fe_2O_3	3.76	3.80	5.31	2.87	1.66	1.80	4.24	5.65	4.14	1.67	4.09
FeO	0.55	0.41	0.50	0.17	0.12	0.12	0.22	0.26	0.26	0.12	0.28
CaO	0.82	0.59	0.56	0.22	0.13	0.13	0.27	0.44	0.40	0.14	0.22
MgO	1.71	1.74	1.63	0.32	0.68	0.96	0.81	1.21	1.10	0.80	1.39
K_2O	2.98	3.18	2.61	1.35	2.65	2.07	1.36	1.90	1.84	1.76	2.42
Na_2O	1.71	1.97	2.12	2.52	0.08	1.01	2.62	2.84	1.99	0.70	0.62
MnO	0.048	0.043	0.047	0.004	0.015	0.046	0.050	0.049	0.055	0.009	0.025
P_2O_5	0.21	0.22	0.24	0.087	0.029	0.028	0.11	0.21	0.15	0.033	0.10
Al_2O_3/SiO_2	0.15	0.16	0.15	0.08	0.08	0.09	0.11	0.14	0.10	0.07	0.10
$Fe_2O_3{}^T+MgO$	6.08	6.00	7.50	3.37	2.48	2.89	5.29	7.15	5.53	2.60	5.79
K_2O/Na_2O	1.74	1.61	1.23	0.53	33.94	2.04	0.52	0.67	0.93	2.51	3.88
SiO_2/Al_2O_3	6.63	6.13	6.71	11.97	12.63	11.25	9.21	7.38	9.69	14.36	10.20
$Fe_2O_3{}^T/K_2O$	1.47	1.34	2.25	2.27	0.68	0.93	3.28	3.13	2.40	1.02	1.82
CIA	59.69	60.55	59.72	52.51	67.80	63.77	57.90	57.39	57.43	63.69	65.69
ICV	1.05	1.00	1.19	1.17	0.79	0.85	1.13	1.26	1.24	0.92	1.19

注：$Fe_2O_3{}^T$为全铁；$CIA=100\times Al_2O_3/(Al_2O_3+CaO^*+Na_2O+K_2O)$，氧化物为摩尔分数，$CaO^*$仅代表硅酸盐矿物中的CaO（Nesbitt and Young，1982）；$ICV=(Fe_2O_3+K_2O+Na_2O+CaO+MgO+MnO+TiO_2)/Al_2O_3$（Cox et al.，1995）。

附表 6　渑池段村剖面兵马沟组砂岩样品主量元素（ω_B/%）分析数据

样品号	B002	B003	B007	B009	B019	B022	B030	B039	B042	B046	B047	B038	B049	B050
SiO_2	97. 11	97. 34	66. 45	79. 68	65. 90	79. 21	67. 73	88. 57	86. 48	84. 37	81. 79	71. 52	86. 72	85. 44
Al_2O_3	0. 97	1. 32	16. 82	8. 52	16. 53	3. 15	4. 63	6. 65	8. 55	10. 40	11. 06	7. 98	8. 56	9. 97
TiO_2	0. 06	0. 05	0. 69	0. 36	0. 68	0. 15	0. 17	0. 10	0. 14	0. 25	0. 38	0. 14	0. 19	0. 15
Fe_2O_3	0. 47	0. 04	2. 29	3. 50	2. 90	0. 53	4. 53	1. 36	0. 81	0. 28	1. 54	1. 14	0. 94	0. 29
FeO	0. 48	0. 12	0. 35	0. 25	0. 35	0. 08	0. 22	0. 13	0. 15	0. 08	0. 12	0. 18	0. 15	0. 12
CaO	0. 16	0. 15	0. 53	0. 42	0. 46	4. 22	5. 78	0. 17	0. 15	0. 17	0. 32	4. 79	0. 13	0. 14
MgO	0. 04	0. 06	2. 07	0. 88	2. 17	3. 35	4. 69	0. 03	0. 03	0. 04	0. 05	2. 04	0. 04	0. 04
K_2O	0. 31	0. 45	6. 59	4. 28	6. 90	1. 38	1. 95	0. 23	0. 30	0. 48	0. 54	5. 64	0. 15	0. 26
Na_2O	0. 05	0. 05	0. 17	0. 10	0. 14	0. 05	0. 10	0. 02	0. 03	0. 02	0. 02	0. 15	0. 02	0. 02
MnO	0. 056	0. 002	0. 026	0. 025	0. 032	0. 11	0. 19	0. 003	0. 002	0. 003	0. 004	0. 14	0. 002	0. 002
P_2O_5	0. 027	0. 023	0. 21	0. 11	0. 20	0. 093	0. 12	0. 21	0. 19	0. 24	0. 17	0. 069	0. 016	0. 023
CIA	66. 02	66. 97	68. 56	63. 10	67. 51	65. 47	65. 17	95. 46	95. 27	94. 67	94. 43	54. 66	97. 34	96. 64
ICV	1. 09	0. 67	0. 91	1. 17	0. 98	3. 43	3. 83	0. 21	0. 14	0. 11	0. 20	1. 62	0. 14	0. 08

注：$Fe_2O_3^T$为全铁；$CIA=100\times Al_2O_3/(Al_2O_3+CaO^*+Na_2O+K_2O)$，氧化物为摩尔分数，$CaO^*$仅代表硅酸盐矿物中的 CaO（Nesbitt and Young，1982）；$ICV=(Fe_2O_3+K_2O+Na_2O+CaO+MgO+MnO+TiO_2)/Al_2O_3$（Cox et al.，1995）。

附表 7　渑池段村剖面兵马沟组砂岩微量、稀土元素（$\omega_B/10^{-6}$）分析数据

样品号	B002	B003	B007	B009	B019	B022	B030	B039	B042	B046	B049
Li	2. 59	4. 49	18. 1	18. 5	12. 2	9. 12	5. 85	22	17	26. 1	18. 9
Be	0. 11	0. 27	2. 70	1. 37	3	0. 55	1. 47	0. 29	0. 39	0. 55	0. 35
Sc	0. 95	1. 25	15. 5	6. 96	15	8. 02	12. 6	1. 69	2. 14	3. 01	4. 53
V	6. 08	7. 06	113	33. 7	109	46	56	9. 98	9. 7	13. 2	32. 7
Cr	19. 9	19. 7	57	31. 1	71. 3	25. 4	35	12. 8	15. 2	12. 9	14. 9
Co	1. 19	1. 53	11. 7	6. 54	14. 4	17. 5	11. 2	1. 03	1. 38	1. 15	1. 15
Ni	4. 94	9. 78	34. 2	19. 7	40. 4	17. 7	20. 7	5. 01	6. 17	5. 71	4. 74
Cu	4. 64	4. 3	16	13. 7	9. 71	15. 8	9. 18	3. 54	5	5. 3	6. 40
Zn	2. 57	2. 26	47. 1	22. 3	57. 2	37. 4	34. 7	2. 62	3. 60	4. 62	4. 49
Ga	1. 96	2. 49	21. 5	10. 4	22. 5	4. 99	8. 75	12. 1	14	15. 5	10. 8
Ge	0. 60	0. 74	1. 82	1. 32	1. 72	0. 82	0. 98	0. 43	0. 45	0. 42	0. 39
Rb	5. 17	10	154	123	171	42	80. 9	7. 72	7. 84	9. 11	4. 4
Sr	106	29	92. 7	93. 8	83. 5	344	49. 6	1485	1372	1408	87. 3
Y	4. 12	6. 9	24. 2	17. 3	22	17. 6	17. 7	16. 2	14. 8	9. 13	5. 42
Zr	66. 9	156	185	538	199	76. 4	103	96. 5	98. 2	178	549
Nb	1. 04	1. 20	11. 4	6. 64	11. 9	2. 43	3. 6	3. 41	3. 30	7. 87	17. 3
Sm	1. 86	0. 90	5. 96	3. 27	5. 49	4. 39	4. 45	3. 16	3. 48	5. 61	2. 68
Eu	0. 40	0. 17	1. 22	0. 83	1. 13	2. 23	0. 90	0. 77	0. 78	1. 18	0. 50
Gd	1. 70	0. 76	5. 21	3. 23	4. 67	5. 49	4. 08	3. 03	2. 75	4. 49	1. 85
Tb	0. 21	0. 15	0. 77	0. 48	0. 68	0. 74	0. 58	0. 52	0. 41	0. 61	0. 19
Dy	0. 93	1. 08	4. 53	2. 89	4. 10	3. 64	3. 25	3. 24	2. 56	2. 63	1. 01
Ho	0. 15	0. 24	0. 9	0. 58	0. 82	0. 60	0. 61	0. 58	0. 51	0. 37	0. 21
Er	0. 38	0. 73	2. 56	1. 67	2. 31	1. 43	1. 64	1. 48	1. 42	1	0. 72

续表

样品号	B002	B003	B007	B009	B019	B022	B030	B039	B042	B046	B049
Tm	0.055	0.12	0.38	0.25	0.35	0.18	0.24	0.20	0.2	0.15	0.13
Yb	0.36	0.74	2.46	1.67	2.23	1.05	1.50	1.20	1.23	1.07	1.02
Lu	0.055	0.11	0.36	0.26	0.33	0.15	0.22	0.17	0.18	0.17	0.18
Hf	1.68	3.81	4.85	12.9	5.18	1.92	2.58	2.48	2.5	4.69	13.7
Ta	0.064	0.086	0.91	0.5	0.93	0.18	0.28	0.43	0.37	0.95	1.94
Pb	2.33	0.86	5.99	9.24	8.67	40	11.2	3.55	3.91	6.24	5.46
Th	1.81	1.72	13.5	6.99	13.5	3.92	5.53	13.6	8.81	24	27
U	0.43	0.98	3.37	1.92	4.69	1.72	2	0.60	0.73	1.64	1.76
ΣREE	52.27	28.22	185.83	101	184.13	92.22	109.24	113.89	107.04	196.88	93.44
LREE/HREE	12.61	6.18	9.82	8.16	10.89	5.94	8.01	9.93	10.56	17.77	16.60
La_N/Yb_N	21.54	5.62	11.15	8.84	12.37	10.72	10.43	15.34	13.70	29.36	19.63
Gd_N/Yb_N	3.81	0.83	1.71	1.56	1.69	4.22	2.19	2.04	1.80	3.39	1.46
Sm_N/Nd_N	0.61	0.59	0.56	0.60	0.54	0.83	0.66	0.53	0.57	0.52	0.53
δEu	0.68	0.61	0.66	0.77	0.67	1.39	0.63	0.75	0.75	0.70	0.65
δCe	0.97	0.91	0.96	0.97	1.00	1.02	0.88	0.92	0.90	0.99	0.64

注：$_N$代表球粒陨石标准化值，采用 Boynton（1984）数据；L=La+Ce+Pr+Nd+Sm+Eu，HREE=Gd+Tb+Dy+Ho+Er+Tm+Yb+Lu，ΣREE=L+H；δCe 代表 Ce 异常，$\delta Ce=Ce_N/(La_N\times Pr_N)^{0.5}$；δEu 代表 Eu 异常，$\delta Eu=Eu_N/(Sm_N\times Gd_N)^{0.5}$。

附表 8 渑池段村剖面兵马沟组泥质岩微量、稀土元素（$\omega_B/10^{-6}$）分析数据

样品号	B004	B010	B014	B016	B020	B023	B024	B027	B032
Li	7.36	10.5	12.8	10.9	11.6	11.5	10.2	9.36	8.93
Be	4.96	4.18	3.35	2.22	2.86	3.13	2.67	2.72	3.40
Sc	15.1	16.0	14.5	13.8	16.6	16.9	14.7	15.1	13.9
V	120	69.3	75.3	82.2	80.6	85.0	65.7	69.0	142
Cr	118	73.2	91.1	132	65.7	110	49.4	129	73.7
Co	14.5	16.8	17.1	16.1	17.3	14.8	13.6	11.5	12.9
Ni	50.6	44.8	43.3	35.3	44.7	40.5	37.2	37.7	32.0
Cu	14.8	9.84	8.66	11.7	10.3	14.7	13.5	26.8	16.0
Zn	50.4	60.5	65.9	56.5	69.5	62.3	56.2	52.0	60.8
Ga	21.2	23.0	21.4	19.3	21.7	23.6	20.1	20.4	18.6
Rb	184	197	199	171	192	189	174	166	152
Sr	76.1	85.3	80.0	79.7	82.1	74.6	81.1	92.2	90.6
Y	26.9	27.5	25.7	22.9	25.9	29.5	24.5	25.3	22.9
Zr	188	494	168	101	184	144	177	235	167
Nb	11.3	14.1	11.2	9.98	12.1	13.5	11.3	11.8	10.7
Sn	3.26	3.13	2.77	2.50	3.52	3.91	3.05	3.15	2.91
Cs	10.1	8.95	9.38	8.86	9.65	8.97	8.34	6.74	7.86
Ba	465	443	451	291	473	305	670	894	344
La	50.0	50.5	46.4	45.6	47.3	56.7	45.8	45.6	39.9
Ce	97.7	101	91.1	88.4	95.8	110	91.0	89.3	79.9
Pr	11.0	11.0	10.3	10.0	11.2	13.3	10.6	10.2	9.18
Nd	40.0	40.9	37.7	37.3	41.5	50.7	37.4	35.3	31.4
Sm	7.32	7.37	6.80	6.16	7.06	7.96	6.72	6.17	5.30

续表

样品号	B004	B010	B014	B016	B020	B023	B024	B027	B032
Eu	1. 43	1. 55	1. 35	1. 22	1. 48	1. 61	1. 32	1. 16	1. 07
Gd	5. 67	6. 09	5. 68	4. 96	5. 56	6. 29	5. 13	4. 87	4. 31
Tb	0. 88	0. 90	0. 83	0. 74	0. 85	0. 91	0. 78	0. 80	0. 70
Dy	5. 10	5. 07	4. 76	4. 18	4. 75	5. 21	4. 38	4. 62	4. 02
Ho	0. 96	0. 97	0. 90	0. 79	0. 93	1. 04	0. 86	0. 93	0. 83
Er	2. 87	2. 98	2. 55	2. 40	2. 56	2. 89	2. 43	2. 59	2. 33
Tm	0. 38	0. 43	0. 35	0. 31	0. 37	0. 42	0. 36	0. 40	0. 35
Yb	2. 47	2. 70	2. 26	1. 95	2. 41	2. 69	2. 30	2. 53	2. 22
Lu	0. 39	0. 44	0. 35	0. 32	0. 36	0. 40	0. 34	0. 37	0. 33
Hf	5. 29	12. 5	4. 46	2. 85	4. 85	3. 94	4. 63	6. 25	4. 50
Ho	0. 96	0. 97	0. 90	0. 79	0. 93	1. 04	0. 86	0. 93	0. 83
Er	2. 87	2. 98	2. 55	2. 40	2. 56	2. 89	2. 43	2. 59	2. 33
Tm	0. 38	0. 43	0. 35	0. 31	0. 37	0. 42	0. 36	0. 40	0. 35
Yb	2. 47	2. 70	2. 26	1. 95	2. 41	2. 69	2. 30	2. 53	2. 22
Lu	0. 39	0. 44	0. 35	0. 32	0. 36	0. 40	0. 34	0. 37	0. 33
Hf	5. 29	12. 5	4. 46	2. 85	4. 85	3. 94	4. 63	6. 25	4. 50
Ta	0. 97	1. 11	0. 88	0. 75	0. 94	1. 04	0. 86	0. 92	0. 89
Tl	1. 05	1. 11	0. 99	0. 79	1. 00	0. 95	0. 98	0. 89	0. 88
Pb	30. 7	18. 5	15. 8	5. 61	26. 3	6. 36	25. 8	6. 75	9. 03
Th	17. 9	19. 9	13. 7	12. 2	15. 8	17. 8	14. 0	15. 3	14. 0
U	3. 28	3. 60	4. 29	2. 45	3. 41	2. 61	2. 56	2. 89	2. 48
ΣREE	226. 09	231. 90	211. 26	204. 34	222. 04	260. 41	209. 44	204. 83	181. 91
LREE/HREE	11. 08	10. 85	10. 96	12. 06	11. 48	12. 11	11. 64	10. 98	11. 06

续表

样品号	B004	B010	B014	B016	B020	B023	B024	B027	B032
La_N/Yb_N	13.64	12.61	13.85	15.72	13.25	14.20	13.45	12.14	12.11
Gd_N/Yb_N	1.85	1.82	2.03	2.05	1.86	1.89	1.80	1.55	1.56
Sm_N/Nd_N	0.56	0.55	0.56	0.51	0.52	0.48	0.55	0.54	0.52
δEu	0.65	0.69	0.64	0.65	0.70	0.67	0.66	0.62	0.67
δCe	0.96	0.99	0.96	0.96	0.97	0.94	0.96	0.96	0.97

注：$_N$代表球粒陨石标准化值，采用 Boynton（1984）数据；L=La+Ce+Pr+Nd+Sm+Eu，HREE=Gd+Tb+Dy+Ho+Er+Tm+Yb+Lu，ΣREE=L+H；δCe 代表 Ce 异常，$δCe=Ce_N/(La_N×Pr_N)^{0.5}$；δEu 代表 Eu 异常，$δEu=Eu_N/(Sm_N×Gd_N)^{0.5}$。

附表 9　涌池段村剖面兵马沟组砂岩碎屑锆石 U-Pb 年龄数据

分析点号	Pb	Th	U	Th/U	同位素比值							年龄（Ma）						谐和度
	(ppm)				$^{207}Pb/^{206}Pb$	1σ	$^{207}Pb/^{235}U$	1σ	$^{206}Pb/^{238}U$	1σ	rho	$^{207}Pb/^{206}Pb$	1σ	$^{207}Pb/^{235}U$	1σ	$^{206}Pb/^{238}U$	1σ	
样品号 B002：兵马沟组																		
1	587	109	125	0. 88	0. 108 8	0. 003 0	4. 724 8	0. 136 5	0. 313 7	0. 004 3	0. 477 1	1 789	49. 7	1 772	24. 2	1 759	21. 2	99%
2	324	53. 6	169	0. 32	0. 117 0	0. 002 3	5. 548 7	0. 114 6	0. 342 3	0. 003 8	0. 531 1	1 911	35. 2	1 908	17. 8	1 898	18. 1	99%
3	239	45. 9	53. 9	0. 85	0. 112 9	0. 003 3	5. 027 3	0. 132 6	0. 323 8	0. 004 2	0. 494 1	1 847	51. 7	1 824	22. 4	1 808	20. 6	99%
4	434	71. 3	90. 6	0. 79	0. 128 4	0. 003 3	6. 861 8	0. 179 1	0. 385 2	0. 004 4	0. 436 1	2 076	45. 7	2 094	23. 2	2 101	20. 4	99%
5	558	71. 2	141	0. 50	0. 159 9	0. 003 1	10. 581 6	0. 202 3	0. 476 6	0. 004 6	0. 506 8	2 454	33. 0	2 487	17. 8	2 513	20. 2	98%
6	204	39. 0	42. 7	0. 91	0. 109 3	0. 003 6	4. 887 9	0. 157 7	0. 323 5	0. 004 7	0. 450 6	1 787	63. 9	1 800	27. 2	1 807	22. 9	99%
7	220	40. 2	51. 9	0. 78	0. 112 2	0. 003 6	5. 007 1	0. 156 7	0. 322 1	0. 004 3	0. 425 6	1 836	59. 1	1 821	26. 5	1 800	20. 9	98%
8	659	120	126	0. 95	0. 114 8	0. 002 6	5. 486 6	0. 131 5	0. 343 6	0. 004 0	0. 488 1	1 876	40. 6	1 898	20. 6	1 904	19. 3	99%
9	424	52. 5	142	0. 37	0. 167 1	0. 003 1	10. 995 8	0. 216 7	0. 473 7	0. 005 3	0. 572 1	2 529	31. 9	2 523	18. 4	2 500	23. 4	99%
10	294	55. 0	84. 4	0. 65	0. 111 7	0. 002 6	4. 993 1	0. 119 6	0. 322 4	0. 003 9	0. 500 7	1 827	42. 6	1 818	20. 3	1 801	18. 9	99%
11	320	58. 3	71. 2	0. 82	0. 112 7	0. 003 4	5. 008 1	0. 135 9	0. 322 5	0. 004 3	0. 493 1	1 843	54. 3	1 821	23. 0	1 802	21. 1	98%
12	1 260	150	221	0. 68	0. 184 6	0. 004 0	13. 141 9	0. 345 6	0. 512 5	0. 008 8	0. 649 5	2 694	36. 9	2 690	24. 9	2 667	37. 3	99%
13	207	26. 4	53. 4	0. 49	0. 167 1	0. 004 2	11. 006 0	0. 293 7	0. 474 8	0. 006 0	0. 477 2	2 529	41. 5	2 524	24. 9	2 504	26. 5	99%
14	374	47. 6	102	0. 47	0. 161 8	0. 003 4	10. 670 1	0. 233 6	0. 475 4	0. 005 4	0. 515 2	2 476	35. 5	2 495	20. 4	2 507	23. 5	99%
15	159	30. 5	36. 0	0. 85	0. 109 4	0. 003 4	4. 897 7	0. 152 5	0. 323 2	0. 004 3	0. 424 0	1 791	61. 3	1 802	26. 3	1 806	20. 8	99%
16	415	85. 1	181	0. 47	0. 118 8	0. 002 5	5. 326 1	0. 109 4	0. 323 0	0. 003 1	0. 463 8	1 939	37. 0	1 873	17. 6	1 804	15. 0	96%
17	720	82. 1	103	0. 80	0. 192 6	0. 004 1	14. 286 8	0. 308 4	0. 534 2	0. 005 4	0. 469 9	2 765	34. 9	2 769	20. 6	2 759	22. 8	99%
18	601	87. 9	216	0. 41	0. 138 8	0. 003 0	7. 826 1	0. 177 7	0. 405 6	0. 004 9	0. 528 2	2 213	37. 2	2 211	20. 5	2 195	22. 3	99%
19	304	59. 3	46. 7	1. 27	0. 113 9	0. 003 7	5. 083 4	0. 160 9	0. 323 0	0. 004 5	0. 435 8	1 862	58. 8	1 833	26. 9	1 805	21. 7	98%
20	~~343~~	~~77. 4~~	~~133~~	~~0. 58~~	~~0. 112 5~~	~~0. 002 6~~	~~4. 036 5~~	~~0. 098 1~~	~~0. 258 2~~	~~0. 002 7~~	~~0. 427 1~~	~~1 840~~	~~42. 6~~	~~1 642~~	~~19. 8~~	~~1 481~~	~~13. 8~~	~~89%~~
21	539	85. 8	163	0. 53	0. 129 3	0. 003 0	6. 547 6	0. 150 4	0. 364 9	0. 003 8	0. 459 0	2 088	41. 1	2 052	20. 3	2 005	18. 2	97%
22	405	76. 0	82. 0	0. 93	0. 112 9	0. 002 6	5. 065 3	0. 121 6	0. 322 9	0. 003 4	0. 432 7	1 847	40. 9	1 830	20. 4	1 804	16. 4	98%
23	658	80. 4	80. 0	1. 01	0. 187 3	0. 003 7	13. 245 6	0. 264 4	0. 510 3	0. 005 4	0. 529 7	2 718	31. 6	2 697	18. 9	2 658	23. 1	98%

续表

分析点号	Pb	Th	U	Th/U	同位素比值							年龄（Ma）						谐和度
	(ppm)				$^{207}Pb/^{206}Pb$	1σ	$^{207}Pb/^{235}U$	1σ	$^{206}Pb/^{238}U$	1σ	rho	$^{207}Pb/^{206}Pb$	1σ	$^{207}Pb/^{235}U$	1σ	$^{206}Pb/^{238}U$	1σ	
24	337	63.9	71.9	0.89	0.112 7	0.003 6	5.033 1	0.163 9	0.322 2	0.004 1	0.387 8	1 844	58.8	1 825	27.6	1 800	19.9	98%
25	466	84.8	180	0.47	0.117 1	0.002 6	5.256 1	0.118 6	0.323 6	0.003 4	0.469 9	1 922	39.5	1 862	19.3	1 807	16.7	97%
26	~~2164~~	~~502~~	~~732~~	~~0.69~~	~~0.116 9~~	~~0.002 1~~	~~4.343 1~~	~~0.079 8~~	~~0.267 7~~	~~0.002 3~~	~~0.464 6~~	~~1 909~~	~~31.5~~	~~1 702~~	~~15.2~~	~~1 529~~	~~11.7~~	~~89%~~
27	196	24.8	27.0	0.92	0.178 6	0.005 2	12.560 7	0.312 2	0.514 6	0.007 6	0.597 0	2 640	48.5	2 647	23.4	2 676	32.5	98%
28	267	33.5	75.5	0.44	0.165 0	0.003 6	10.797 5	0.232 2	0.473 3	0.005 2	0.509 6	2 507	36.4	2 506	20.1	2 498	22.7	99%
29	289	36.1	73.1	0.49	0.167 9	0.003 4	11.015 3	0.217 3	0.475 5	0.005 1	0.541 6	2 537	34.0	2 524	18.4	2 508	22.2	99%
30	744	118	198	0.60	0.145 1	0.002 7	8.073 4	0.186 4	0.401 7	0.006 2	0.673 2	2 300	32.1	2 239	20.9	2 177	28.7	97%
31	291	35.6	77.1	0.46	0.160 9	0.003 4	10.572 1	0.228 2	0.475 1	0.005 8	0.563 9	2 466	35.2	2 486	20.1	2 506	25.3	99%
32	1 406	194	215	0.90	0.164 4	0.003 1	9.950 6	0.194 0	0.436 7	0.003 7	0.432 6	2 501	32.4	2 430	18.1	2 336	16.6	96%
33	629	84.4	79.7	1.06	0.166 2	0.003 1	10.891 6	0.233 4	0.472 6	0.005 7	0.563 9	2 520	30.9	2 514	20.0	2 495	25.0	99%
34	~~462~~	~~106~~	~~243~~	~~0.44~~	~~0.160 7~~	~~0.003 1~~	~~6.630 2~~	~~0.126 3~~	~~0.297 8~~	~~0.002 7~~	~~0.483 5~~	~~2 463~~	~~31.6~~	~~2 063~~	~~16.9~~	~~1 681~~	~~13.7~~	~~79%~~
35	263	32.0	56.2	0.57	0.171 2	0.004 1	11.144 3	0.277 9	0.469 8	0.005 4	0.462 0	2 569	40.3	2 535	23.3	2 483	23.8	97%
36	~~625~~	~~139~~	~~253~~	~~0.55~~	~~0.120 3~~	~~0.003 0~~	~~4.517 0~~	~~0.114 3~~	~~0.270 8~~	~~0.002 7~~	~~0.389 0~~	~~1 961~~	~~45.5~~	~~1 734~~	~~21.1~~	~~1 545~~	~~13.5~~	~~88%~~
37	126	18.3	72.8	0.25	0.134 2	0.003 2	7.182 6	0.174 4	0.386 2	0.004 4	0.469 5	2 153	36.0	2 134	21.7	2 105	20.5	98%
38	1 000	143	170	0.84	0.149 9	0.002 8	8.998 9	0.171 5	0.432 6	0.004 2	0.507 8	2 346	31.5	2 338	17.5	2 317	18.9	99%
39	169	30.0	52.8	0.57	0.120 8	0.002 9	5.737 9	0.147 7	0.342 5	0.004 1	0.464 6	1 969	43.1	1 937	22.3	1 899	19.7	98%
40	169	32.6	55.2	0.59	0.109 8	0.002 9	4.922 2	0.140 5	0.322 4	0.003 7	0.397 3	1 798	48.2	1 806	24.1	1 801	17.8	99%
41	706	139	273	0.51	0.161 2	0.002 9	7.235 7	0.147 8	0.323 7	0.004 2	0.641 2	2 468	30.1	2 141	18.3	1 808	20.7	83%
42	762	95.4	152	0.63	0.159 8	0.003 2	10.500 6	0.221 0	0.472 8	0.004 4	0.440 0	2 454	33.8	2 480	19.6	2 496	19.2	99%
43	721	90.3	122	0.74	0.176 4	0.003 7	12.585 7	0.266 4	0.514 3	0.005 1	0.467 7	2 619	34.9	2 649	20.0	2 675	21.7	99%
44	313	59.2	88.3	0.67	0.108 3	0.004 0	4.573 6	0.155 4	0.305 7	0.004 3	0.418 0	1 772	68.4	1 744	28.3	1 720	21.5	98%
45	586	103	134	0.77	0.118 0	0.002 5	5.943 4	0.120 6	0.363 7	0.003 5	0.467 7	1 928	38.1	1 968	17.7	2 000	16.4	98%
46	526	96.2	122	0.79	0.111 7	0.002 3	5.336 9	0.110 3	0.344 2	0.003 0	0.428 4	1 828	36.9	1 875	17.7	1 907	14.7	98%
47	1 192	169	154	1.09	0.169 3	0.003 3	11.076 4	0.223 9	0.471 7	0.005 0	0.520 8	2 551	32.7	2 530	18.9	2 491	21.8	98%

续表

分析点号	Pb	Th	U	Th/U	同位素比值							年龄（Ma）						谐和度
	(ppm)				$^{207}Pb/^{206}Pb$	1σ	$^{207}Pb/^{235}U$	1σ	$^{206}Pb/^{238}U$	1σ	rho	$^{207}Pb/^{206}Pb$	1σ	$^{207}Pb/^{235}U$	1σ	$^{206}Pb/^{238}U$	1σ	
48	807	142	189	0.75	0.122 1	0.002 7	6.177 1	0.141 8	0.364 2	0.003 7	0.446 2	1 988	38.9	2 001	20.1	2 002	17.7	99%
49	306	48.4	71.6	0.68	0.156 9	0.005 7	5.632 8	0.199 4	0.261 5	0.004 0	0.435 6	2 433	61.0	1 921	30.5	1 497	20.6	75%
50	135	26.0	47.3	0.55	0.104 8	0.003 6	4.522 7	0.148 1	0.314 1	0.004 4	0.430 3	1 710	58.337 5	1 735	27.3	1 761	21.7	98%
51	550	73.1	77.6	0.94	0.172 2	0.003 4	11.194 0	0.233 4	0.470 9	0.005 7	0.581 1	2 579	33.3	2 539	19.5	2 487	25.0	97%
52	597	89.5	229	0.39	0.133 1	0.002 5	7.036 9	0.141 0	0.381 9	0.004 2	0.547 0	2 140	32.4	2 116	17.9	2 085	19.6	98%
53	468	87.9	76.4	1.15	0.113 0	0.003 0	5.028 3	0.133 8	0.322 5	0.003 7	0.431 4	1 848	48.5	1 824	22.6	1 802	18.1	98%
54	636	110	240	0.46	0.118 9	0.002 5	5.632 2	0.125 4	0.342 4	0.003 7	0.479 5	1 940	37.3	1 921	19.2	1 898	17.6	98%
55	~~781~~	~~283~~	~~369~~	~~0.77~~	~~0.151 0~~	~~0.003 2~~	~~5.355 9~~	~~0.179 0~~	~~0.254 4~~	~~0.006 0~~	~~0.707 7~~	~~2 358~~	~~36.6~~	~~1 878~~	~~28.6~~	~~1 461~~	~~30.9~~	~~75%~~
56	~~428~~	~~75.5~~	~~127~~	~~0.59~~	~~0.132 7~~	~~0.003 2~~	~~5.613 5~~	~~0.145 8~~	~~0.306 0~~	~~0.004 2~~	~~0.533 1~~	~~2 200~~	~~42.6~~	~~1 918~~	~~22.4~~	~~1 721~~	~~20.9~~	~~89%~~
57	152	27.9	40.9	0.68	0.110 8	0.003 2	4.827 2	0.142 7	0.315 7	0.004 0	0.424 0	1 813	51.9	1 790	24.9	1 769	19.4	98%
58	921	166	119	1.40	0.111 8	0.002 5	5.321 2	0.122 4	0.343 4	0.003 3	0.415 6	1 829	40.1	1 872	19.7	1 903	15.8	98%
59	710	114	184	0.62	0.129 3	0.002 3	6.755 6	0.139 6	0.376 7	0.004 6	0.586 3	2 089	31.3	2 080	18.3	2 061	21.4	99%
60	1 076	202	212	0.95	0.107 4	0.002 0	4.809 0	0.095 1	0.322 4	0.003 2	0.503 5	1 767	33.3	1 786	16.7	1 801	15.7	99%
61	255	45.9	50.5	0.91	0.112 8	0.002 9	5.292 3	0.142 5	0.340 0	0.004 2	0.454 5	1 856	50.9	1 868	23.0	1 887	20.0	98%
62	268	43.9	65.8	0.67	0.117 1	0.002 6	5.840 7	0.130 9	0.362 2	0.003 9	0.476 7	1 913	40.9	1 952	19.5	1 993	18.3	97%
63	514	62.3	95.6	0.65	0.171 2	0.004 0	11.216 6	0.251 5	0.475 0	0.005 3	0.500 5	2 569	38.9	2 541	21.0	2 505	23.3	98%
64	448	46.7	127	0.37	0.187 3	0.003 4	13.609 9	0.254 9	0.526 1	0.005 1	0.517 0	2 720	29.6	2 723	17.8	2 725	21.6	99%
65	331	43.5	77.6	0.56	0.166 0	0.003 5	10.350 5	0.234 0	0.451 6	0.005 5	0.534 3	2 518	35.0	2 467	21.0	2 402	24.3	97%
66	561	73.5	64.9	1.13	0.162 5	0.003 8	10.680 3	0.265 4	0.476 2	0.005 7	0.481 6	2 483	39.2	2 496	23.1	2 511	24.9	99%
67	246	33.0	52.1	0.63	0.164 5	0.003 4	10.767 7	0.242 7	0.474 3	0.005 6	0.528 3	2 503	29.5	2 503	21.0	2 502	24.7	99%
68	762	99.6	148	0.67	0.168 6	0.003 9	10.502 9	0.253 9	0.451 7	0.006 6	0.605 4	2 544	38.9	2 480	22.5	2 403	29.4	96%
69	120	22.5	28.3	0.79	0.117 5	0.004 1	5.191 6	0.185 2	0.324 0	0.008 1	0.701 8	1 920	61.3	1 851	30.4	1 809	39.5	97%
70	481	88.2	116	0.76	0.115 2	0.002 5	5.114 9	0.120 7	0.322 2	0.003 7	0.480 8	1 883	39.5	1 839	20.1	1 800	17.9	97%
71	191	25.2	48.4	0.52	0.168 2	0.004 4	10.465 0	0.284 8	0.451 3	0.005 1	0.411 3	2 540	44.1	2 477	25.3	2 401	22.5	96%

续表

分析点号	Pb	Th	U	Th/U	同位素比值							年龄（Ma）						谐和度
	(ppm)				$^{207}Pb/^{206}Pb$	1σ	$^{207}Pb/^{235}U$	1σ	$^{206}Pb/^{238}U$	1σ	rho	$^{207}Pb/^{206}Pb$	1σ	$^{207}Pb/^{235}U$	1σ	$^{206}Pb/^{238}U$	1σ	
72	184	23.1	30.0	0.77	0.167 2	0.004 9	10.884 8	0.320 9	0.473 6	0.006 1	0.438 4	2 531	54.5	2 513	27.5	2 499	26.8	99%
73	450	74.5	116	0.64	0.114 1	0.002 4	5.724 7	0.119 3	0.363 7	0.003 8	0.502 5	1 865	37.2	1 935	18.1	2 000	18.0	96%
74	428	73.1	75.6	0.97	0.128 3	0.002 8	6.629 1	0.150 3	0.374 3	0.004 2	0.495 2	2 076	43.1	2 063	20.0	2 050	19.7	99%
75	337	60.8	55.9	1.09	0.120 3	0.002 9	5.716 9	0.147 9	0.343 1	0.004 3	0.478 8	1 961	42.6	1 934	22.4	1 902	20.4	98%
76	693	98.4	125	0.79	0.148 2	0.003 0	8.715 4	0.181 0	0.425 1	0.004 7	0.533 1	2 325	34.3	2 309	19.0	2 283	21.3	98%
77	576	63.3	144	0.44	0.186 2	0.003 3	13.621 5	0.255 8	0.527 7	0.005 1	0.513 5	2 709	29.5	2 724	17.9	2 732	21.5	99%
78	592	113	147	0.77	0.106 9	0.002 0	4.773 3	0.099 1	0.322 4	0.003 7	0.552 9	1 748	35.0	1 780	17.5	1 801	18.1	98%
79	~~739~~	~~138~~	~~217~~	~~0.64~~	~~0.171 5~~	~~0.003 5~~	~~7.444 6~~	~~0.186 5~~	~~0.313 5~~	~~0.005 3~~	~~0.673 2~~	~~2 572~~	~~33.5~~	~~2 166~~	~~22.5~~	~~1 758~~	~~26.0~~	~~2 572~~
80	445	71.5	93.8	0.76	0.117 2	0.002 5	5.871 8	0.126 6	0.362 8	0.003 8	0.488 7	1 913	37.8	1 957	18.7	1 996	18.1	1 913
样品号 B049：兵马沟组																		
1	434	61.8	100	0.62	0.143 8	0.003 1	8.442 0	0.188 2	0.424 6	0.004 9	0.515 1	2 273	36.7	2 280	20.3	2 282	22.1	99%
2	922	146	176	0.83	0.144 9	0.002 7	8.547 0	0.174 7	0.426 1	0.004 5	0.515 4	2 287	31.8	2 291	18.7	2 288	20.3	99%
3	588	97.6	173	0.56	0.134 0	0.002 4	7.344 4	0.143 4	0.396 2	0.004 2	0.547 8	2 152	31.6	2 154	17.5	2 152	19.6	99%
5	~~728~~	~~152~~	~~178~~	~~0.85~~	~~0.117 2~~	~~0.002 2~~	~~5.236 4~~	~~0.111 2~~	~~0.323 2~~	~~0.003 8~~	~~0.548 1~~	~~1 914~~	~~33.6~~	~~1 859~~	~~18.1~~	~~1 805~~	~~18.4~~	~~97%~~
6	1 188	770	481	1.60	0.136 7	0.002 6	4.462 7	0.089 8	0.237 6	0.003 7	0.769 6	2 187	33.3	1 724	16.7	1 374	19.2	77%
7	1 441	242	170	1.43	0.175 8	0.004 2	11.316 1	0.283 1	0.465 4	0.004 4	0.381 8	2 614	39.8	2 550	23.4	2 463	19.6	96%
8	563	232	366	0.63	0.117 3	0.002 4	5.213 2	0.131 1	0.321 8	0.005 2	0.643 5	1 917	37.0	1 855	21.5	1 799	25.4	96%
9	1 490	239	229	1.04	0.160 1	0.003 0	9.985 7	0.193 5	0.451 0	0.004 3	0.491 4	2 457	31.2	2 434	18.0	2 400	19.1	98%
10	683	92.2	113	0.81	0.164 3	0.003 2	10.781 9	0.216 9	0.475 2	0.005 9	0.617 5	2 502	27.6	2 505	18.8	2 506	25.8	99%
11	494	94.2	77.4	1.22	0.117 3	0.002 9	5.234 3	0.126 7	0.323 1	0.003 5	0.451 4	1 917	45.5	1 858	20.7	1 805	17.2	97%
12	434	57.0	42.1	1.35	0.164 6	0.003 6	10.835 7	0.257 6	0.475 0	0.005 6	0.494 6	2 503	36.7	2 509	22.2	2 505	24.4	99%
13	~~670~~	~~125~~	~~135~~	~~0.92~~	~~0.118 6~~	~~0.002 4~~	~~5.611 9~~	~~0.111 4~~	~~0.342 5~~	~~0.003 7~~	~~0.550 5~~	~~1 935~~	~~36.9~~	~~1 918~~	~~17.2~~	~~1 899~~	~~18.0~~	~~98%~~
14	~~2 500~~	~~714~~	~~853~~	~~0.84~~	~~0.107 2~~	~~0.002 0~~	~~3.203 1~~	~~0.062 9~~	~~0.215 4~~	~~0.002 3~~	~~0.554 7~~	~~1 754~~	~~34.7~~	~~1 458~~	~~15.2~~	~~1 258~~	~~12.5~~	~~85%~~
15	1 902	471	249	1.89	0.118 4	0.002 4	5.291 0	0.119 2	0.322 8	0.004 8	0.665 5	1 932	36.6	1 867	19.3	1 803	23.6	96%

续表

分析点号	Pb	Th	U	Th/U	同位素比值							年龄（Ma）						谐和度
	（ppm）				$^{207}Pb/^{206}Pb$	1σ	$^{207}Pb/^{235}U$	1σ	$^{206}Pb/^{238}U$	1σ	rho	$^{207}Pb/^{206}Pb$	1σ	$^{207}Pb/^{235}U$	1σ	$^{206}Pb/^{238}U$	1σ	
16	1 240	237	173	1.37	0.113 0	0.002 1	5.039 9	0.098 9	0.321 9	0.002 7	0.429 5	1 848	34.7	1 826	16.7	1 799	13.3	98%
17	699	109	158	0.69	0.146 6	0.002 5	8.484 2	0.148 8	0.418 1	0.003 5	0.472 5	2 306	29.6	2 284	16.0	2 252	15.8	98%
18	1 381	249	253	0.98	0.163 5	0.003 6	10.197 4	0.222 9	0.450 6	0.004 6	0.463 4	2 492	37.3	2 453	20.3	2 398	20.3	97%
19	428	54.9	92.1	0.60	0.176 9	0.003 6	11.657 7	0.279 6	0.475 2	0.006 0	0.525 7	2 624	33.2	2 577	22.5	2 506	26.2	97%
20	~~1 764~~	~~483~~	~~455~~	~~1.06~~	~~0.146 4~~	~~0.002 3~~	~~5.032 2~~	~~0.084 0~~	~~0.248 4~~	~~0.002 2~~	~~0.527 1~~	~~2 306~~	~~27.2~~	~~1 825~~	~~14.2~~	~~1 430~~	~~11.3~~	~~75%~~
21	971	150	163	0.92	0.158 4	0.002 6	9.940 5	0.173 0	0.453 0	0.004 3	0.546 1	2 439	27.5	2 429	16.1	2 409	19.1	99%
22	~~788~~	~~114~~	~~303~~	~~0.38~~	~~0.159 3~~	~~0.002 6~~	~~7.988 2~~	~~0.141 2~~	~~0.361 5~~	~~0.003 4~~	~~0.526 6~~	~~2 448~~	~~27.6~~	~~2 230~~	~~16.0~~	~~1 989~~	~~16.0~~	~~88%~~
23	357	65.6	58.4	1.12	0.116 5	0.003 4	5.193 7	0.147 3	0.322 2	0.003 5	0.377 9	1 906	52.2	1 852	24.2	1 800	16.9	97%
24	1 251	179	161	1.11	0.155 3	0.003 2	9.733 9	0.226 5	0.451 7	0.006 1	0.582 6	2 405	34.6	2 410	21.5	2 403	27.2	99%
25	441	62.0	54.0	1.15	0.159 6	0.003 6	9.957 2	0.227 8	0.451 4	0.005 4	0.526 3	2 452	43.7	2 431	21.2	2 401	24.2	98%
26	449	60.9	86.6	0.70	0.160 3	0.003 1	10.034 2	0.203 8	0.451 8	0.004 9	0.529 3	2 459	32.7	2 438	18.8	2 403	21.6	98%
27	1 639	327	137	2.39	0.115 3	0.002 4	5.158 4	0.110 8	0.323 3	0.003 6	0.524 1	1 884	37.0	1 846	18.3	1 806	17.8	97%
28	580	86.4	148	0.58	0.131 1	0.002 3	7.260 5	0.142 8	0.399 6	0.004 0	0.508 8	2 113	31.2	2 144	17.6	2 167	18.5	98%
29	568	81.3	59.5	1.37	0.161 3	0.003 3	10.113 3	0.221 6	0.453 8	0.005 6	0.558 3	2 469	34.1	2 445	20.3	2 412	24.7	98%
30	1 774	337	184	1.83	0.115 0	0.002 3	5.136 1	0.113 0	0.322 5	0.003 5	0.499 4	1 881	36.6	1 842	18.7	1 802	17.3	97%
31	~~693~~	~~279~~	~~312~~	~~0.89~~	~~0.162 7~~	~~0.003 0~~	~~8.468 5~~	~~0.175 4~~	~~0.376 0~~	~~0.004 1~~	~~0.522 0~~	~~2 484~~	~~31.5~~	~~2 283~~	~~18.9~~	~~2 058~~	~~19.1~~	~~89%~~
32	555	80.5	115	0.70	0.146 2	0.002 9	8.496 7	0.183 7	0.419 8	0.004 7	0.517 3	2 302	0.8	2 286	19.7	2 260	21.4	98%
33	124	13.9	34.6	0.40	0.185 5	0.003 9	13.535 6	0.316 2	0.527 9	0.006 9	0.560 1	2 702	2.8	2 718	22.2	2 733	29.2	99%
34	937	279	1 016	0.28	0.106 6	0.001 9	3.308 9	0.091 4	0.222 9	0.004 0	0.655 0	1 743	33.3	1 483	21.6	1 297	21.3	86%
35	356	85.7	81.1	1.06	0.149 4	0.003 5	8.620 4	0.211 3	0.417 2	0.004 8	0.468 5	2 339	45.5	2 299	22.4	2 248	21.8	97%
36	~~1 779~~	~~463~~	~~302~~	~~1.53~~	~~0.161 9~~	~~0.003 3~~	~~8.212 4~~	~~0.166 7~~	~~0.365 8~~	~~0.002 9~~	~~0.394 6~~	~~2 476~~	~~33.5~~	~~2 255~~	~~18.4~~	~~2 010~~	~~13.9~~	~~88%~~
37	278	41.8	91.6	0.46	0.132 0	0.003 0	7.320 7	0.170 0	0.400 5	0.004 4	0.472 1	2 124	40.3	2 151	20.8	2 171	20.2	99%
38	845	191	247	0.77	0.132 0	0.003 0	7.241 5	0.159 7	0.396 1	0.004 6	0.530 6	2 124	40.0	2 142	19.7	2 151	21.4	99%
39	714	108	115	0.94	0.143 1	0.002 9	8.364 4	0.175 3	0.421 6	0.004 2	0.470 8	2 265	33.8	2 271	19.1	2 268	18.9	99%

续表

分析点号	Pb	Th	U	Th/U	同位素比值							年龄（Ma）						谐和度
	（ppm）				$^{207}Pb/^{206}Pb$	1σ	$^{207}Pb/^{235}U$	1σ	$^{206}Pb/^{238}U$	1σ	rho	$^{207}Pb/^{206}Pb$	1σ	$^{207}Pb/^{235}U$	1σ	$^{206}Pb/^{238}U$	1σ	
40	944	144	133	1. 08	0. 165 2	0. 003 4	10. 179 9	0. 202 6	0. 445 4	0. 004 3	0. 489 3	2 509	34. 9	2 451	18. 5	2 375	19. 4	96%
41	1 179	340	745	0. 46	0. 134 9	0. 002 7	4. 345 8	0. 081 8	0. 231 1	0. 002 2	0. 505 4	2 163	35. 2	1 702	15. 6	1 340	11. 5	76%
42	717	312	643	0. 49	0. 117 9	0. 003 0	3. 608 7	0. 079 2	0. 220 1	0. 002 5	0. 512 3	1 925	45. 2	1 551	17. 5	1 282	13. 1	81%
43	819	128	163	0. 79	0. 156 4	0. 003 8	9. 488 4	0. 202 8	0. 436 6	0. 004 6	0. 497 4	2 416	40. 6	2 386	19. 7	2 335	20. 9	97%
44	~~1 037~~	~~468~~	~~348~~	~~1. 35~~	~~0. 140 6~~	~~0. 003 0~~	~~5. 713 4~~	~~0. 110 7~~	~~0. 293 3~~	~~0. 004 8~~	~~0. 838 6~~	~~2 235~~	~~36. 9~~	~~1 933~~	~~16. 8~~	~~1 658~~	~~23. 8~~	~~84%~~
45	1 447	302	281	1. 07	0. 116 3	0. 002 5	5. 407 8	0. 132 8	0. 334 3	0. 003 6	0. 442 8	1 902	39. 0	1 886	21. 1	1 859	17. 6	98%
46	1 269	1 267	311	4. 07	0. 173 8	0. 003 9	6. 206 4	0. 137 2	0. 257 7	0. 003 2	0. 561 4	2 595	37. 0	2 005	19. 4	1 478	16. 4	69%
47	1 867	304	347	0. 88	0. 164 8	0. 002 5	9. 986 1	0. 153 7	0. 437 0	0. 003 2	0. 469 2	2 505	26. 1	2 433	14. 3	2 337	14. 2	95%
48	687	175	160	1. 09	0. 120 7	0. 002 6	5. 754 6	0. 122 6	0. 345 4	0. 004 6	0. 623 4	1 969	38. 6	1 940	18. 5	1 913	22. 0	98%
49	601	90. 9	105	0. 86	0. 151 9	0. 002 8	9. 257 4	0. 182 8	0. 440 3	0. 004 8	0. 549 5	2 369	31. 2	2 364	18. 2	2 352	21. 4	99%
50	280	33. 5	209	0. 16	0. 168 4	0. 003 0	10. 793 3	0. 206 0	0. 462 5	0. 004 7	0. 530 4	2 542	24. 8	2 505	17. 8	2 451	20. 7	97%
51	4 326	663	352	1. 89	0. 166 7	0. 003 6	10. 653 5	0. 238 9	0. 462 5	0. 007 5	0. 719 9	2 524	36. 9	2 493	20. 9	2 451	32. 9	98%
52	3 016	717	568	1. 26	0. 143 9	0. 011 8	5. 332 3	0. 265 2	0. 245 6	0. 005 0	0. 407 1	2 276	141	1 874	42. 5	1 416	25. 7	72%
53	179	24. 6	45. 1	0. 55	0. 151 6	0. 004 9	9. 810 1	0. 305 6	0. 469 6	0. 007 3	0. 497 8	2 365	55. 6	2 417	28. 7	2 482	32. 0	97%
54	950	216	306	0. 70	0. 117 5	0. 002 8	5. 654 9	0. 139 9	0. 347 2	0. 005 0	0. 581 0	1 918	42. 6	1 925	21. 4	1 921	23. 9	99%
55	530	77. 2	110	0. 70	0. 146 2	0. 003 6	8. 800 9	0. 213 8	0. 434 2	0. 004 5	0. 422 5	2 302	42. 9	2 318	22. 2	2 325	20. 1	99%
56	1 638	490	552	0. 89	0. 113 9	0. 002 6	3. 496 7	0. 105 8	0. 219 9	0. 004 0	0. 601 0	1 863	40. 7	1 526	23. 9	1 281	21. 1	82%
57	378	52. 8	102	0. 52	0. 145 2	0. 003 4	8. 735 9	0. 218 9	0. 433 2	0. 004 3	0. 399 3	2 290	40. 7	2 311	22. 9	2 320	19. 5	99%
58	428	64. 8	50. 7	1. 28	0. 161 1	0. 003 8	10. 441 2	0. 246 9	0. 469 1	0. 005 9	0. 534 4	2 478	39. 5	2 475	22. 0	2 480	26. 1	99%
59	362	50. 4	81. 4	0. 62	0. 143 1	0. 003 0	8. 533 8	0. 178 0	0. 430 9	0. 003 8	0. 422 0	2 265	36. 6	2 290	19. 0	2 310	17. 1	99%
60	428	54. 6	98. 5	0. 55	0. 174 0	0. 003 4	11. 964 2	0. 241 5	0. 496 1	0. 005 0	0. 500 1	2 598	32. 3	2 602	19. 0	2 597	21. 6	99%
61	621	116	101	1. 15	0. 113 9	0. 002 9	5. 457 9	0. 141 7	0. 345 7	0. 003 8	0. 418 5	1 862	44. 9	1 894	22. 3	1 914	18. 0	98%
62	855	154	227	0. 68	0. 130 2	0. 002 2	7. 070 5	0. 130 5	0. 391 8	0. 004 1	0. 567 6	2 102	29. 6	2 120	16. 5	2 131	19. 0	99%
63	646	117	90. 5	1. 29	0. 166 4	0. 004 6	10. 508 2	0. 255 2	0. 456 9	0. 005 2	0. 470 8	2 522	46. 1	2 481	22. 6	2 426	23. 1	97%

续表

分析点号	Pb	Th	U	Th/U	同位素比值							年龄（Ma）						谐和度
	（ppm）				$^{207}Pb/^{206}Pb$	1σ	$^{207}Pb/^{235}U$	1σ	$^{206}Pb/^{238}U$	1σ	rho	$^{207}Pb/^{206}Pb$	1σ	$^{207}Pb/^{235}U$	1σ	$^{206}Pb/^{238}U$	1σ	
64	457	66. 3	66. 6	1. 00	0. 162 5	0. 003 1	10. 525 0	0. 217 1	0. 466 8	0. 004 9	0. 507 3	2 483	32. 1	2 482	19. 2	2 470	21. 5	99%
65	704	139	139	1. 00	0. 113 9	0. 002 6	5. 407 4	0. 127 3	0. 342 3	0. 003 5	0. 439 9	1 865	42. 1	1 886	20. 2	1 898	17. 0	99%
66	733	123	203	0. 61	0. 133 6	0. 003 2	7. 383 1	0. 276 5	0. 387 6	0. 007 9	0. 542 4	2 146	42. 0	2 159	33. 5	2 112	36. 6	97%
67	356	52. 2	51. 1	1. 02	0. 163 0	0. 003 4	10. 545 6	0. 235 7	0. 467 0	0. 005 4	0. 519 4	2 487	34. 9	2 484	20. 8	2 470	23. 9	99%
68	859	119	369	0. 32	0. 141 8	0. 003 0	8. 663 4	0. 323 8	0. 435 1	0. 010 8	0. 664 8	2 250	36. 9	2 303	34. 1	2 329	48. 6	98%
69	494	70. 0	148	0. 47	0. 156 4	0. 002 9	10. 077 1	0. 195 6	0. 465 2	0. 004 8	0. 536 5	2 418	30. 4	2 442	18. 0	2 462	21. 4	99%
70	272	34. 7	123	0. 28	0. 181 3	0. 004 0	12. 328 8	0. 262 5	0. 492 1	0. 006 0	0. 572 7	2 665	37. 5	2 630	20. 1	2 580	26. 0	98%
71	644	106	290	0. 36	0. 158 0	0. 003 2	10. 159 1	0. 222 3	0. 464 2	0. 005 3	0. 517 0	2 435	34. 6	2 449	20. 3	2 458	23. 2	99%
72	599	166	749	0. 22	0. 114 3	0. 002 6	3. 508 1	0. 104 1	0. 220 5	0. 002 9	0. 441 6	1 869	40. 7	1 529	23. 5	1 285	15. 3	82%
73	1 043	215	173	1. 24	0. 111 9	0. 002 2	5. 367 2	0. 114 9	0. 346 5	0. 003 6	0. 486 7	1 831	69. 4	1 880	18. 4	1 918	17. 3	97%
74	1 716	303	373	0. 81	0. 138 2	0. 003 8	8. 275 1	0. 239 8	0. 432 5	0. 006 9	0. 552 6	2 205	48. 3	2 262	26. 3	2 317	31. 2	97%
75	~~2 717~~	~~1 172~~	~~1 203~~	~~0. 97~~	~~0. 100 8~~	~~0. 001 7~~	~~2. 604 4~~	~~0. 047 9~~	~~0. 186 6~~	~~0. 001 5~~	~~0. 446 4~~	~~1 639~~	~~30. 1~~	~~1 302~~	~~13. 5~~	~~1 103~~	~~8. 3~~	~~83%~~

注：添加删除线的分析点数据未列入本书研究统计。

彩　图

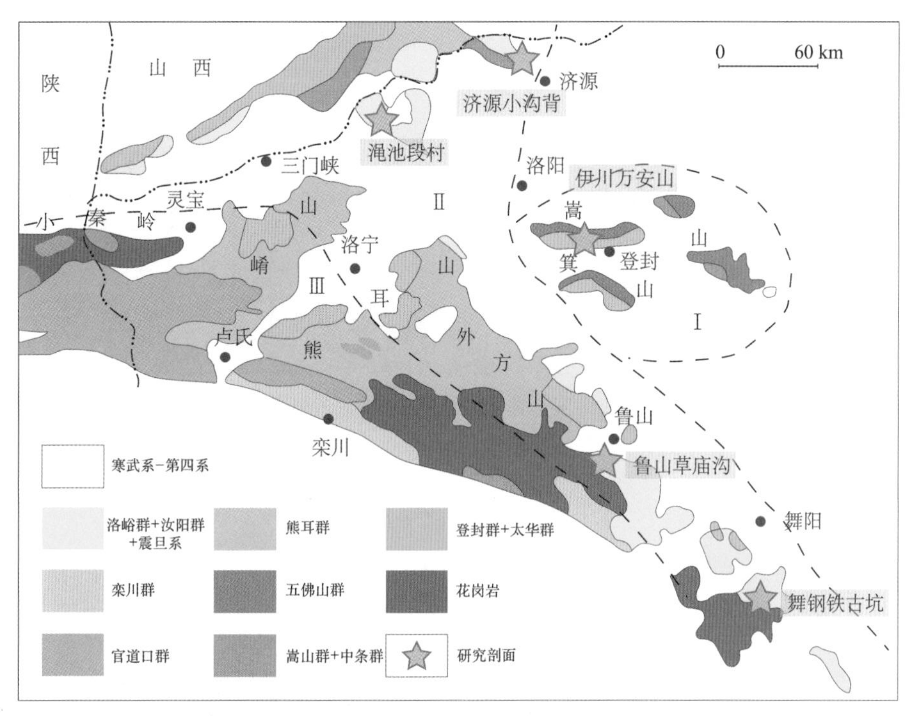

彩图 1　华北克拉通南缘中–新元古代沉积地层分区（据关保德等，1988）

Ⅰ. 嵩箕地层小区；Ⅱ. 渑池–确山地层小区；Ⅲ. 熊耳山地层小区

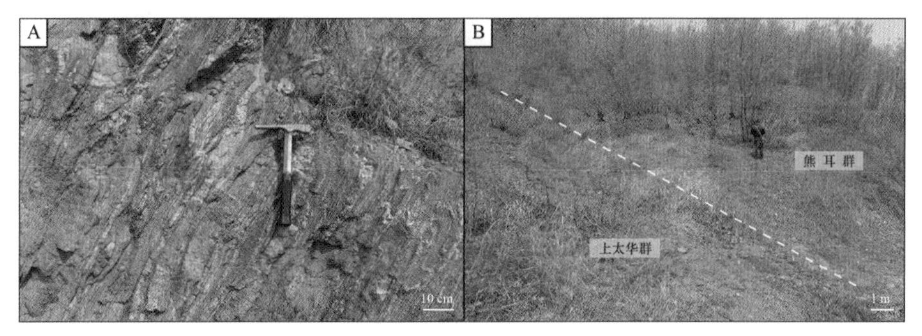

彩图 2　鲁山瓦屋太华群野外露头

A. 太华群；B. 上太华群与熊耳群不整合界线（鲁山瓦屋西南）

彩图 3 伊川地区熊耳群火山岩野外露头（谢良鲜，2013）

A. 熊耳群鸡蛋坪组与上下地层不整合界线；B. 熊耳群鸡蛋坪组与五佛山群马鞍山组不整合界线；
C. 熊耳群鸡蛋坪组与五佛山群马鞍山组不整合界线；D. 熊耳群火山岩

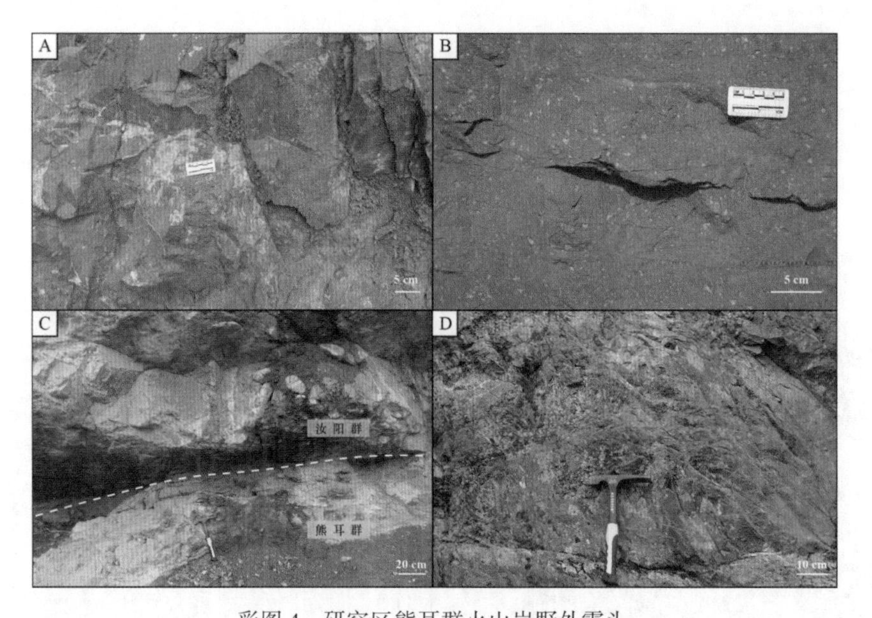

彩图 4 研究区熊耳群火山岩野外露头

A. 熊耳群火山岩（渑池段村）；B. 熊耳群鸡蛋坪组英安岩（鲁山大黑潭沟）；
C. 熊耳群火山岩与汝阳群云梦山一段界线（鲁山大黑潭沟）；D. 熊耳群火山岩（栾川）

彩图5　嵩箕地层小区中-新元古界沉积盖层

A. 兵马沟组下部含砾砂岩（伊川万安山）；B. 兵马沟组与五佛山群马鞍山组砾岩界线（伊川万安山）；C. 五佛山群葡萄峪组杂色页岩（偃师五佛山）；D. 五佛山群骆驼畔组石英砂岩（偃师五佛山）；E. 五佛山群葡萄峪组与骆驼畔组界线（偃师五佛山）；F. 五佛山群何家寨组白云岩（偃师五佛山）

彩图 6　渑池-确山地层小区中元古界汝阳群野外露头

A. 熊耳群与汝阳群云梦山组一段界线（鲁山大黑潭沟）；B. 汝阳群云梦山组一段石英砂岩（鲁山大黑潭沟）；C. 汝阳群白草坪组紫红色、灰绿色页岩夹石英砂岩（鲁山小黑潭沟）；D. 汝阳群北大尖组肉红色石英砂岩（鲁山大黑潭沟）

彩图 7　渑池-确山地层小区中元古界洛峪群野外露头

A. 洛峪群崔庄组页岩（汝州阳坡）；B. 洛峪群三教堂组石英砂岩（汝州阳坡）；C. 洛峪群洛峪口组白云岩（汝州阳坡）；D. 洛峪群洛峪口组凝灰岩夹层（1 611±8 Ma）（汝州阳坡）

彩图 8　熊耳山地层小区中元古界沉积盖层

A. 高山河组砂砾岩（卢氏官道口）；B. 高山河组石英砂岩（栾川井峪沟）；
C. 官道口群龙家园组白云岩（卢氏官道口）；D. 官道口群巡检司组硅质条带白云岩（偃师五佛山）；
E. 官道口群杜关组薄板状泥质白云岩（灵宝苏村）；F. 官道口群冯家湾组白云岩（灵宝苏村）

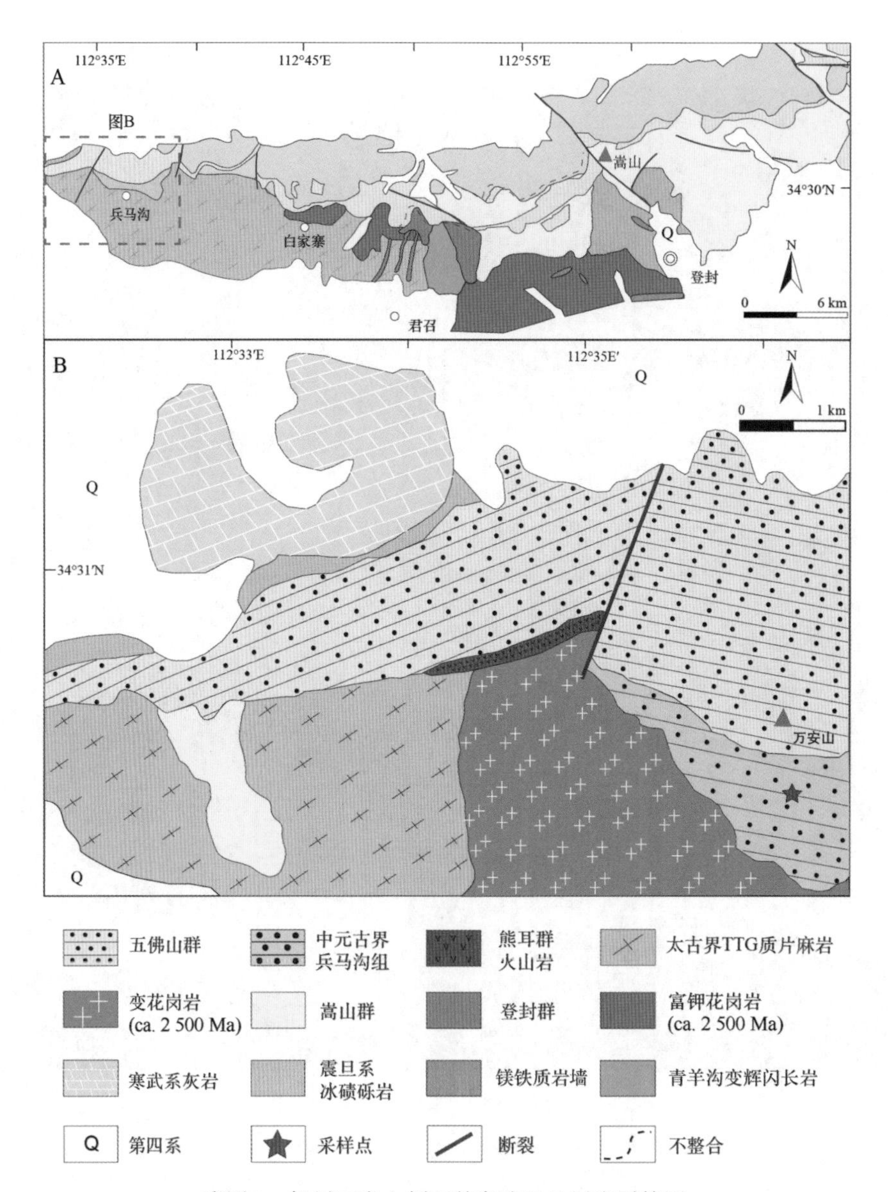

彩图 9 伊川万安山剖面前寒武纪地层出露简图

A. 登封地区地质简图（据周艳艳等，2009a）；B. 伊川万安山剖面地质简图（据谢良鲜，2013）

彩图 10 伊川万安山剖面兵马沟组野外露头

A. 伊川万安山剖面兵马沟组与五佛山群界线；B. 伊川万安山剖面兵马沟组下部砾岩-含砾砂岩；

C. 伊川万安山剖面兵马沟组底部砾岩与太古宇登封群变质岩不整合界线；

D. 伊川万安山剖面兵马沟组顶部砂岩与五佛山群马鞍山组砾岩不整合界线

彩图 11　济源小沟背剖面兵马沟组野外露头

A. 济源兵马沟组巨厚层砾岩；B. 兵马沟组顶部汝阳群底部底砾岩；
C. 兵马沟组顶部砂岩与汝阳群底砾岩平行不整合界线

彩图 12　渑池段村剖面兵马沟组与汝阳群平行不整合界线

彩图 13　鲁山草庙沟剖面兵马沟组野外露头

彩图 14　舞钢铁古坑剖面兵马沟组野外露头

彩图 15 伊川万安山剖面碎屑锆石 U-Pb 测年砂岩样品

A. 伊川万安山剖面兵马沟组底部样品 B001；B. 伊川万安山剖面兵马沟组下部样品 B003；
C. 伊川万安山剖面兵马沟组顶部样品 B063；D. 伊川万安山剖面马鞍山组底部样品 B065

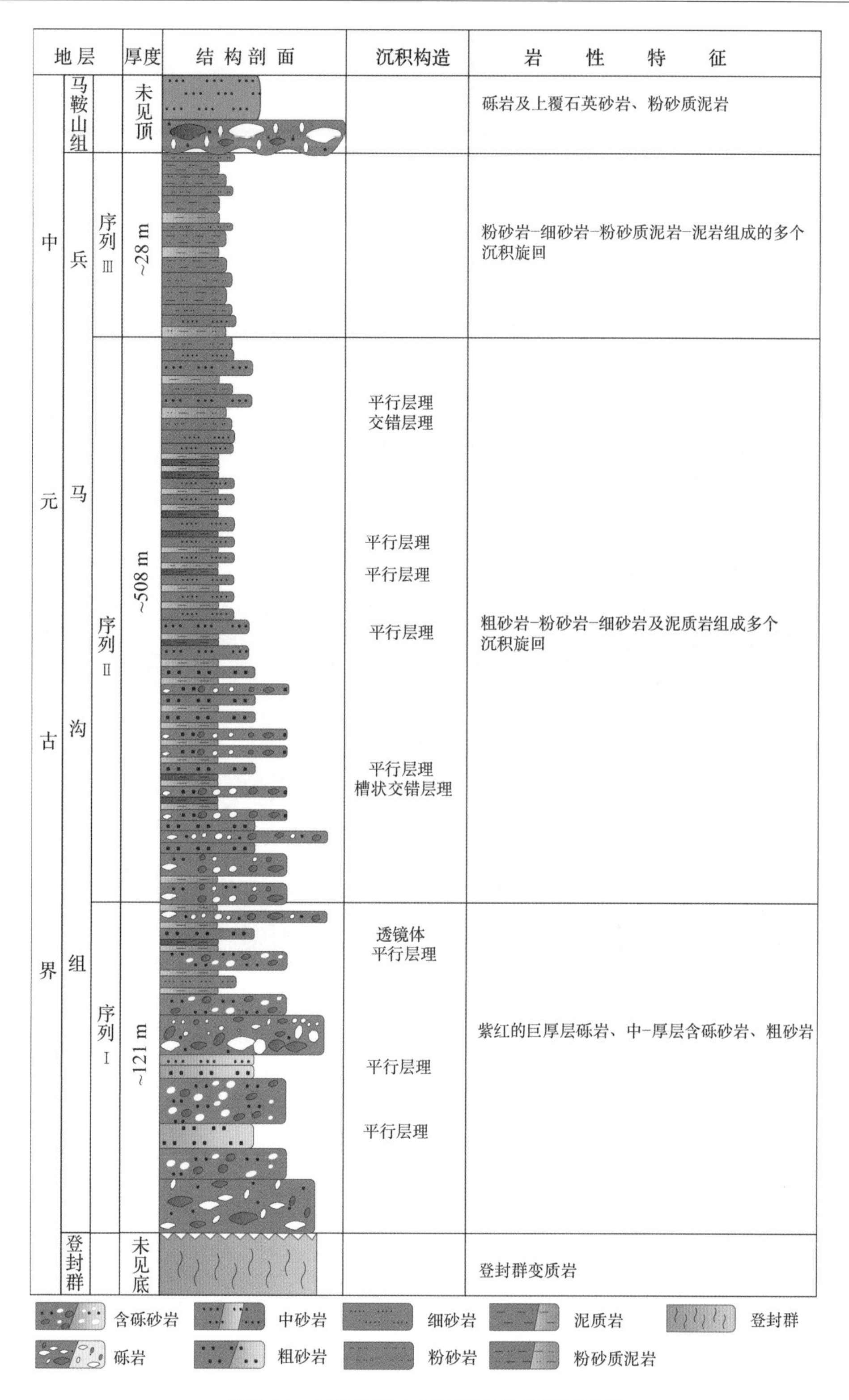

地层
厚度
结构剖面
沉积构造
岩性特征
中元古界
马鞍山组
未见顶
砾岩及上覆石英砂岩、粉砂质泥岩
兵马沟组
序列Ⅲ
~28 m
粉砂岩-细砂岩-粉砂质泥岩-泥岩组成的多个沉积旋回
序列Ⅱ
~508 m
平行层理
交错层理
平行层理
平行层理
平行层理
平行层理
槽状交错层理
粗砂岩-粉砂岩-细砂岩及泥质岩组成多个沉积旋回
序列Ⅰ
~121 m
透镜体
平行层理
平行层理
平行层理
紫红的巨厚层砾岩、中-厚层含砾砂岩、粗砂岩
登封群
未见底
登封群变质岩
含砾砂岩
中砂岩
细砂岩
泥质岩
登封群
砾岩
粗砂岩
粉砂岩
粉砂质泥岩

彩图 16　伊川万安山剖面兵马沟组沉积序列

彩图 17　伊川万安山剖面兵马沟组砾岩

A、B、C、D 分别为伊川万安山剖面兵马沟组砾岩中的安山岩、TTG 质片麻岩、石英岩、砾石

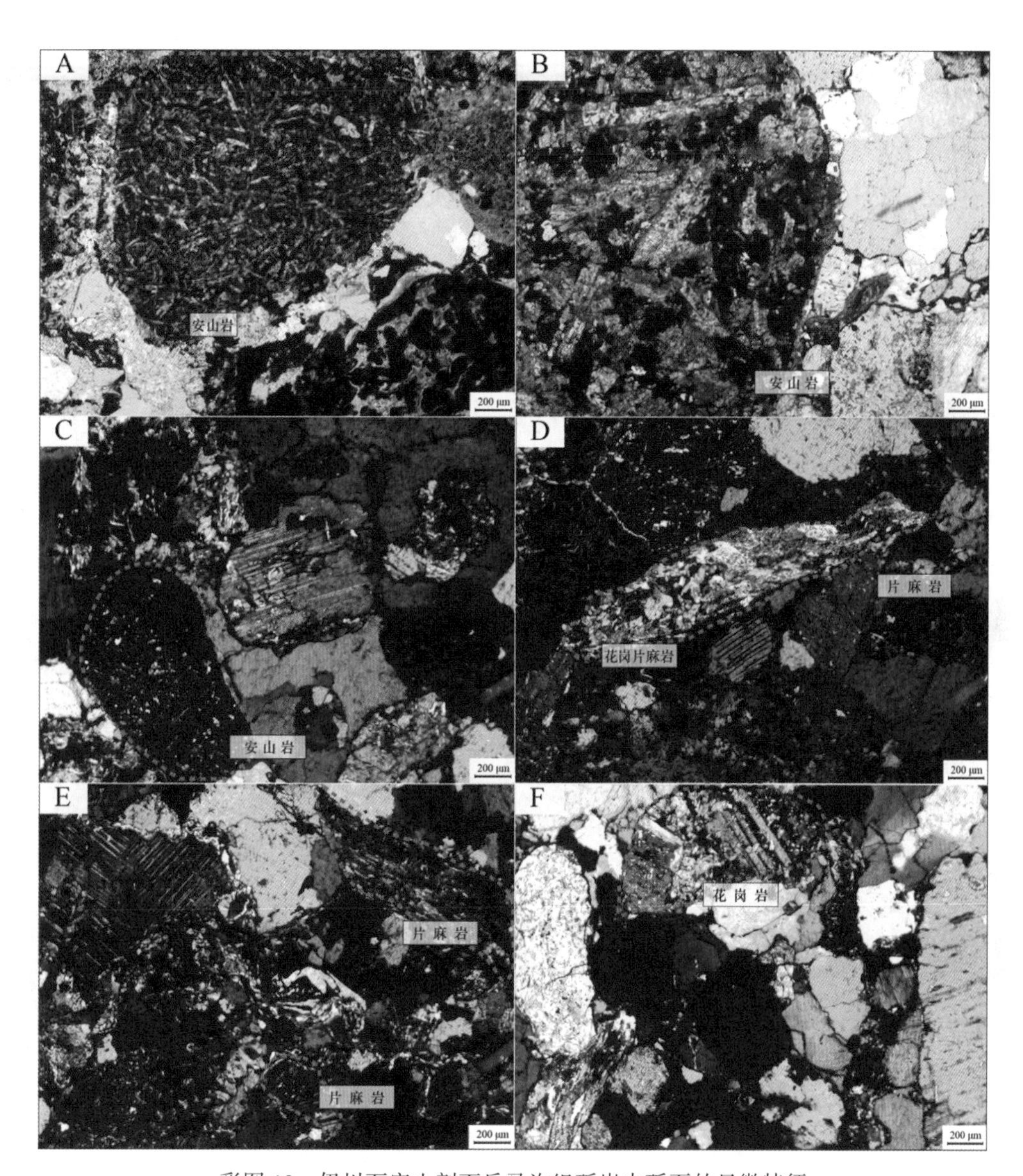

彩图 18　伊川万安山剖面兵马沟组砾岩中砾石的显微特征

A. 安山岩砾石，× 50，单偏光；B. 安山岩砾石，× 50，单偏光；
C. 安山岩砾石，× 50，正交偏光；D. 花岗片麻岩砾石，× 50，正交偏光；
E. 片麻岩砾石，× 50，正交偏光；F. 花岗岩砾石，× 50，正交偏光

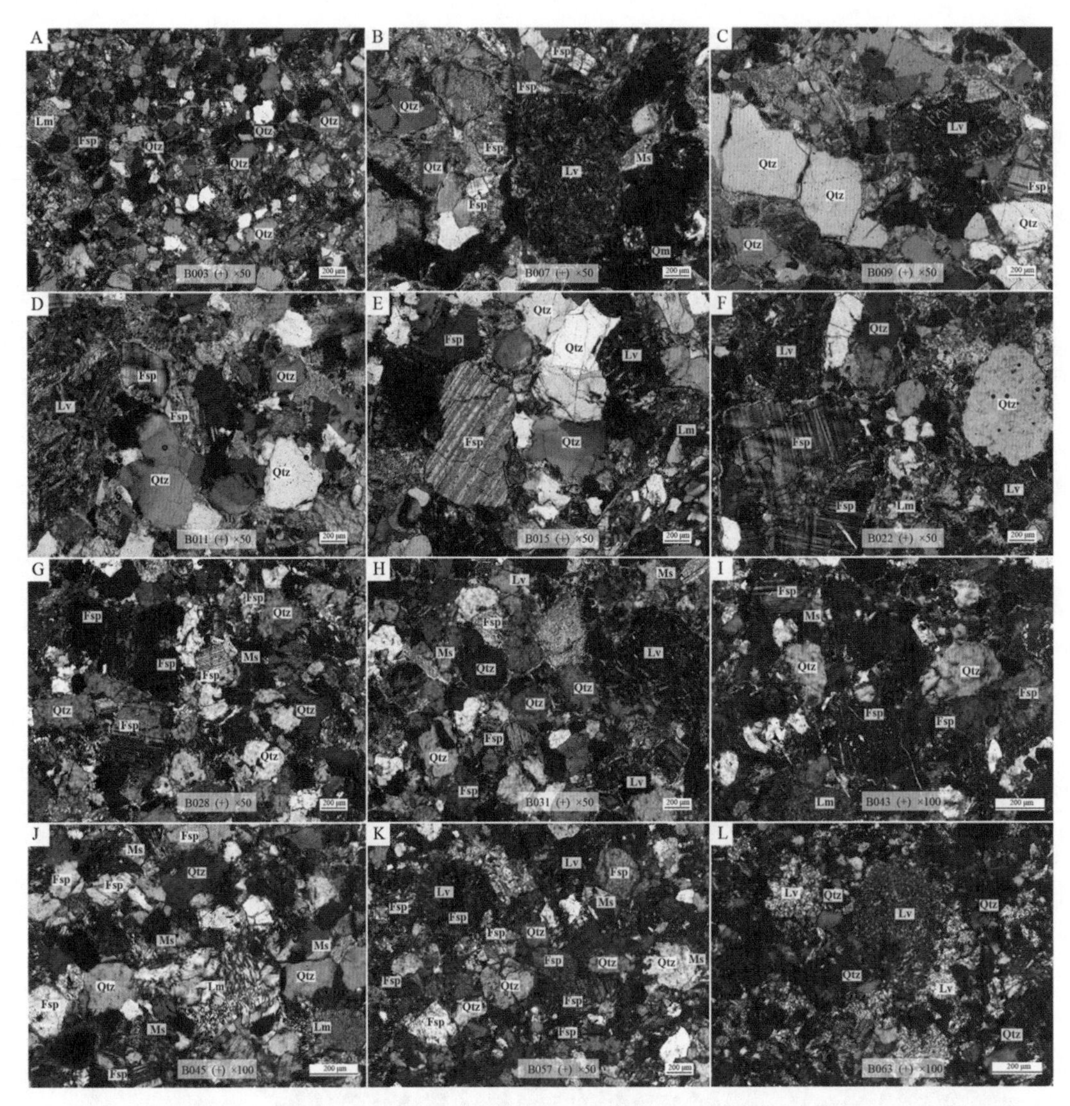

彩图 19　伊川万安山剖面兵马沟组砂岩微观镜下特征

Q. 石英；F. 长石；Lv. 火山岩屑；Lm. 变质岩屑；Ms. 云母

A. 样品 B003，×50，正交偏光；B. 样品 B007，×50，正交偏光；C. 样品 B009，×100，正交偏光；
D. 样品 B011，×50，正交偏光；E. 样品 B015，×50，正交偏光；F. 样品 B022，×50，正交偏光；
G. 样品 B028，×50，正交偏光；H. 样品 B031，×50，正交偏光；I. 样品 B043，×100，正交偏光；
J. 样品 B045，×100，正交偏光；K. 样品 B057，×50，正交偏光；L. 样品 B063，×100，正交偏光

彩图 20　伊川万安山剖面兵马沟组下部沉积

A. 兵马沟组底部砾岩；B. 兵马沟组下部含砾粗砂岩；

C. 兵马沟组下部砾岩夹粗砂岩；D. 兵马沟组下部砾岩-含砾砂岩-粗砂岩序列；

E. 兵马沟组下部砂岩中的槽状交错层理；F. 兵马沟组下部砂岩中的交错层理

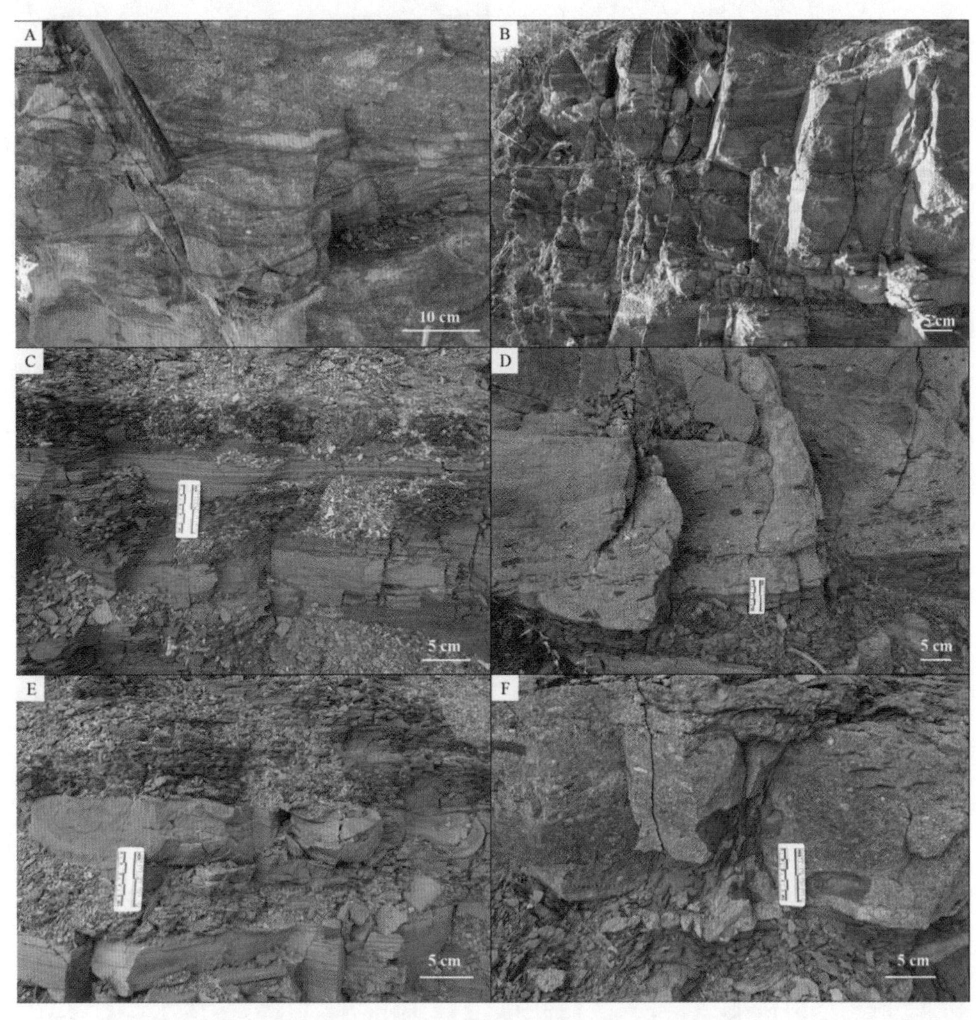

彩图 21 伊川万安山剖面兵马沟组中部沉积野外照片

A. 砂岩中发育槽状交错层理；B. 砂岩夹灰绿色泥岩，砂岩中见交错层理；
C. 中细粒砂岩夹紫红色、灰绿色泥岩，砂岩中见平行层理；
D. 含砾砂岩-粗砂岩夹紫红色、灰绿色泥岩，含砾砂岩中见紫红色泥砾；
E. 中细粒砂岩夹紫红色、灰绿色泥岩，砂岩中见包卷层理、平行层理；F. 含砾砂岩中砾岩撕裂屑

彩图 22　伊川万安山剖面兵马沟组中-上部沉积

A. 砂岩与泥质岩韵律层；B. 紫红色、灰绿色泥岩互层；

C. 紫红色细砂岩夹紫红色、灰绿色泥岩；D. 细砂岩与泥质岩互层

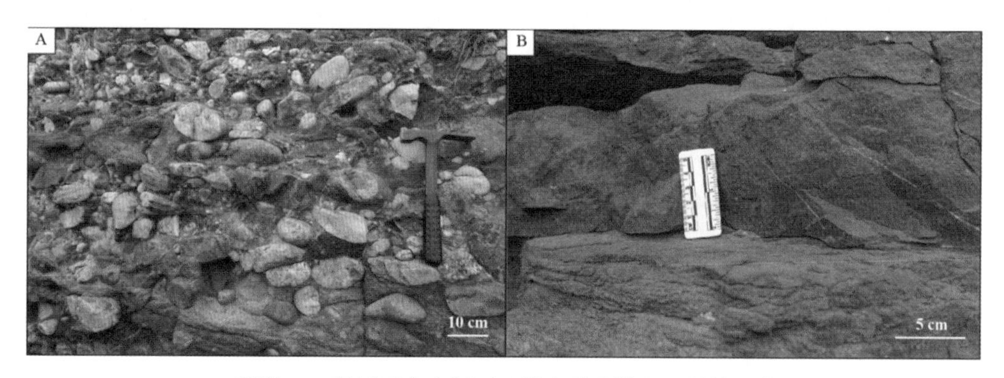

彩图 23　伊川万安山剖面五佛山群马鞍山组野外照片

A. 五佛山群马鞍山组底部砾岩；B. 五佛山群马鞍山组石英砂岩

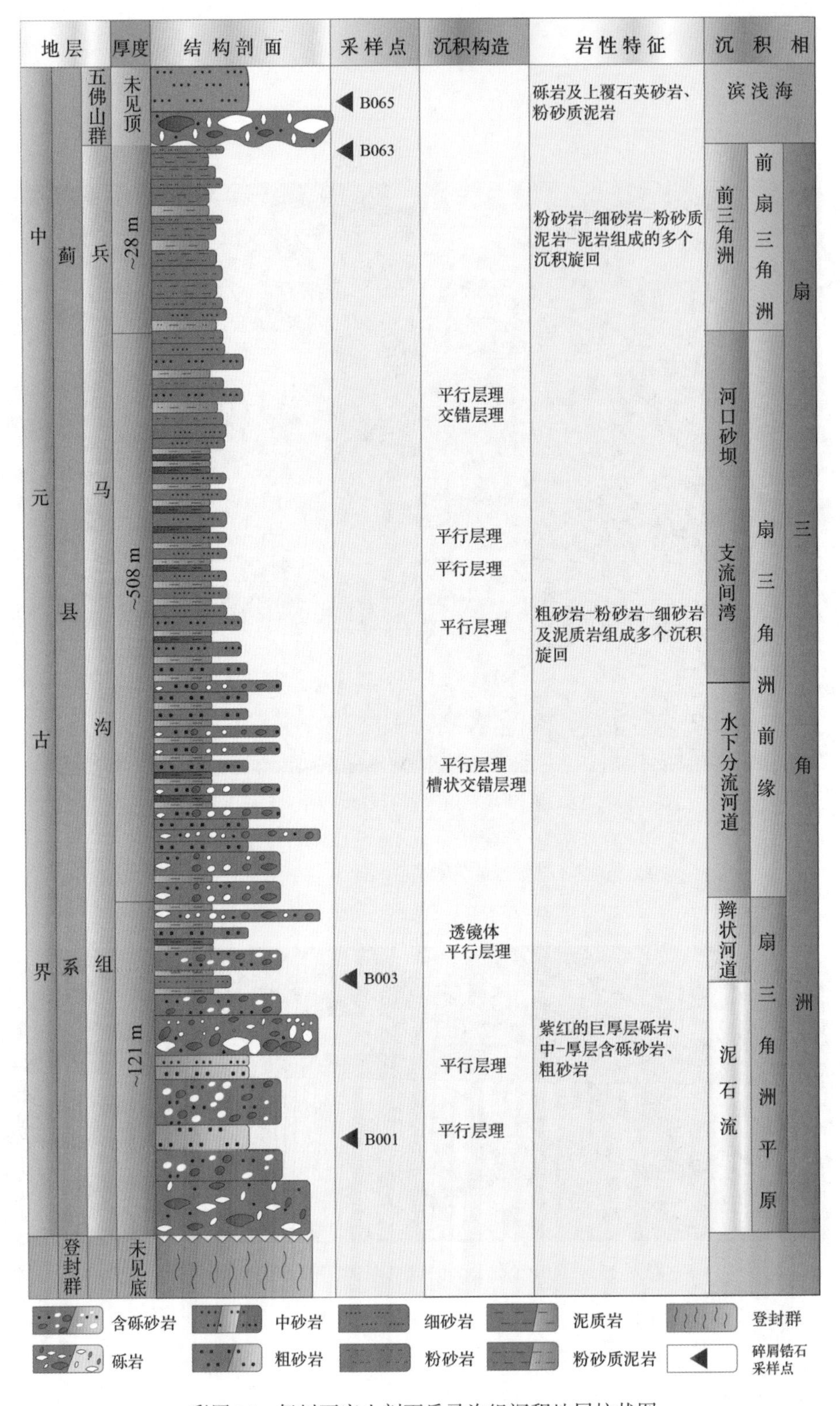

彩图 24 伊川万安山剖面兵马沟组沉积地层柱状图

彩图 25　济源小沟背剖面兵马沟组沉积特征

A. 下部的紫红色巨厚层砾岩，砾石成分复杂，分选较差；B. 紫红色含砾砂岩-粗砂岩，砂岩中发育平行层理；C. 紫红色含砾砂岩-砂岩，砂岩中发育楔状交错层理；D. 紫红色粗砂岩及砾岩组成的混杂堆积；E. 紫红色砾岩层中发育的砂岩透镜体；F. 紫红色含砾砂岩中定向排列的砾石

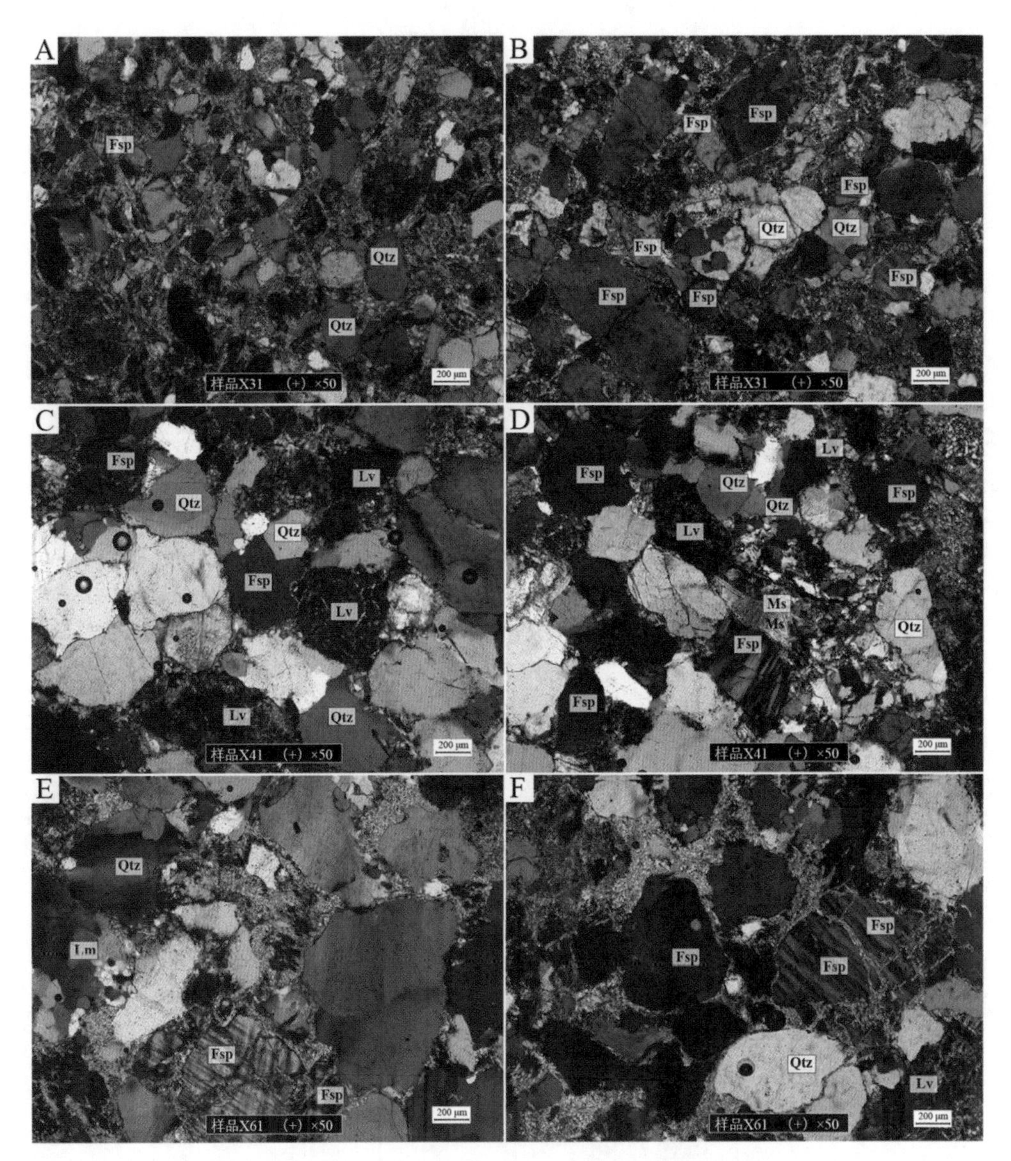

彩图 26 济源小沟背剖面兵马沟组下部沉积微观镜下特征

Q. 石英；F. 长石；Lv. 火山岩屑；Lm. 变质岩屑；Ms. 云母

A. 样品 X31，×100，正交偏光；B. 样品 X31，×50，正交偏光；

C. 样品 X41，×50，正交偏光；D. 样品 X41，×50，正交偏光；

E. 样品 X61，×100，正交偏光；F. 样品 X61，×50，正交偏光

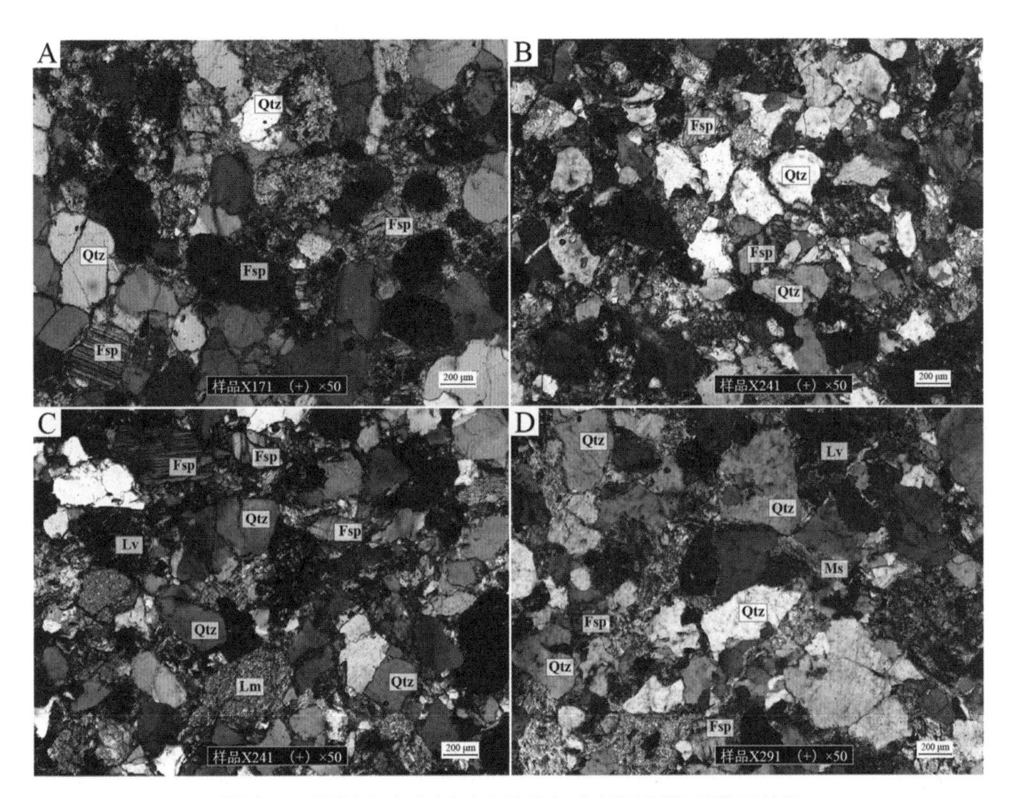

彩图 27　济源小沟背剖面兵马沟组中部沉积微观镜下特征

Q. 石英；F. 长石；Lv. 火山岩屑；Lm. 变质岩屑；Ms. 云母

A. 样品 X171，×50，正交偏光；B. 样品 X241，×50，正交偏光；

C. 样品 X241，×100，正交偏光；D. 样品 X291，×50，正交偏光

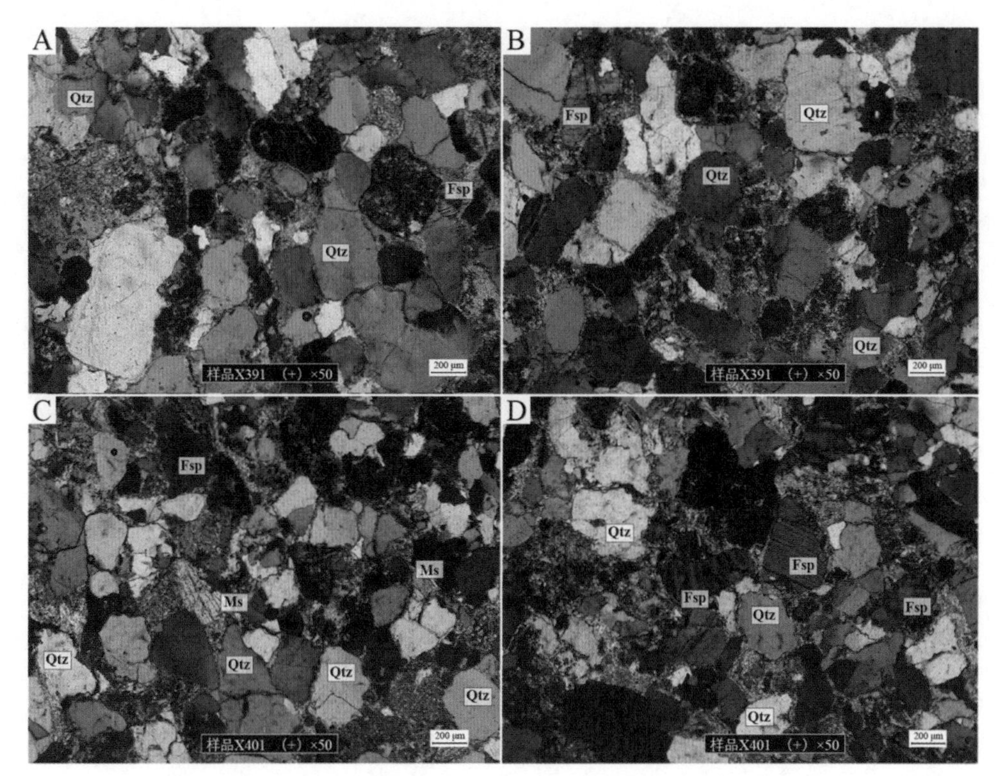

彩图 28 济源小沟背剖面兵马沟组上部沉积微观镜下特征

Q. 石英；F. 长石；Lv. 火山岩屑；Lm. 变质岩屑；Ms. 云母

A. 样品 X391，×50，正交偏光；B. 样品 X391，×50，正交偏光；

C. 样品 X401，×100，正交偏光；D. 样品 X401，×50，正交偏光

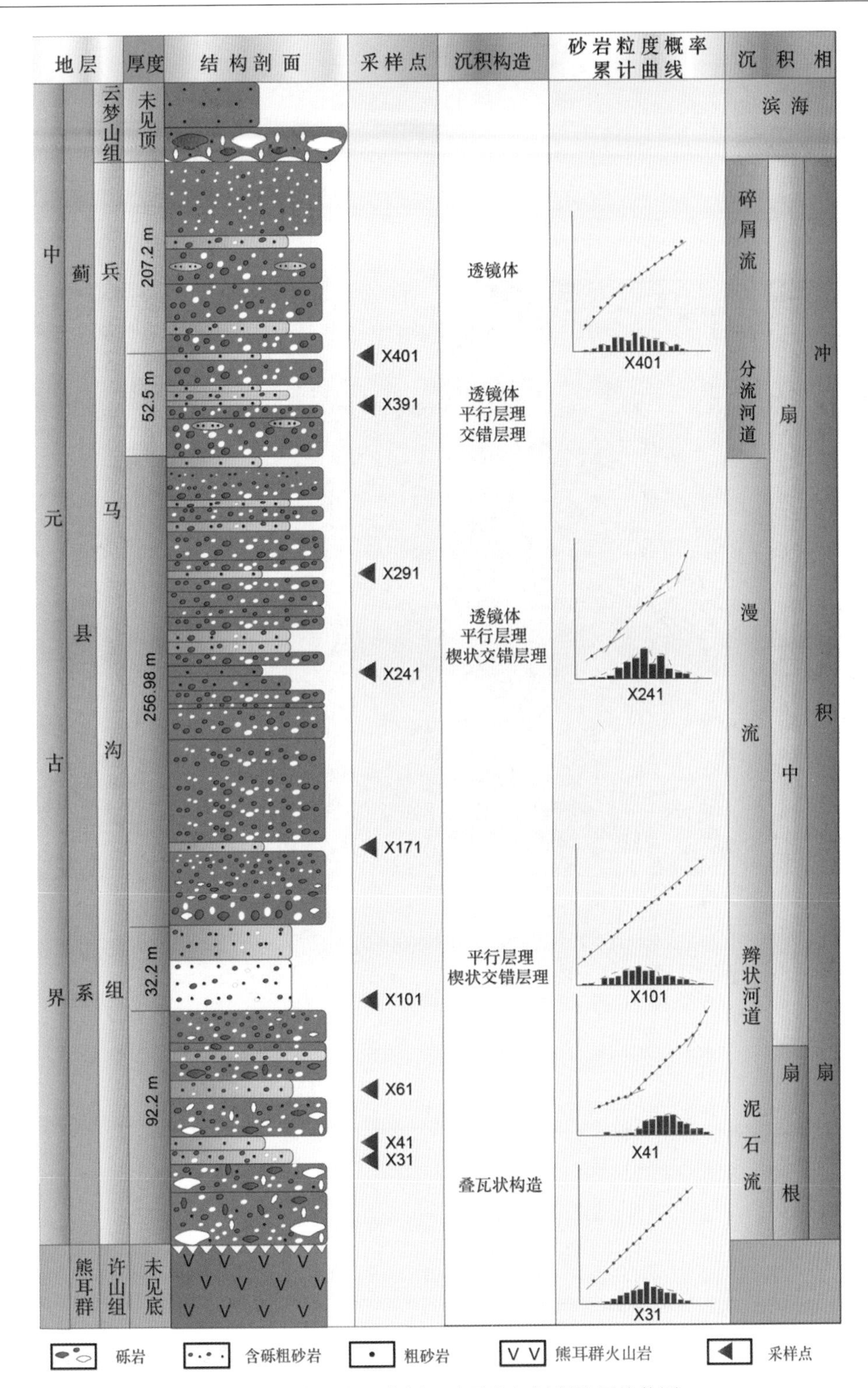

彩图 29　济源小沟背剖面兵马沟组沉积地层柱状图

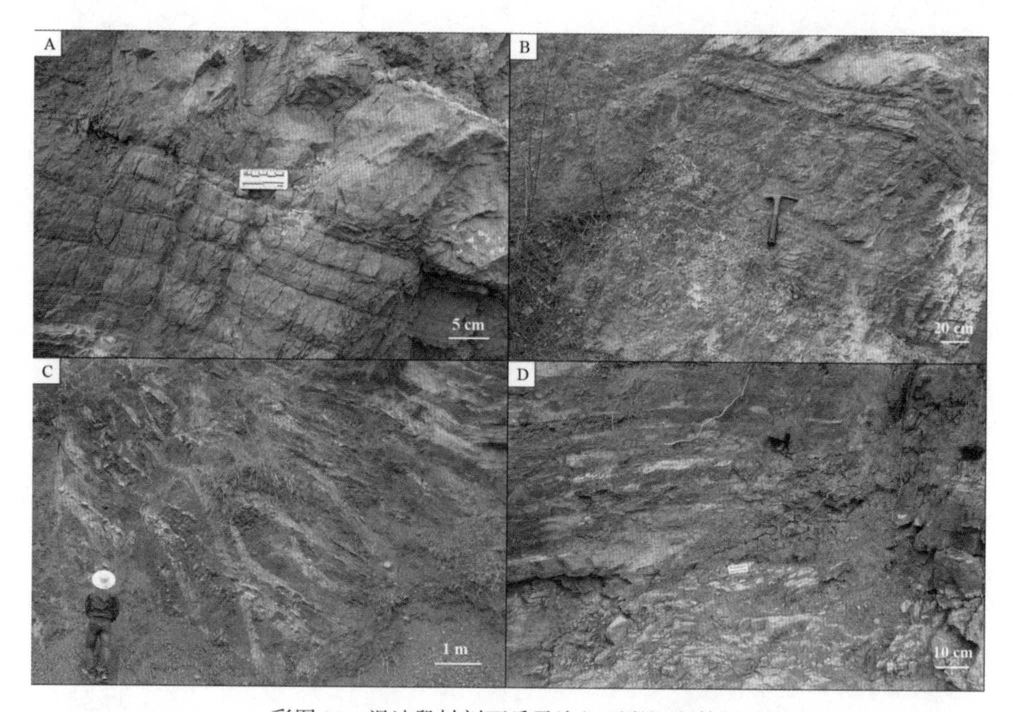

彩图 30 渑池段村剖面兵马沟组下段沉积特征

A. 兵马沟组底部肉红色含砾石英砂岩；B. 兵马沟组底部紫红色石英砂岩，砂岩中发育平行层理；C. 紫红色、灰绿色泥岩粉砂质透镜体；D. 紫红色、灰绿色粉砂岩与泥质岩互层

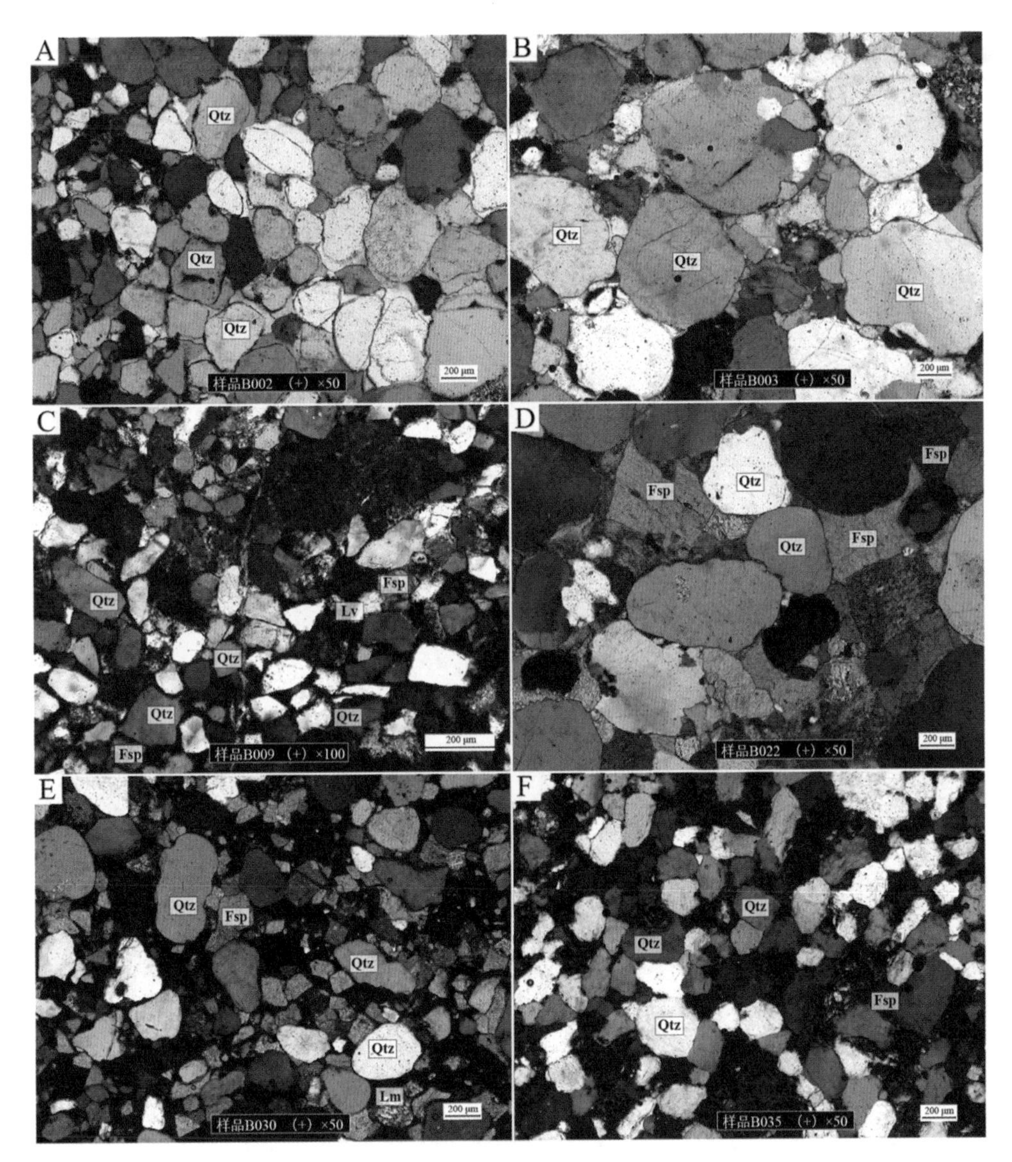

彩图 31　渑池段村剖面兵马沟组中下部砂岩微观特征

Q. 石英；F. 长石；Lv. 火山岩屑；Lm：变质岩屑

A. 样品 B002，×50，正交偏光；B. 样品 B003，×50，正交偏光；

C. 样品 B009，×100，正交偏光；D. 样品 B022，×50，正交偏光；

E. 样品 B030，×50，正交偏光；F. 样品 B035，×50，正交偏光

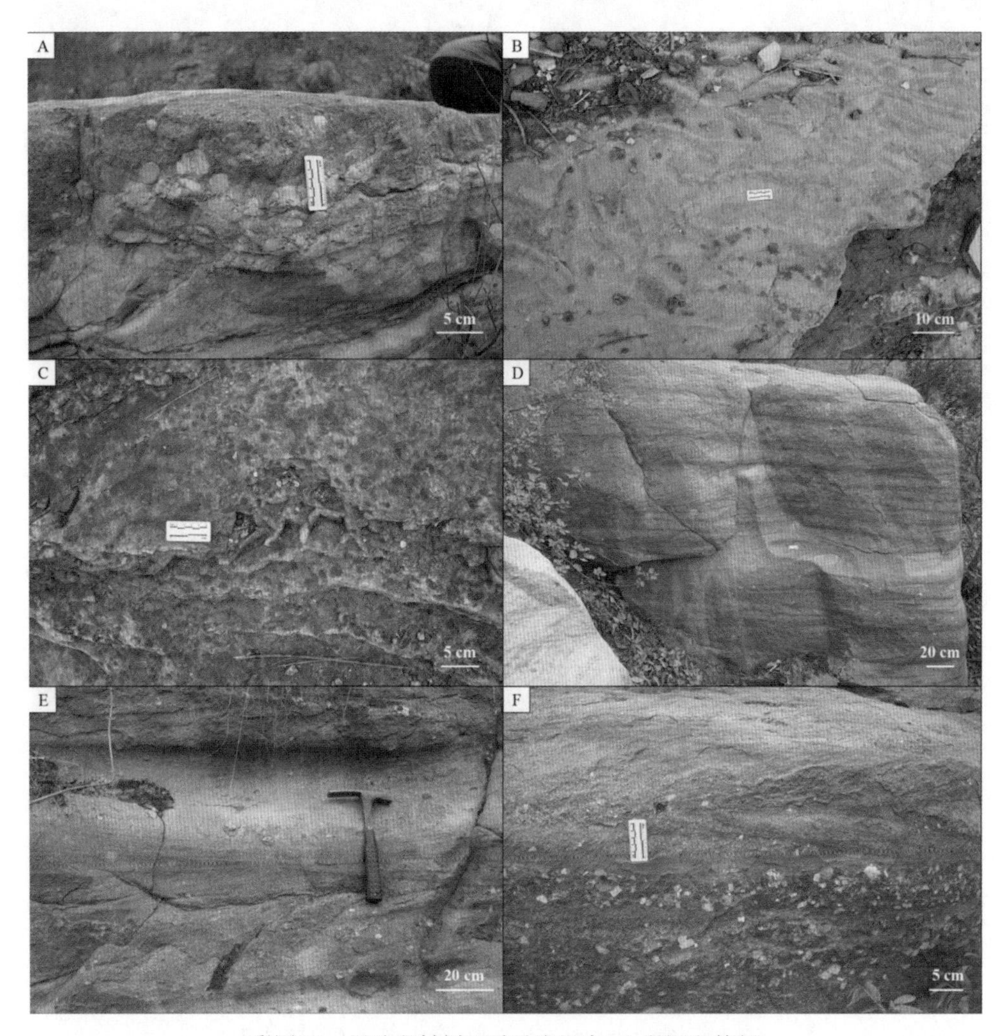

彩图 32 渑池段村剖面兵马沟组中-上段沉积特征

A. 紫红色含砾石英砂岩；B. 肉红色石英砂岩，发育波痕；

C. 紫红色石英砂岩，见微生物成因沉积构造（MISS）；D. 紫红色含砾石英砂岩，发育楔状交错层理；

E. 紫红色含砾石英砂岩，发育楔状交错层理；F. 紫红色含砾石英砂岩（石英质砾、安山岩砾）

彩图 33　渑池段村剖面兵马沟组上部砂岩微观特征

Q. 石英；F. 长石；Lv. 火山岩屑；Lm. 变质岩屑

A. 样品 B039，×50，正交偏光；B. 样品 B040，×50，正交偏光；C. 样品 B042，×100，正交偏光；D. 样品 B047，×50，正交偏光；E. 样品 B049，×50，正交偏光；F. 样品 B049，×50，正交偏光

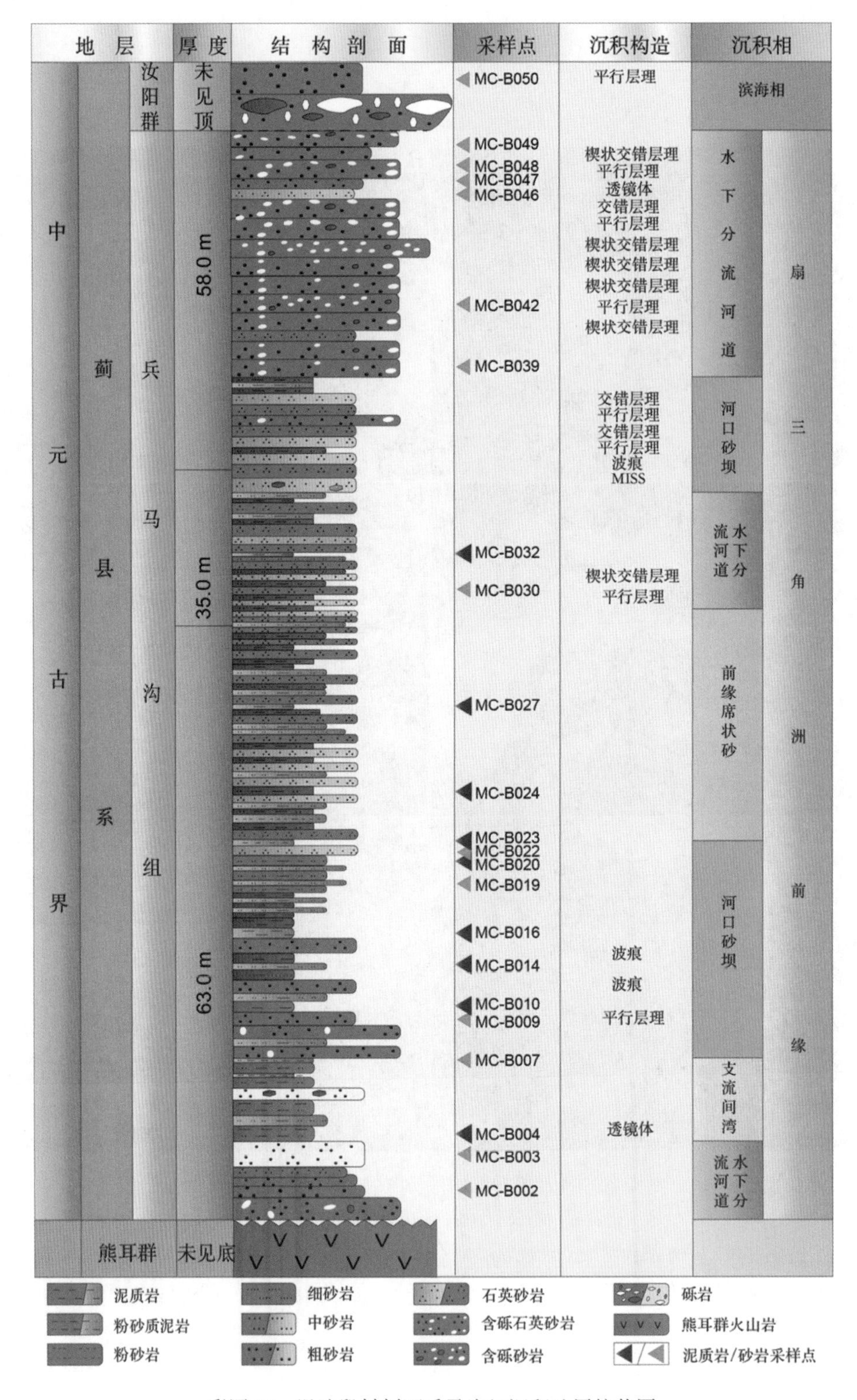

彩图 34 渑池段村剖面兵马沟组沉积地层柱状图

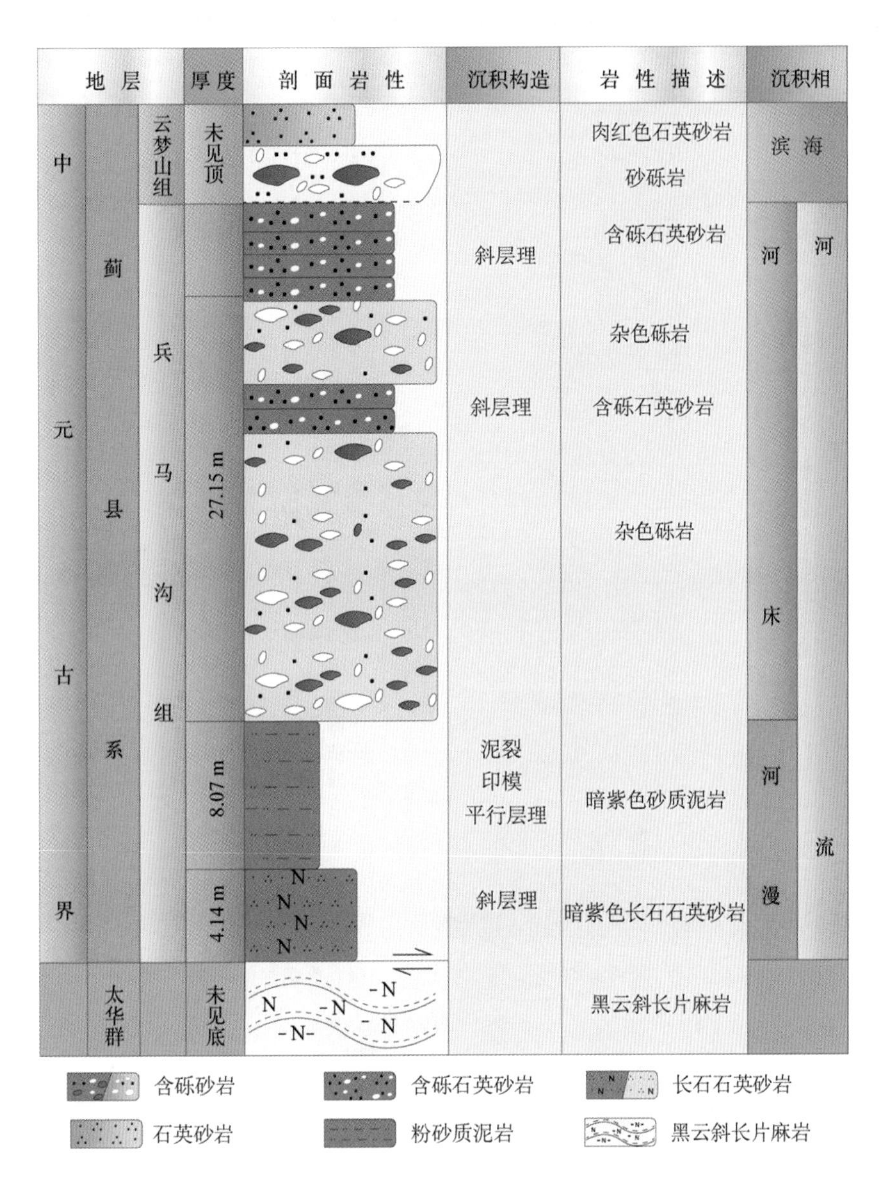

彩图 35 鲁山草庙沟兵马沟组沉积柱状图

据张元国等（2011）剖面资料绘制、修改

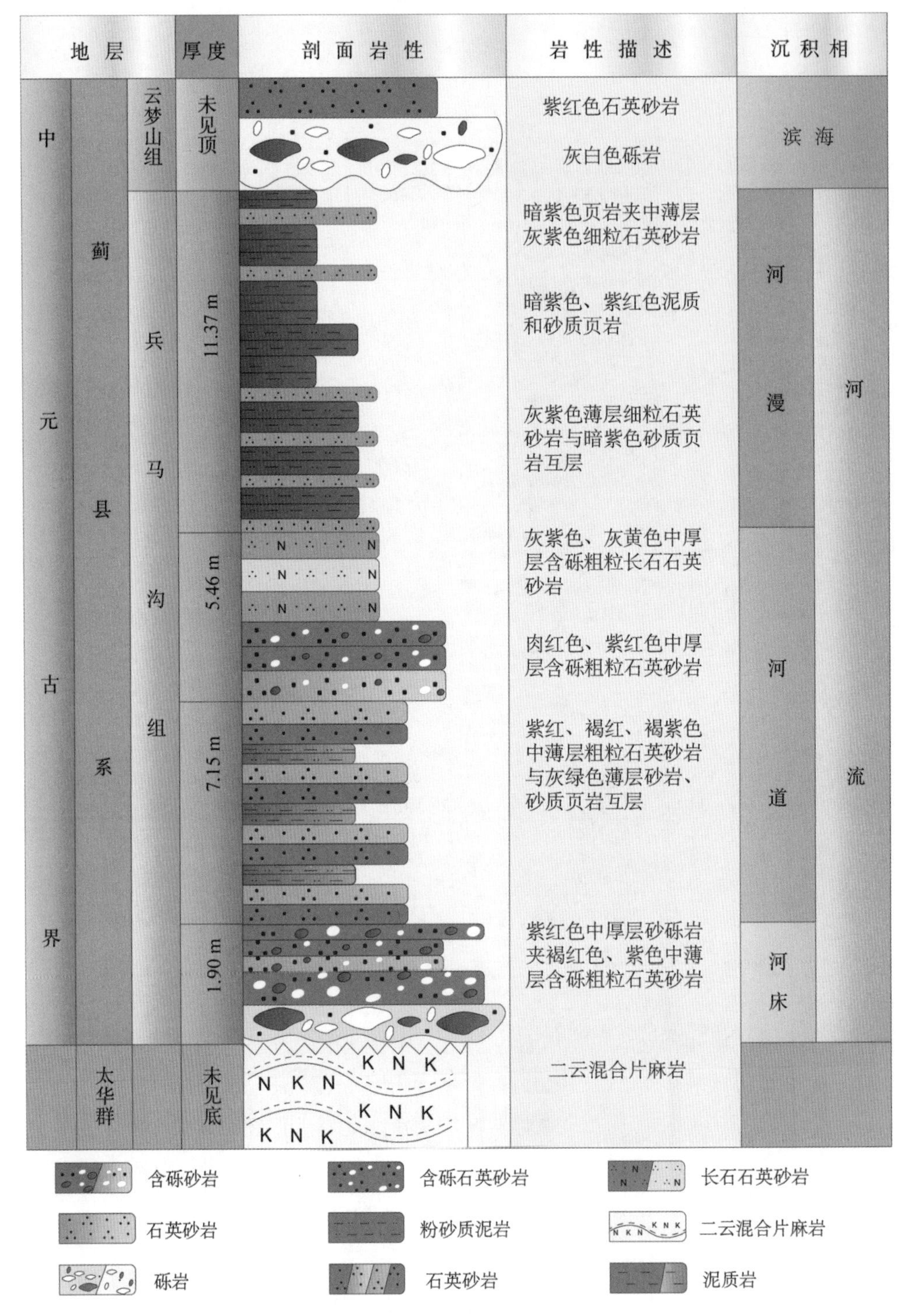

彩图 36 舞钢铁古坑兵马沟组沉积柱状图

据符光宏（1981）剖面资料绘制、修改

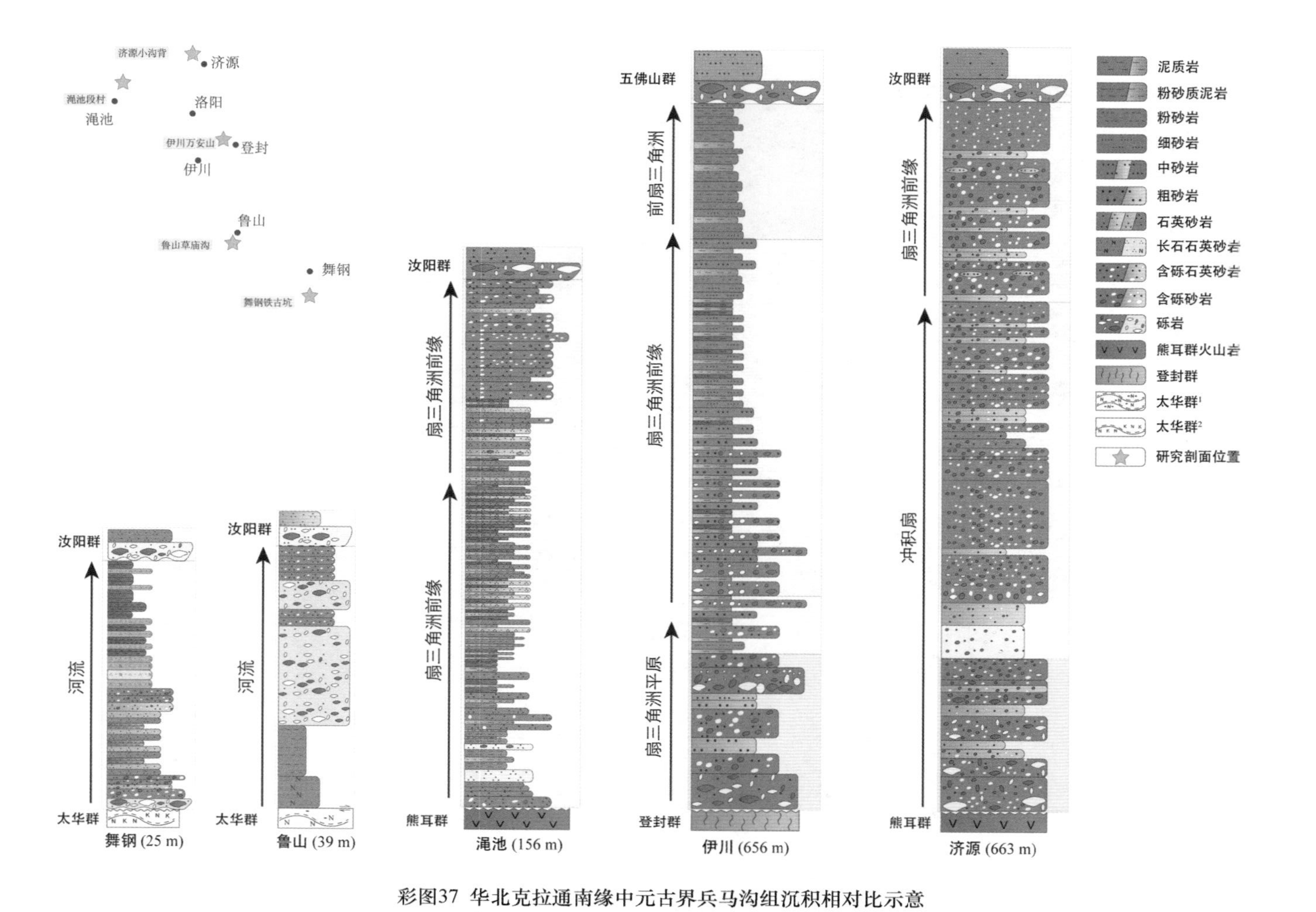

彩图37　华北克拉通南缘中元古界兵马沟组沉积相对比示意

1.舞钢剖面太华群岩性；2.鲁山剖面太华群岩性

区域位置图修改自关保德等（1988）；鲁山草庙沟柱状图据张元国等（2011）绘制；舞钢铁古坑剖面柱状图据符光宏（1981）绘制

彩图38 伊川万安山剖面兵马沟组砾石统计点野外照片一

点1.（GPS：34°30′4.96″N，112°37′10.02″E）在1 m×1 m范围内共统计143块砾石；
点2.（GPS：34°30′4.38″N，112°37′12.10″E）在1 m×1 m范围内共统计116块砾石；
点3.（GPS：34°30′4.76″N，112°37′12.55″E）在1 m×1 m范围内共统计104块砾石；
点4.（GPS：34°30′5.87″N，112°37′12.46″E）在1 m×1 m范围内共统计151块砾石；
点5.（GPS：34°30′6.37″N，112°37′11.87″E）在1 m×1 m范围内共统计87块砾石；
点6.（GPS：34°30′6.57″N，112°37′11.70″E）在1 m×1 m范围内共统计117块砾石

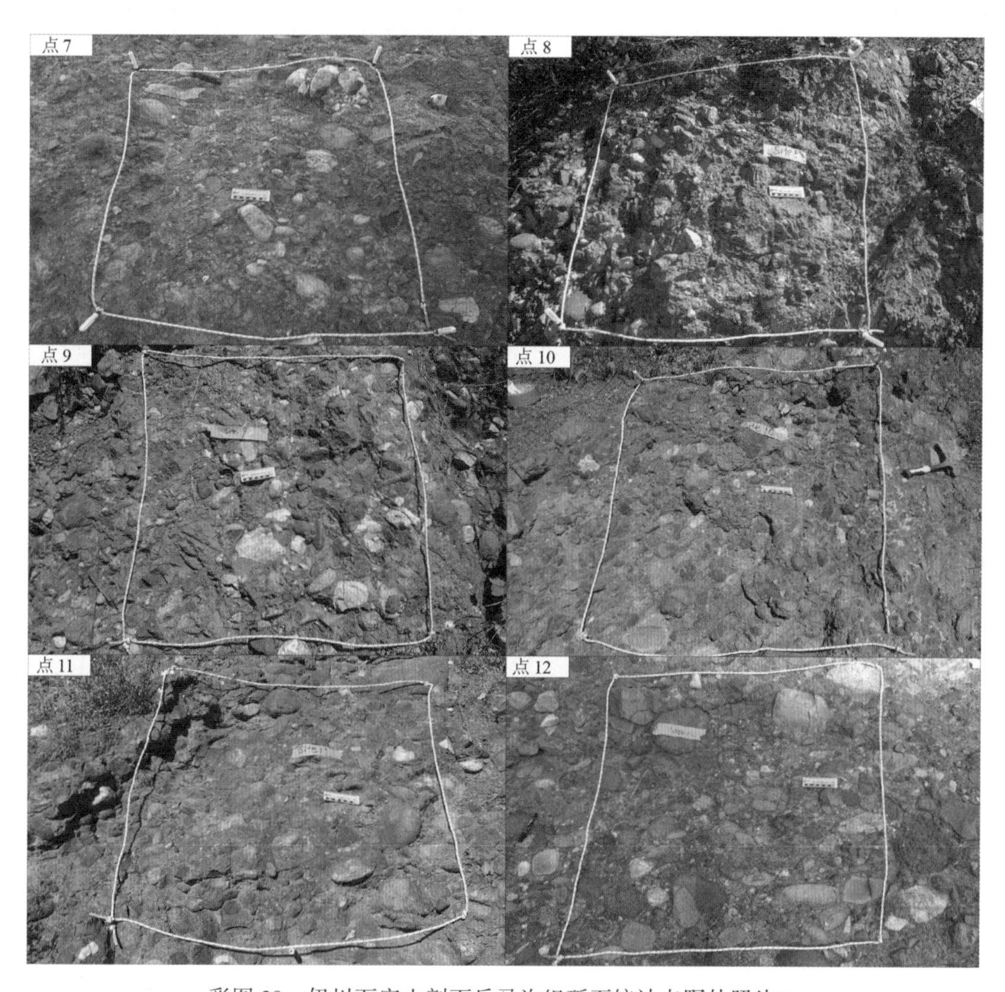

彩图 39　伊川万安山剖面兵马沟组砾石统计点野外照片二

点 7.（GPS：34°30′6.75″N，112°37′11.71″E）在 1 m×1 m 范围内共统计 176 块砾石；

点 8.（GPS：34°30′6.40″N，112°37′12.40″E）在 1 m×1 m 范围内共统计 138 块砾石；

点 9.（GPS：34°30′6.50″N，112°37′12.37″E）在 1 m×1 m 范围内共统计 174 块砾石；

点 10.（GPS：34°30′7.16″N，112°37′12.83″E）在 1 m×1 m 范围内共统计 137 块砾石；

点 11.（GPS：34°30′7.44″N，112°37′12.65″E）在 1 m×1 m 范围内共统计 130 块砾石；

点 12.（GPS：34°30′7.57″N，112°37′12.60″E）在 1 m×1 m 范围内共统计 185 块砾石

彩图 40　伊川万安山剖面兵马沟组砾石统计点野外照片三

点 13.（GPS：34°30′7.73″N，112°37′12.81″E）在 1 m×1 m 范围内共统计 222 块砾石；
点 14.（GPS：34°30′8.23″N，112°37′13.10″E）在 1 m×1 m 范围内共统计 194 块砾石；
点 15.（GPS：34°30′7.73″N，112°37′13.35″E）在 1 m×1 m 范围内共统计 212 块砾石；
点 16.（GPS：34°30′7.40″N，112°37′14.15″E）在 1 m×1 m 范围内共统计 194 块砾石；
点 17.（GPS：34°30′7.54″N，112°37′13.76″E）在 1 m×1 m 范围内共统计 193 块砾石；
点 18.（GPS：34°30′8.14″N，112°37′14.33″E）在 1 m×1 m 范围内共统计 185 块砾石

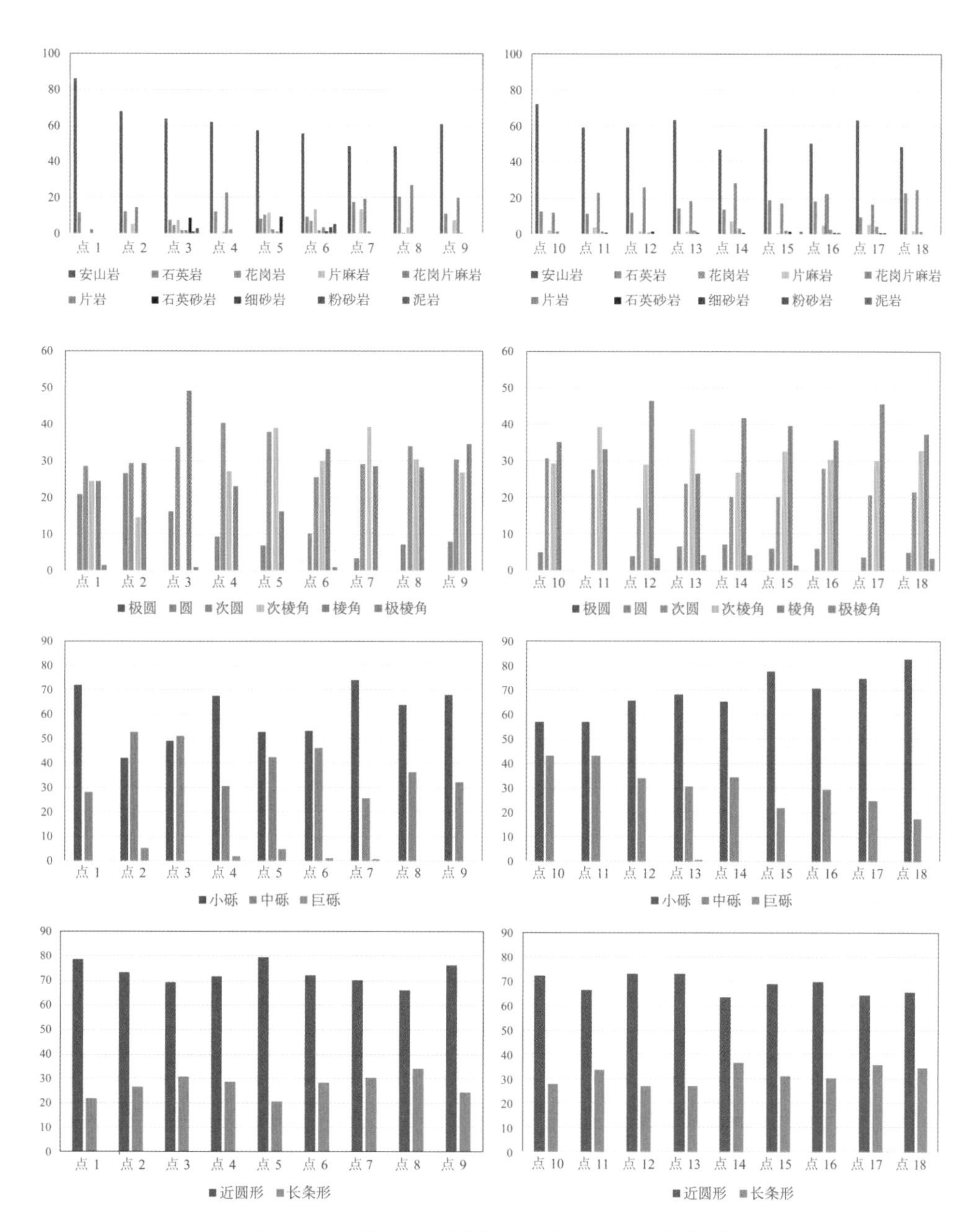

彩图 41 伊川万安山剖面兵马沟组砾石统计结果

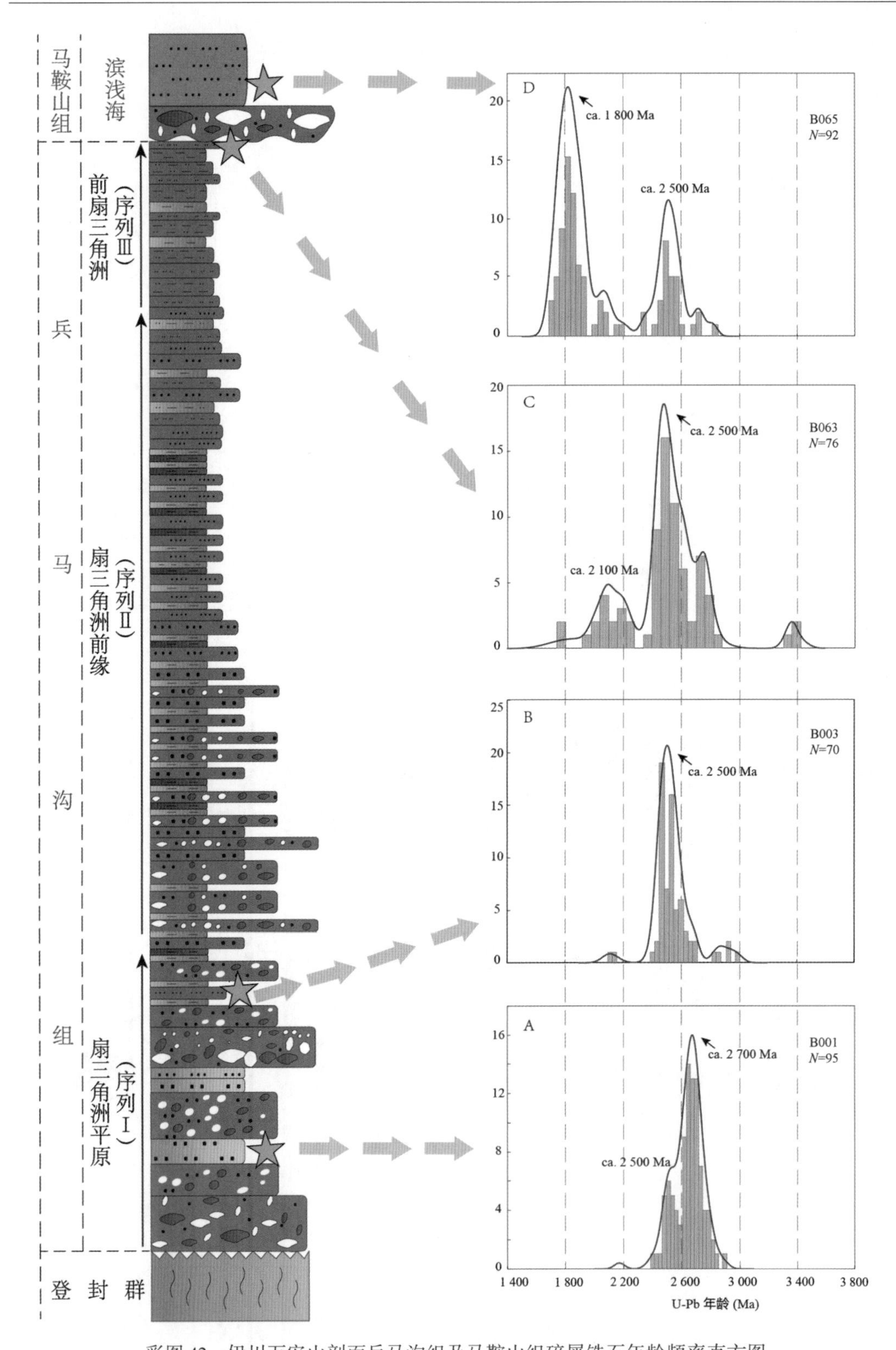

彩图 42　伊川万安山剖面兵马沟组及马鞍山组碎屑锆石年龄频率直方图

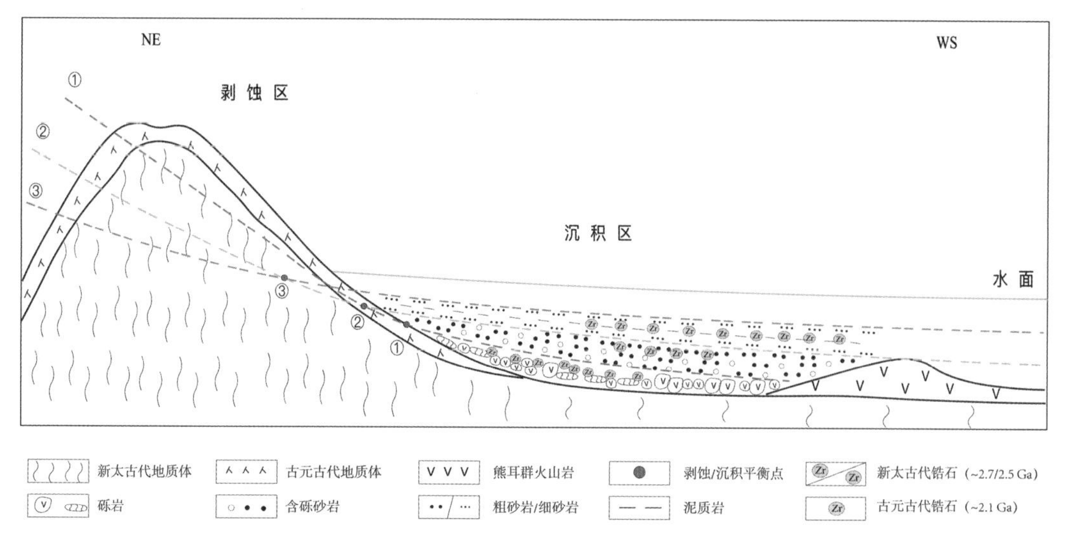

彩图 43　伊川万安山剖面兵马沟组物源区深剥蚀作用示意

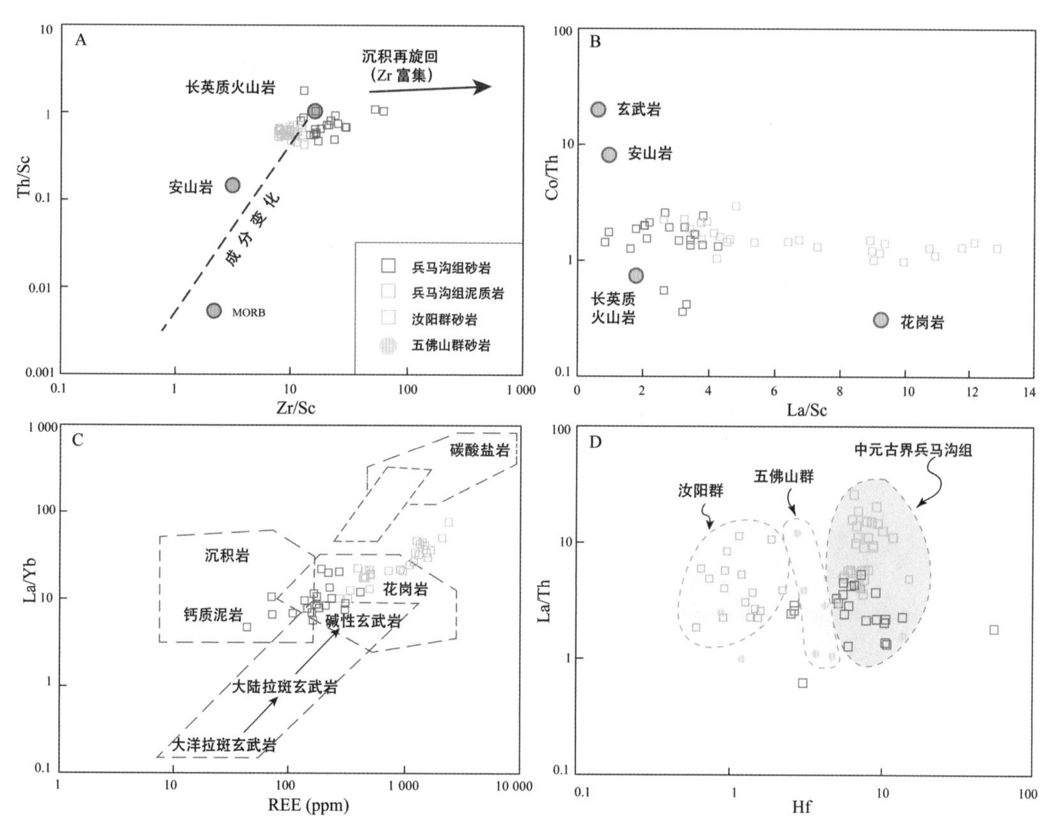

彩图 44　伊川万安山剖面兵马沟组沉积岩物源属性判别

A. 据 Condie（1993）修改；B. 据 McLennan 等（1993）修改；

C. 据 Allègne 和 Minster（1978）修改；D. 据 Floyd 和 Leveridge（1987）修改；

五佛山群数据引自胡国辉等（2012b）；汝阳群数据引自 Hu 等（2014）

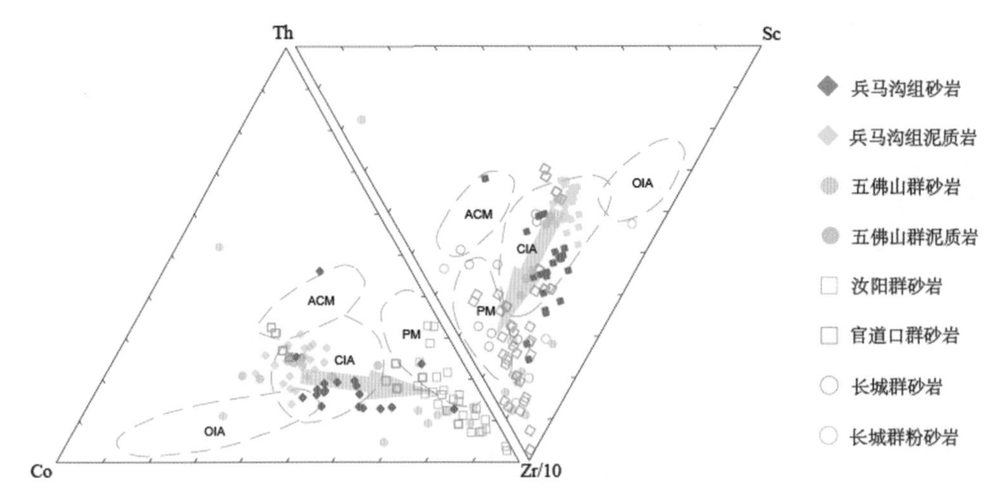

彩图 45　伊川万安山剖面兵马沟组沉积岩源区构造背景判别图

据 Bhatia 和 Crook（1986）修改

CIA. 大陆岛弧；OIA. 大洋岛弧；ACM. 活动大陆边缘；PM. 被动大陆边缘

五佛山群数据引自胡国辉等（2012b）；汝阳群数据引自 Hu 等（2014）；

官道口群数据引自 Zhu 等（2011）；长城群数据引自 Wan 等（2011）

彩图 46　济源小沟背剖面兵马沟组砾岩中的砾石

A. 济源兵马沟组底部砾岩；B~D. 济源兵马沟组砾岩中以安山岩成分为主的砾石

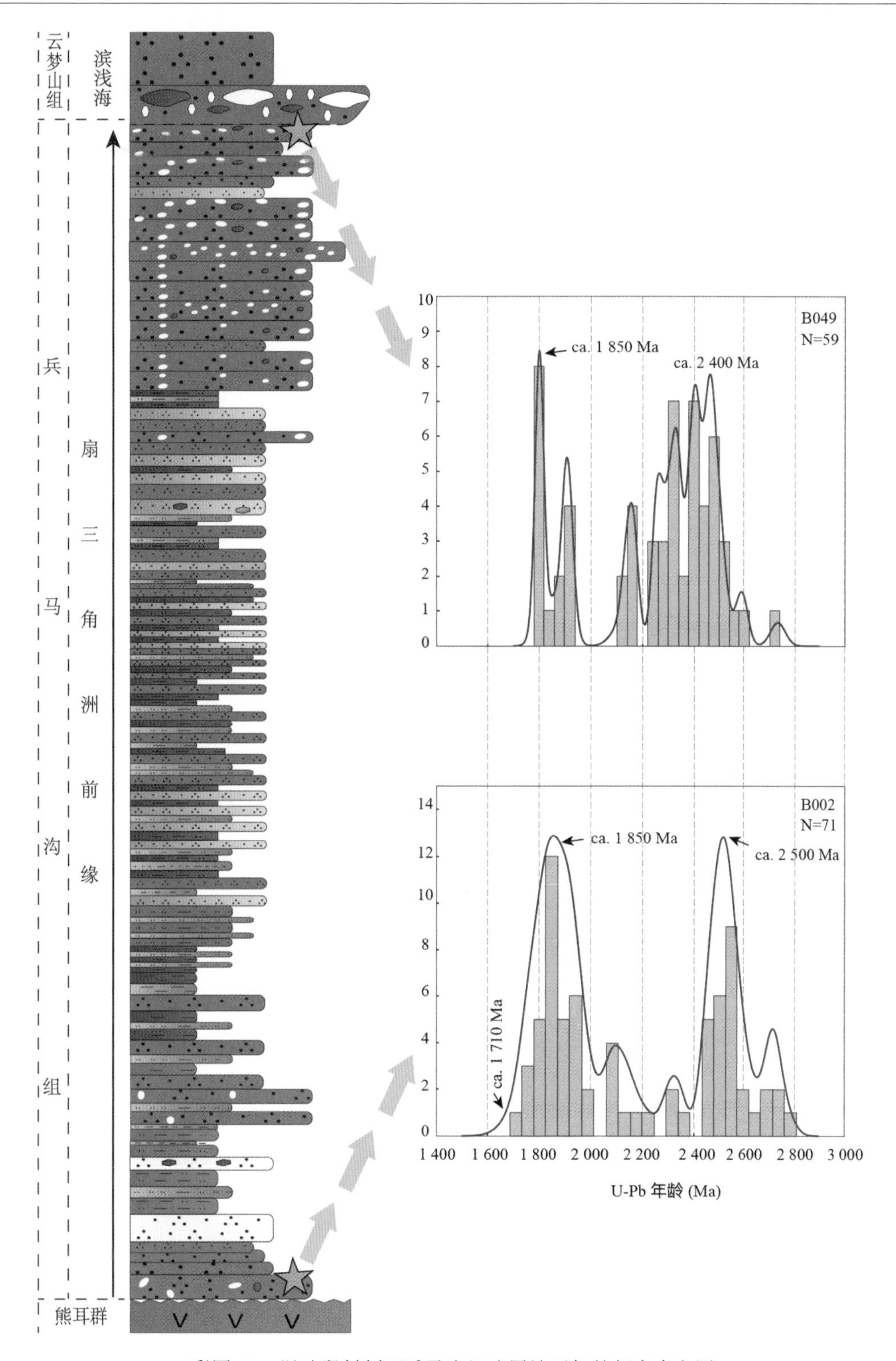

彩图 47 渑池段村剖面兵马沟组碎屑锆石年龄频率直方图

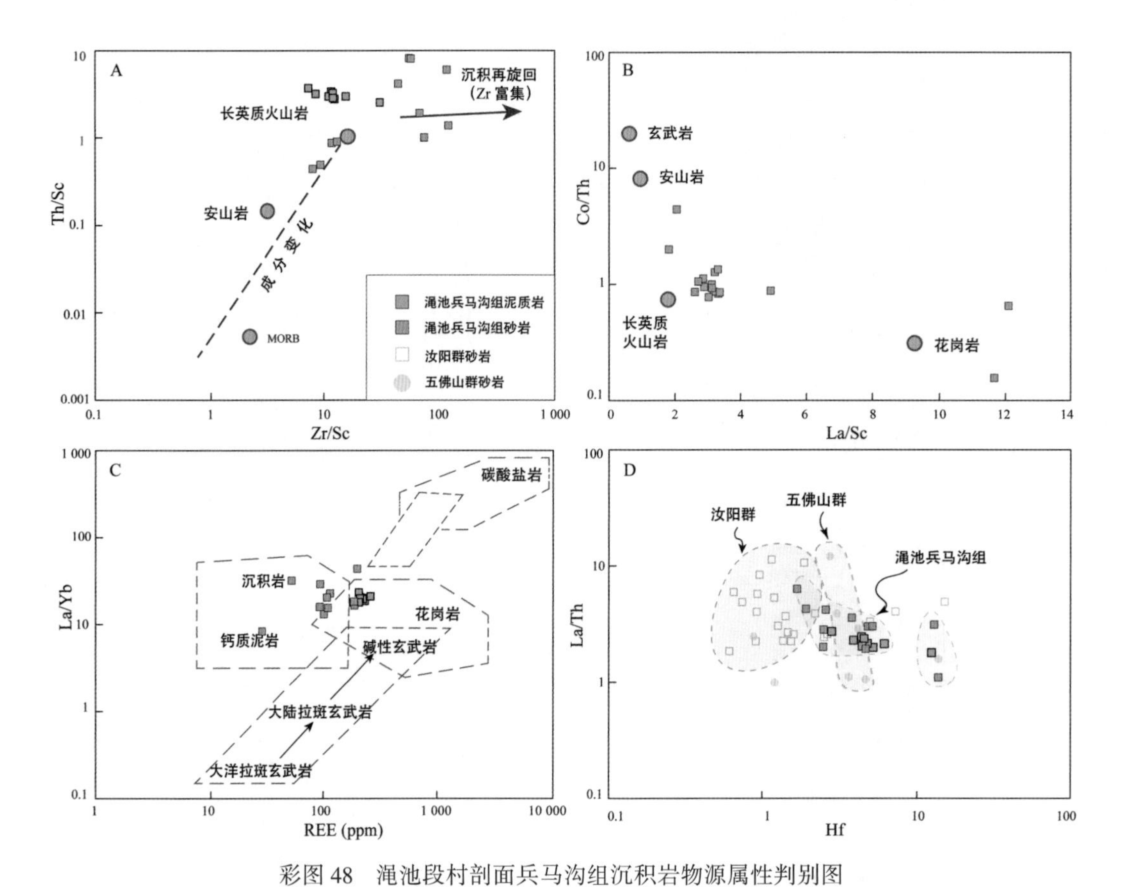

彩图 48　渑池段村剖面兵马沟组沉积岩物源属性判别图

A. 参考数值据 Condie（1993）；B. 据 McLennan 等（1993）修改；

C. 据 Allègre 和 Minster（1978）修改；D. 据 Floyd 和 Leveridge（1987）修改

五佛山群数据引自胡国辉等（2012b）；汝阳群数据引自 Hu 等（2014）

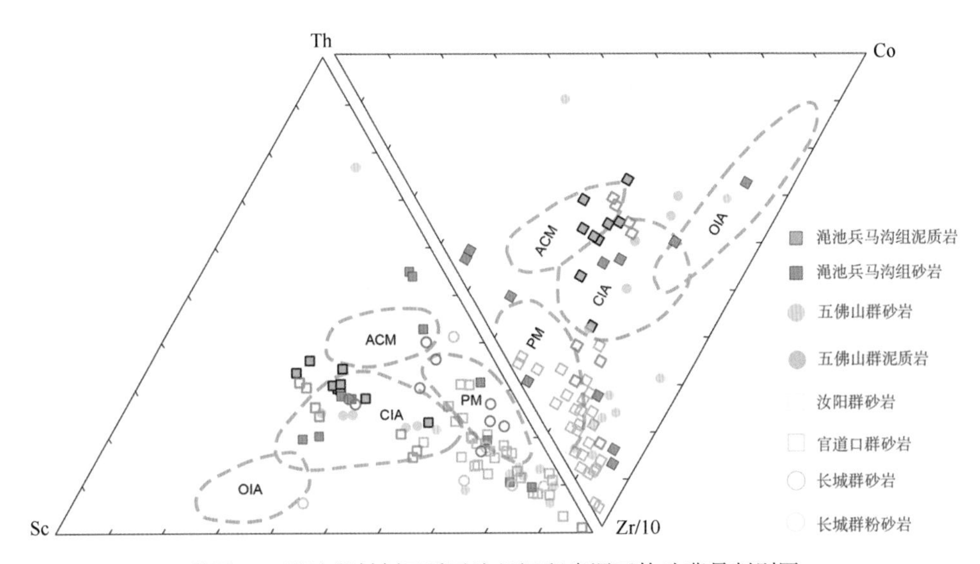

彩图 49　渑池段村剖面兵马沟组沉积岩源区构造背景判别图

据 Bhatia 和 Crook（1986）

CIA. 大陆岛弧；OIA. 大洋岛弧；ACM. 活动大陆边缘；PM. 被动大陆边缘

五佛山群数据引自胡国辉等（2012）；汝阳群数据引自 Hu 等（2014）；

官道口群数据引自 Zhu 等（2011）；长城群数据引自 Wan 等（2011）

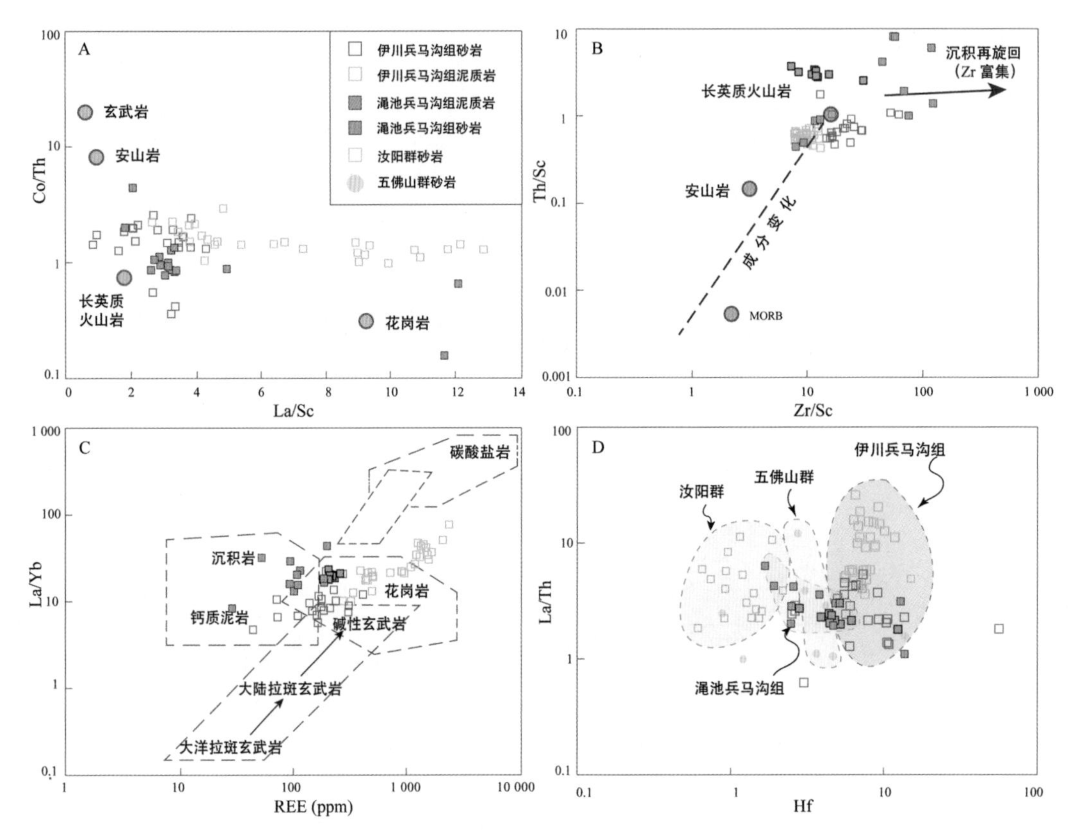

彩图 50 华北克拉通南缘兵马沟组与上覆中-新元古代沉积地球化学特征对比

A. 参考数值据 Condie（1993）；B. 据 McLennan 等（1993）修改；

C. 据 Allègre 和 Minster（1978）修改；D. 据 Floyd 和 Leveridge（1987）修改

五佛山群数据引自胡国辉等（2012b）；汝阳群数据引自 Hu 等（2014）

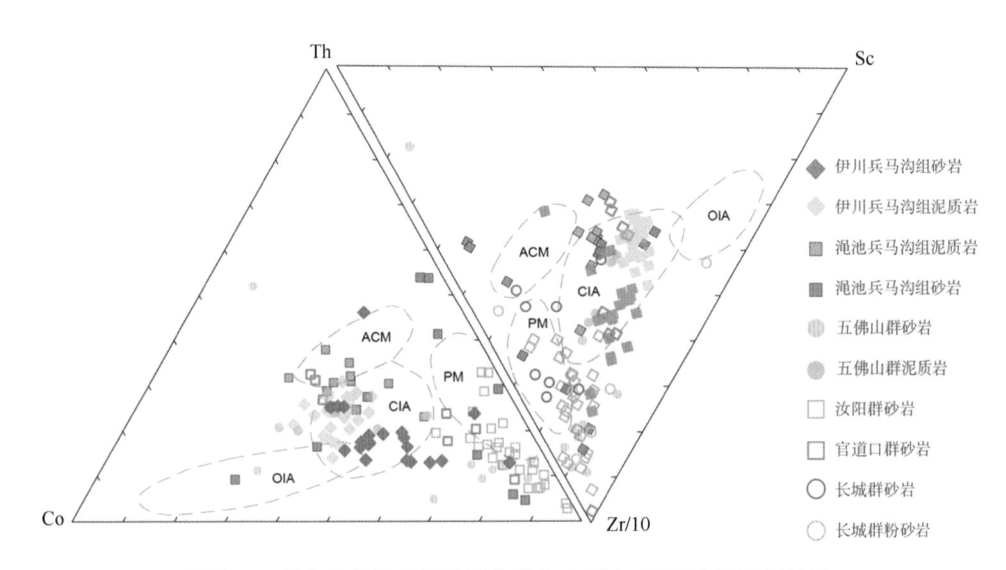

彩图 51 华北克拉通南缘兵马沟组与上覆中-新元古代沉积盖层沉积岩源区构造背景判别对比图

据 Bhatia 和 Crook（1986）修改

CIA. 大陆岛弧；OIA. 大洋岛弧；ACM. 活动大陆边缘；PM. 被动大陆边缘

五佛山群数据引自胡国辉等（2012b）；汝阳群数据引自 Hu 等（2014）；

官道口群数据引自 Zhu 等（2011）；长城群数据引自 Wan 等（2011）

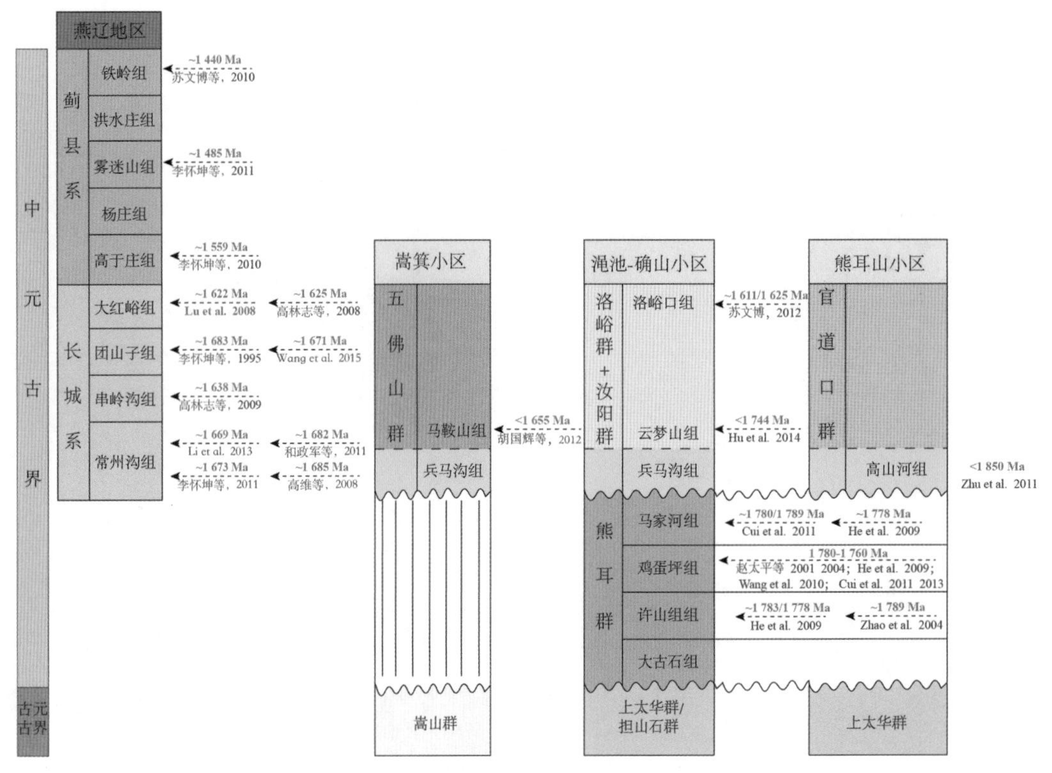

彩图 52 华北克拉通南缘中元古代早期地层对比

图中所引年龄数据参考文献见年龄下方标注

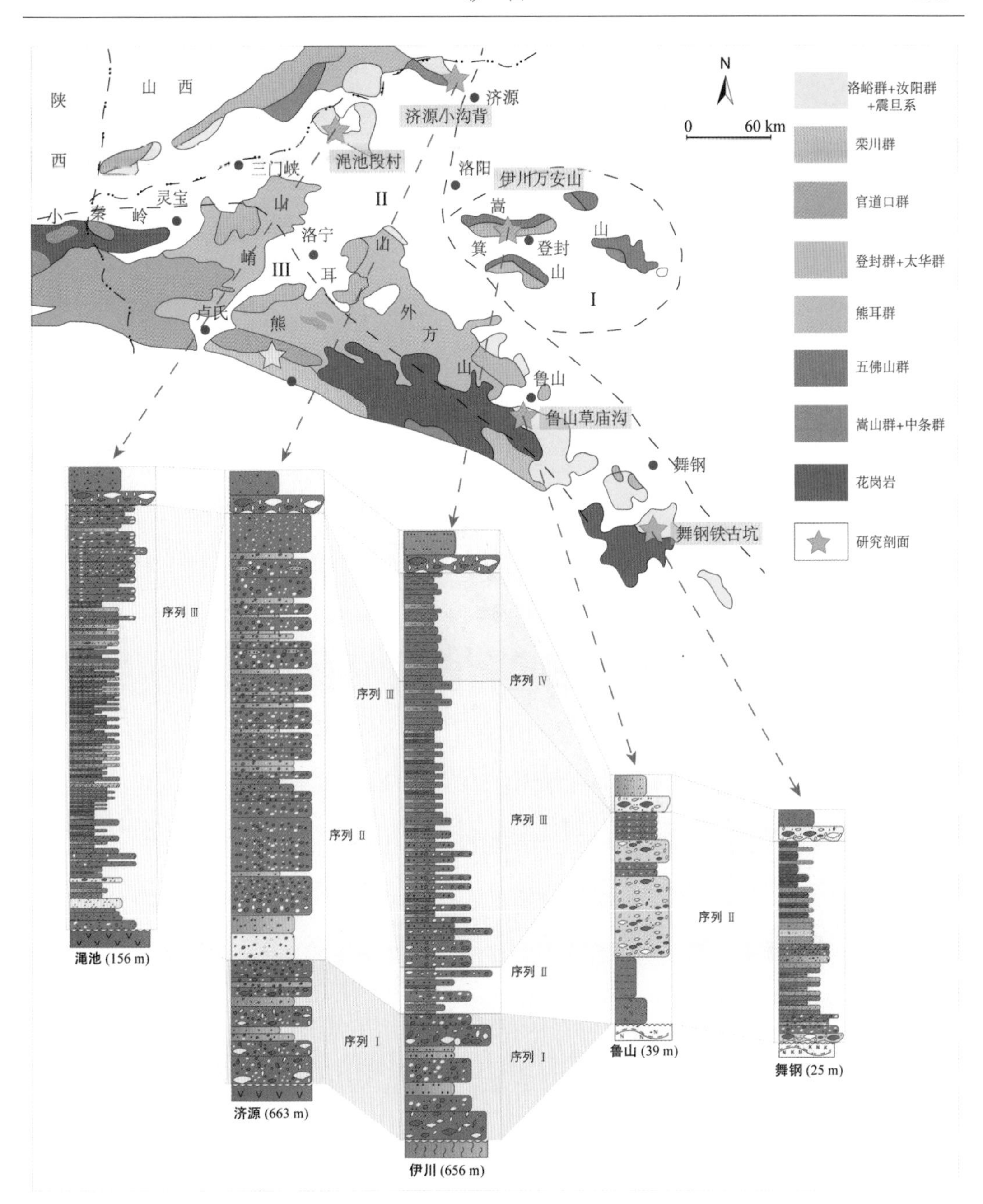

彩图 53　华北克拉通南缘中元古代早期盆地充填模式

济源、伊川、渑池、鲁山、舞钢地区兵马沟组柱状图图例同彩图 37；

华北克拉通南缘中-新元古代地层分区图修改自关保德等（1988）；

鲁山草庙沟剖面据张元国等（2011）剖面资料绘制；

舞钢铁古坑剖面资料据符光宏（1981）剖面资料绘制

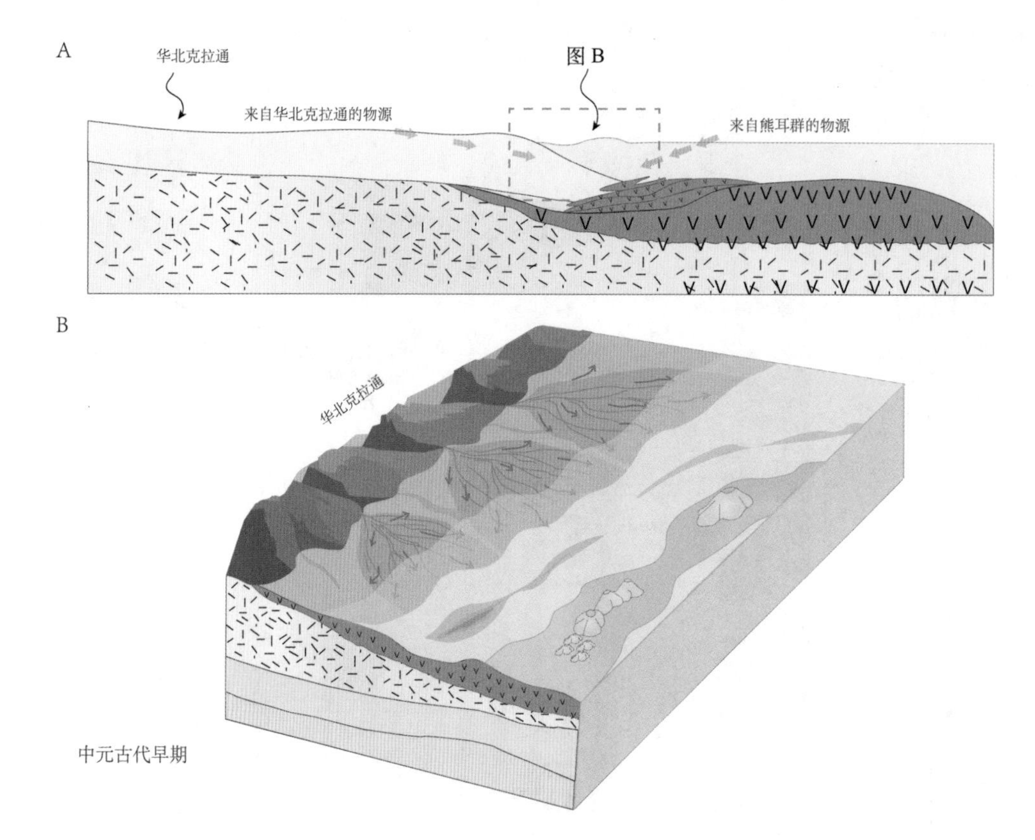

彩图 54　华北克拉通南缘中元古代早期构造演化模式示意

A. 研究区位置与中元古代早期兵马沟组相对应源区构造单元示意剖面图；

B. 中元古代早期兵马沟组沉积期盆地格局示意图